SAMMLUNG GÖSCHEN BAND 196/196a

GRUNDLAGEN DER ALLGEMEINEN ELEKTROTECHNIK

von

DR.-ING. OTTO MOHR
o. Prof. an der Technischen Universität Berlin

Dritte Auflage

Mit 136 Bildern und 14 Tafeln

WALTER DE GRUYTER & CO.
vormals G. J. Göschen'sche Verlagshandlung · J. Guttentag, Verlagsbuchhandlung Georg Reimer · Karl J. Trübner · Veit & Comp.

BERLIN 1965

 — Archiv-Nr.: 7940657 — Druck: Lindemann & Lüdecke, Berlin 36
Printed in Germany

Inhalt

Seite

Einleitung

Die elektrischen Elementarteilchen im Aufbau der Materie

In einem Modell der Atome der uns umgebenden Materie, das besonders zur Darstellung der Erscheinungen der Elektrizität sehr geeignet ist, besitzen diese einen aus Protonen und Neutronen zusammengesetzten, elektrisch *positiv geladenen Kern* mit einem Durchmesser von etwa 10^{-15}—10^{-16} cm oder 10^{-5}—10^{-6} pm, der praktisch der Träger der Atommasse ist. Sie sind in einem Durchmesserbereich von etwa 10^{-8} cm = 100 pm von einer Anzahl *Elektronen*, den kleinsten elektrischen Elementarteilchen mit einer Masse von je etwa $9{,}108 \times 10^{-28}$ g umgeben, die eine *negative* Ladung von $1{,}602 \times 10^{-19}$ As*) besitzen. Ein Atom tritt elektrisch als Ladungsträger nicht in Erscheinung, wenn die Anzahl der positiven Kernladungen gleich der Zahl der Elektronen ist, die sich auf den verschiedenen Elektronenschalen bewegen.

Die Kräfte und Energiezustände zwischen Kern und Elektronen, deren Verhalten gegenüber Nachbaratomen sowie der Besetzungsgrad der äußeren Elektronenschalen bestimmen den Aufbau chemischer Verbindungen und die elektrischen Eigenschaften der Körper. Die Metalle sind feste Körper kristallinen Aufbaus, deren Atome in einem räumlichen Gitter angeordnet sind und freie Elektronen besitzen, die nicht durch die Bindungskräfte zwischen den einzelnen Atomen festgelegt, sondern zu einem Platzwechsel zwischen verschiedenen Atomen befähigt sind. Diese freien Elektronen bewegen sich als Träger elektrischer Ladungen unter der Wirkung äußerer elektrischer Kräfte. Den Transport elektrischer Ladungen bezeichnen wir als *Strom*, die gekennzeichnete Eigenschaft der Metalle als *elektrische Leitfähigkeit*.

Kristallgitter aus zwei oder mehreren Elementen, bei denen gewisse Atome oder Atomgruppen Elektronen leicht abgeben, andere diese Elektronen aufnehmen können, binden damit

---

*) Elektrische Einheiten siehe S. 79 und Tafel I, S. 239 ff.

alle Ladungsträger im Gitterverband sehr fest und lassen wegen des Fehlens „freier Elektronen" auch unter der Wirkung großer elektrischer Kräfte keinen Ladungstransport zu. Ein Beispiel für derartige *Nichtleiter* oder Isolatoren ist das Steinsalz.

In Flüssigkeiten sind die Moleküle frei beweglich und unterliegen im wesentlichen wechselnd gerichteten Kräften durch die Wärmebewegung. Die Elektrizitätsleitung erfolgt in praktisch allen Fällen durch eine zusätzliche Bewegung geladener Masseteilchen (Ionen). Diese Ladungsträger bilden sich in den Flüssigkeiten durch *Dissoziation*, d. h. durch Lösung gewisser chemischer Bindungen im Molekül, wobei Restatome bzw. Atomgruppen mit Überschüssen positiver oder negativer Elementarladungen entstehen. Solche Ionen können eine oder mehrere positive oder negative Ladungen besitzen.

Das ideale Hochvakuum ist ein vollkommener Isolator. Werden aus festen oder flüssigen Metalloberflächen Elektronen freigemacht, so bewegen sich diese in einem hochevakuierten Raum unter der Wirkung elektrischer Kräfte nach Gesetzen, die den Grundgesetzen der Mechanik weitgehend entsprechen. Neben der Möglichkeit, aus der Metalloberfläche Elektronen freizusetzen, können in einer Gasatmosphäre auch vorhandene Gasatome durch den Stoß energiereicher, d. h. schnell fliegender Elektronen oder Lichtquanten *ionisiert*, d. h. in massebehaftete Ladungsträger verwandelt werden. Eine Vorstufe zur Ionisierung eines Moleküls oder Atoms bildet dabei der *Anregungsvorgang*. Bei diesem wird durch die Energie eines mit dem Atom zusammenstoßenden Teilchens, meist eines Elektrons, am Atom ein zu diesem gehöriges Elektron auf eine neue Bahn oder Schale versetzt, von der es nach kurzer Zeit wieder auf seine alte Bahn zurückkehrt. Die bei dieser Rückkehr frei werdende Energie wird als Lichtquant ausgesendet.

Bei dem in den voraufgegangenen Abschnitten unternommenen Versuch, den atomaren Vorgängen eine anschauliche Deutung zu geben, wurde nur von dem von Joseph Priestley (1733—1804) und Charles Augustin de Coulomb

(1736—1806) angegebenen Gesetz Gebrauch gemacht, das zuerst einmal rein qualitativ aussagt, daß sich gleichnamige Ladungen abstoßen und ungleichnamige Ladungen anziehen. Die für die technischen Anwendungen der physikalischen Elektrizitätslehre maßgeblichen Gesetze können aus diesem Grundgesetz der Beziehungen zwischen elektrischen Ladungen hergeleitet werden, wenn man dieses Gesetz und seine Folgerungen auf die außerordentlich großen Zahlen der bei allen praktischen Vorgängen beteiligten Einzelelemente, d.h. Elektronen, Ionen, Atome und Moleküle anwendet. Die Erscheinungen und Gesetzmäßigkeiten wirken sich dabei grundsätzlich immer im gesamten Raum um die betrachteten Ladungen aus. Wir beschreiben sie daher in der Form von *Feldern*, d. h. unter Darstellung der Wirkungen für die Gesamtheit der Punkte im Raum. Einfacher und anschaulicher sind demgegenüber alle Betrachtungen und Überlegungen an Anordnungen, bei denen die elektrischen Gesetze entweder in zweidimensionalen ebenen Bereichen oder sogar im linearen System, d. h. in einer verhältnismäßig lang ausgedehnten Bahn geringen Querschnitts wirksam sind. Für die letztere ist die technische Form des Leiters besonders anschaulich.

Bei den folgenden Ableitungen der elektrotechnischen Grundgesetze, die sich auf die Kollektive von Ladungsträgern (Elektronen und Ionen) und ihre Wechselwirkungen zu Atomen und Molekülen beziehen, sind folgende Gruppen von grundsätzlichen Erscheinungen zu unterscheiden:

1. Die elektrischen Kräfte zwischen ruhenden Ladungen (Elektronen und Ionen) und Ladungsträgern. Diese entstehen dadurch, daß Molekülgruppen entweder zusätzliche Elektronen zugeführt sind, die damit eine negative Ladung darstellen, oder daß andere Molekülgruppen Elektronen ihrer Atome abgegeben haben, so daß die Ladungen der Kerne insgesamt einen positiven Ladungsüberschuß repräsentieren. Die für derartige Anordnungen gültigen Gesetze werden in der Beschreibung der *elektrostatischen Felder* zusammengefaßt.
2. Die elektrischen Kräfte und Erscheinungen bei der gleichmäßigen Bewegung von Einzelladungen (Elektronen) oder

Ladungsgruppen, die in der Summe ihrer Bewegungen den fließenden elektrischen Strom darstellen. Aus diesen Betrachtungen ergeben sich die Gesetze der elektrischen Strömung oder des *Strömungsfeldes*.

3. Die Kraftwirkungen an Einzelladungen oder Ladungsgruppen, deren Geschwindigkeiten durch Beschleunigung oder Verzögerung geändert werden. Die sich hierbei ergebenden Gesetze treten in der Theorie der *elektromagnetischen Felder* in Erscheinung.

Historisch sind die Erscheinungen des elektrostatischen und des Strömungsfeldes zuerst durch das Experiment erforscht worden. Die praktischen Maßeinheiten und Meßverfahren der Elektrotechnik haben sich dann allein an die Erscheinungen des Strömungsfeldes angeschlossen. Die Erscheinungen des elektrischen Stromes sind heute durch die bekannten Anwendungen der physikalischen Elektrizitätslehre in der Elektrotechnik, teilweise außerdem durch Analogien zur hydraulischen Strömung, unserer Anschauung bereits so erschlossen, daß aus den für sie gültigen Regeln heraus die Gesetze der drei elektrischen Feldformen aufgebaut werden können. Aus dem Gebiet der Elektrostatik wird dabei zur Deutung der Erscheinungen der elektrischen Strömung und des Strömungsfeldes allein qualitativ vom Gesetz der Anziehung und Abstoßung elektrischer Ladungen Gebrauch gemacht. Im Anschluß an die Gesetze der elektrischen Strömung werden dann die elektrostatischen und elektromagnetischen Felder behandelt.

I. Die Grundgesetze der elektrischen Strömung und des Strömungsfeldes

1. Ladung und Strom

Im Bereich zweier metallischer Leiter P_+ und P_- in Bild 1 werde durch eine Hilfseinrichtung, einen sogenannten „Generator" G, ein Überschuß positiver bzw. negativer Ladungen fortlaufend aufrechterhalten. Zwischen den Punkten P_+ und P_- wird eine elektrisch leitende Verbindung, z. B. in Form eines metallischen Leiters, eingebaut, die in jedem Zeitintervall einen Ausgleich zwischen einer gewissen Anzahl positiver und negativer Ladungen ermöglicht. Dieser fortlaufende Ausgleich wird als *elektrischer Strom* bezeichnet. Obwohl er physikalisch ganz überwiegend durch die Bewegung der negativen Ladungen der Elektronen, die vom Minuspol zum Pluspol verläuft, repräsentiert wird, hat man die positive Stromrichtung im elektrotechnischen Sinne als Bewegung positiver Ladungsträger vom Pluspol zum Minuspol festgelegt. Ein Ausschnitt des die Pole P_+ und P_- verbindenden Leiters ist in Bild 2

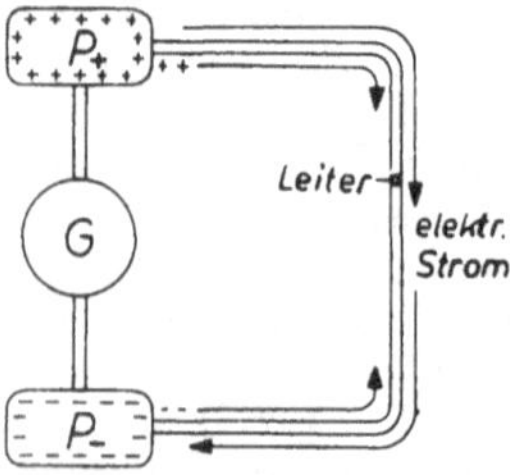

Bild 1. Der Kreis elektrischer Strömung

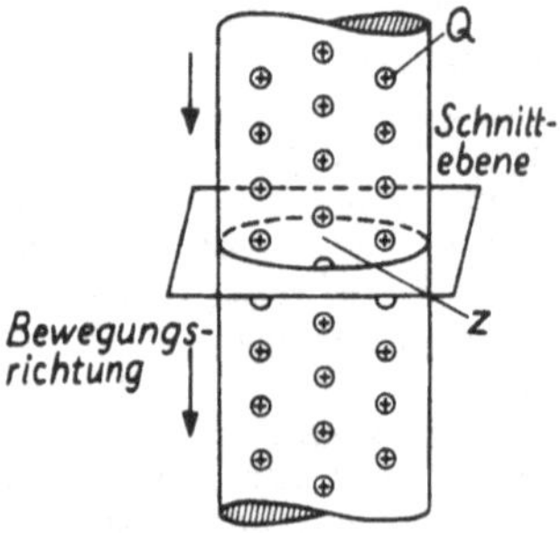

Bild 2. Die Ladungsbewegung im gestreckten Leiter

dargestellt, wobei in Übereinstimmung mit der Definition der elektrotechnischen Stromrichtung, aber im Gegensatz zum physikalischen Tatbestand die Strömung als Bewegung positiver Ladungen Q vom Plus- zum Minuspol wiedergegeben ist.

Die durch den „Generator" in ihrer Zahl immer wieder ergänzten Gruppen von Ladungen auf den Polen P_+ und P_- stehen unter der Einwirkung der elektrischen Kräfte, die sich durch gegenseitige Abstoßung bzw. Anziehung ergeben. Durch eine im Bereich des Leiters zwischen den Punkten P_+ und P_- senkrecht zur Bewegung der einzelnen Ladungen Q liegende Schnittebene (s. Bild 2) tritt in der Zeiteinheit von 1 s eine meßbare Zahl z von Ladungen durch. Die Zahl der Ladungsträger z pro Sekunde multipliziert mit ihrer Ladung Q ergibt den durch diesen Querschnitt fließenden elektrischen Strom J:

$$J = Q \cdot z.$$

2. Arbeit und Leistung bei der Bewegung von Ladungsträgern

Die auf den Polen P_+ und P_- in einer durch den Generator vorgegebenen Dichte liegenden Ladungsgruppen wirken auf jeden Ladungsträger, d. h. jedes Elektron, das sich von P_- nach P_+ bewegt, mit Kräften ein, die an diesem Elektron auf seinem Weg eine *Arbeit* leisten. Diese Arbeit ist der Ladung Q des Elektrons (oder einer Gruppe von Elektronen) proportional und als *mechanische* Arbeit durch das Integral der Kraftwirkungen auf dem Weg $A = \int_{P_-}^{P_+} \mathfrak{P} \cdot d\,\mathfrak{s}$ zwischen den zwischen den betrachteten Punkten P_- und P_+ gegeben. Das Integral dieser Kraftwirkungen auf eine Ladung der Größe 1 wird in elektrischen Einheiten beschrieben und festgelegt durch die Angabe der Größe der *elektrischen Spannung* U die zwischen P_+ und P_- liegt. Aus dem Produkt von Spannung und Ladung ergibt sich die *elektrische* Arbeit W, die bei der Bewegung von n Ladungen der Größe Q während einer Zeit t von dem einen der Bezugspunkte zum anderen geleistet wird:

$$W = n \cdot Q \cdot U = N \cdot t,$$
$$N = z \cdot Q \cdot U = J \cdot U.$$

Das Produkt der Spannung U multipliziert mit dem zwischen den Punkten P fließenden Strom J ist die *Leistung* N, die in jedem Augenblick mit der Ladungsbewegung auf der zwischen P_+ und P_- vorgegebenen Strombahn umgesetzt wird.

Für die hier abgeleiteten Grundgrößen hat sich die Elektrotechnik eigene Einheiten geschaffen, die durch Vergleichsversuche an die physikalischen Maßsysteme angeschlossen wurden. Die *elektrische Stromstärke*, meist bezeichnet mit dem Buchstaben J, wird in Ampere (A) gemessen. Die Bezeichnung dieser Einheit geht auf den französischen Physiker André Marie Ampère (1775–1836) zurück. Die Einheit der Spannung U wird nach dem italienischen Physiker Alessandro Volta (1745—1827) in Volt (V) angegeben. Die Ladung Q hat, von den Grundeinheiten des Stromes und der Zeit abgeleitet, die

Dimension Amperesekunde (As), wobei 1 As gleich ein Coulomb (Cb) ist, genannt nach dem gleichnamigen französischen Physiker. Die Leistung N wird als das Produkt der elektrischen Einheiten V × A in Watt (W), benannt nach dem englischen Ingenieur und Erfinder James Watt (1736—1819), gemessen. Die Einheit der elektrischen Arbeit ergibt sich als das Produkt von 1 V × 1 A × 1 s oder zu einer Wattsekunde (Ws) und wird nach dem englischen Physiker James Joule (1818—1889), als 1 Joule bezeichnet. Die Umrechnungsfaktoren zwischen diesen elektrischen Einheiten und den entsprechenden Einheiten aus der Mechanik und der Thermodynamik sind an späterer Stelle in der Tafel II, S. 242, zusammengestellt.

Physikalisch wirken sich die elektrischen Kräfte durch die Ladungen auf P_+ und P_- gegenüber den auf der Strombahn bewegten Ladungsträgern so aus, daß sich über die ungeordnete thermische Bewegung aller im Kristallgitter der Metalle beweglichen Elektronen eine geordnete Bewegungskomponente überlagert, die im ganzen die Masse der Elektronen in Richtung des Ladungsausgleiches bewegt. Die Erhöhung der kinetischen Energie der bewegten Elektronen teilt sich den Atomen und Molekülen des Kristallgitters des Metalls mit. Sofern die Ladungsträger bei ihrer Bewegung im Leiter keine zusätzliche mechanische oder in Form chemischer Energie abzuführende Arbeit leisten, setzen sie die in ihrer Bewegung enthaltene elektrische Leistung in voller Höhe in Wärme um.

3. Das Ohmsche Gesetz

In einem materialmäßig homogenen elektrischen Leiter, in dem die zugeführte elektrische Energie nur in Wärme verwandelt und in keiner anderen Form abgenommen wird, gilt der Erfahrungssatz, daß der Quotient der zwischen zwei Punkten eines Leiterstücks gemessenen Spannung U dividiert durch den über dieses Leiterstück fließenden Strom J konstant ist. Dieser Quotient wird der *Widerstand* R genannt. Den Kehrwert des Widerstandes nennt man den *Leitwert* G. Für dieses von Ohm gefundene Gesetz ergeben sich damit die Schreibungen:

$$U = J \cdot R; \; J = \frac{U}{R}; \; R = \frac{U}{J} = \frac{1}{G};$$

$$J = U \cdot G; \; U = \frac{J}{G}; \; G = \frac{J}{U} = \frac{1}{R}.$$

Mit den Aussagen über die bei einer Spannung U mit dem Strom J umgesetzte Leistung N ergeben sich folgende zusätzliche Beziehungen:

$$N = \frac{U^2}{R} = J^2 \cdot R = U^2 \cdot G = \frac{J^2}{G}.$$

Die Einheit des Widerstandes wird nach dem Entdecker des Gesetzes, Georg Simon Ohm (1789—1854), als 1 Ohm (Ω) bezeichnet und ist, bezogen auf die früher definierten Größen, als der Quotient von 1 V durch 1 A anzusehen. Die Einheit des Leitwertes wird nach dem Erfinder und Ingenieur Werner von Siemens (1816—1892) 1 Siemens (S) genannt und ist, bezogen auf die Grundeinheiten, der Quotient von 1 A durch 1 V.

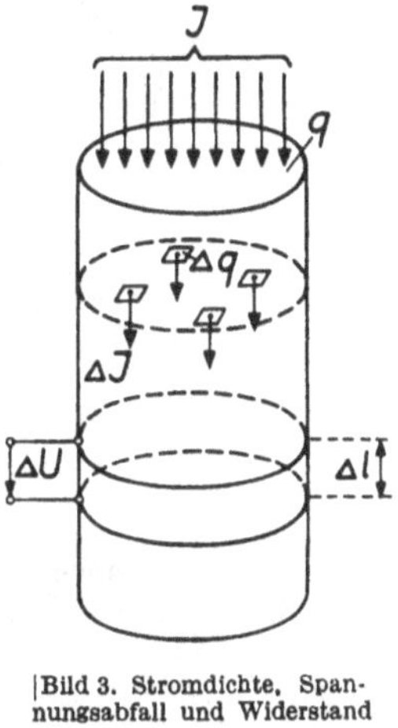

Bild 3. Stromdichte, Spannungsabfall und Widerstand

In einem homogenen Leiter konstanten Querschnittes nach Bild 3 ist an sämtlichen Stellen die Stromdichte, d. h. die Stromstärke ΔJ, bezogen auf ein Querschnittselement Δq konstant. Der Leiter kann, ohne die elektrischen Erscheinungen irgendwie zu beeinflussen, in eine Anzahl parallel verlaufender Teilleiter vom Querschnitt Δq mit dem Teilstrom ΔJ zerlegt werden. Die an jedem Längenelement Δl des Leiters liegende Spannung ΔU muß der Größe des Längenelements proportional sein. Aus beiden Überlegungen folgt damit, daß der Widerstand R eines Leiterstückes konstanter Zusammensetzung und konstanten Querschnittes der Länge direkt und dem Querschnitt umgekehrt proportional ist:

$$R = \varrho \cdot \frac{l}{q}, \quad G = \varkappa \cdot \frac{q}{l}, \text{ wobei } \varkappa = \frac{1}{\varrho}.$$

Die Abhängigkeit vom Material wird bei diesen Berechnungen durch den *spezifischen Widerstand* ϱ bzw. für die Leitwertbestimmung durch die *Leitfähigkeit* $\varkappa$ des Materials ausgedrückt. Diese Werte gibt man bei technischen Leiterwerkstoffen aus praktischen Gründen bezogen auf eine Länge von

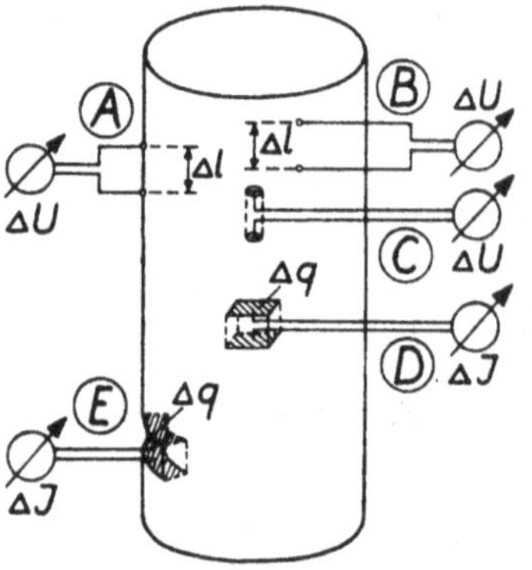

Bild 4. Bestimmung von Feldstärke und Stromdichte

einem Meter und einen Querschnitt von einem Quadratmillimeter, d. h. in den Dimensionen $\Omega \cdot mm^2/m$ bzw. $S \cdot m/mm^2$ an, während die physikalische Kennzeichnung, bezogen auf ein Würfelelement von 1 cm Kantenlänge, für den sogenannten Zentimeterwürfel, für ϱ die 10^{-4}-fachen, für $\varkappa$ die 10^{+4}-fachen Werte besitzt (Dimension $\Omega \cdot cm$ bzw. S/cm).*

Innerhalb eines ausgedehnten Leiters lassen sich die für die Bestimmung des spezifischen Widerstandes wichtigen

* siehe auch Tafel III, S. 243, 244

Größen von Strom und Spannung dann ohne Rückwirkung auf die Ausbildung der elektrischen Strömung einwandfrei messen, wenn man die Meßgrößen ohne Störung der Strom- und Spannungsverteilung abnimmt. Zur Spannungsmessung wird z. B. nach Bild 4 bei (A) und (B) unmittelbar an der Oberfläche des Leiters an zwei in der Strömungsrichtung hinterei ander liegenden Punkten die Spannung abgenommen oder nach (C) innerhalb des Leiters eine möglichst dünne Bohrung vorgesehen, an deren Endflächen dann die zu messende Spannung liegt. In analoger Weise läßt sich die Stromdichte durch Anbringung eines möglichst flachen Schlitzes quer zur Stromrichtung bestimmen (siehe z. B. bei (D)), indem die an den Endflächen dieses Schlitzes ein- und austretenden Ströme mit einem geeigneten Instrument gemessen werden. Am Rande des Leiters werden derartige Schlitze in Form von Nuten ausgeführt (siehe Bild 4 (E)), in denen die Abnahmeelektroden für die Messung mit Hilfe eines außen liegenden Instrumentes angebracht werden. Diese beiden für analoge Aufgaben grundsätzlichen Meßverfahren sind auch im elektrostatischen und elektromagnetischen Feld erfolgreich anwendbar.

4. Leitungsnetzwerke, Kirchhoffsche Regeln

Bildet man für den Ausgleich der Ladungen zwischen zwei Punkten P_+ und P_- nach Bild 5 eine Mehrheit von Leitungsbahnen, die zwischen den Punkten P_+ und P_- und untereinander die verschiedensten Verbindungen darstellen, so spricht man von einem *Netzwerk*. Die einzelnen Elemente eines solchen Netzwerkes sind genau wie in der Schaltung Bild 1 jeweils physikalische Bausteine, auf die die elektrischen Größen über 2 Anschlußpunkte, die Pole, einwirken. Solche Geräte nennt man elektrische Zweipole und bezeichnet Widerstände R_{12}, R_{4-} und andere, wie sie in Bild 5 zwischen den Punkten P_1 und P_2 oder P_- und P_4 und anderen Schaltungspunkten liegen, als *passive Zweipole*, weil in ihnen elektrische Erscheinungen nur auftreten, sofern über die Anschlußpunkte Ströme oder Spannungen zugeführt werden.

Der Generator G als Spannungsquelle mit den Anschlußpunkten P_+ und P_- unterscheidet sich von einem Widerstand dadurch, daß er auch ohne äußere elektrische Einwirkungen an seinen Anschlußpunkten Ladungen konzentriert, also aktiv elektrische Erscheinungen hervorbringt. Er wird daher als *aktiver Zweipol* bezeichnet.

Ein Kennzeichen der Zusammenschaltung aktiver und passiver Zweipole in einem Netzwerk nach Bild 5 sind zuerst

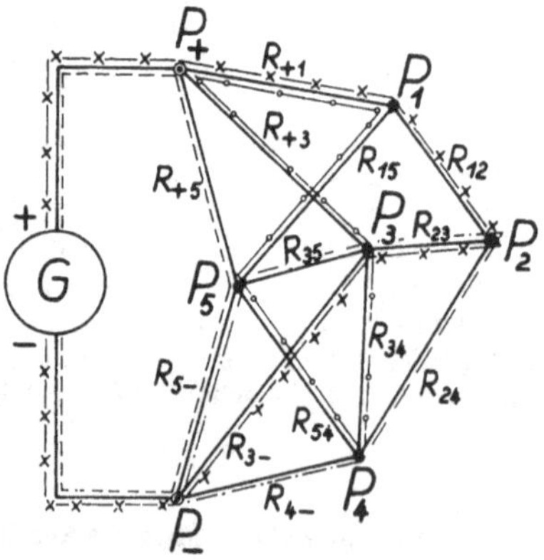

Bild 5. Netzwert aus passiven Zweipolen

einmal die *Verzweigungspunkte* P_+, P_-, P_1 bis P_n, denen die die einzelnen Ströme repräsentierenden Ladungen auf den verschiedenen an diesen Punkten verbundenen Strombahnen zufließen, bzw. von denen sie wegströmen.

Als weitere kennzeichnende Schaltungsform entstehen in einem Netzwerk beliebig wählbare geschlossene Strombahnen über verschiedene Zweipole, die man *Maschen* nennt. Beispiele für verschiedene Maschen sind in Bild 5 durch Nachzeichnung in unterschiedlichen Strichformen gekennzeichnet.

Aus den Beispielen für die verschiedenen Maschen und den Kennzeichen aktiver und passiver Zweipole ergibt sich, daß die Anordnung nach Bild 5 insofern einen Sonderfall darstellt, als in ihr nur ein aktiver Zweipol enthalten ist. Die allgemeine Form eines Netzwerkes nach Bild 6 enthält eine Mehrzahl von Generatoren G als aktive Zweipole und die passiven Zweipole der Widerstände R, die im praktischen Fall auch die Widerstandswerte der verbindenden Leitungen einzuschließen haben.

Für die Verzweigungspunkte und Maschen solcher Netzwerke sind von dem deutschen Physiker Robert Kirchhoff (1824—1887) zwei Regeln aufgestellt worden, deren erste besagt, daß für einen Verzweigungspunkt die Summe der zu-

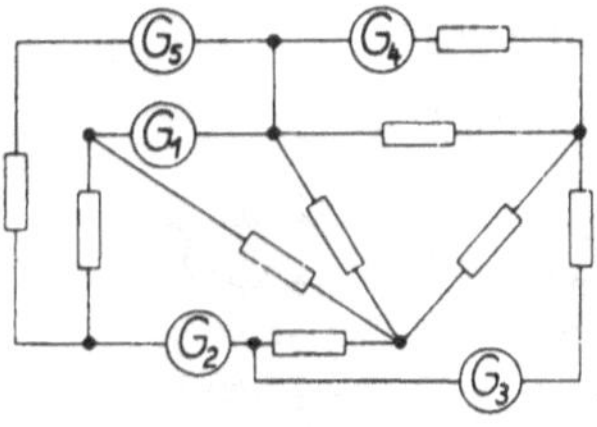

Bild 6. Allgemeines Netzwerk

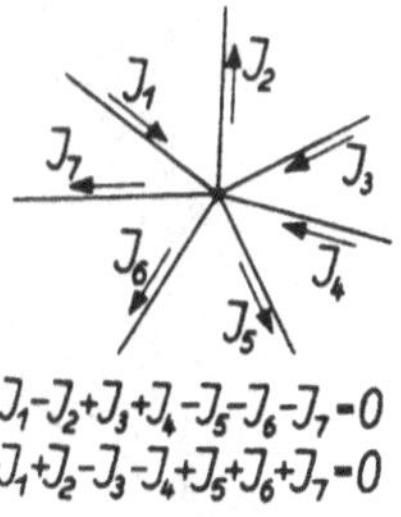

Bild 7. Ströme am Verzweigungspunkt

und abfließenden Ströme Null sein muß, wenn man beispielsweise zufließende Ströme positiv, abfließende negativ rechnet oder umgekehrt (siehe Bild 7):

$$\sum_1^n J_\nu = 0.$$

Die in der Zeiteinheit einem Verzweigungspunkt zustrebenden Ladungen müssen bei stationären Strömungsverhältnissen in der gleichen Zeit über andere Strombahnen wieder abgeführt werden, da in dem betrachteten geschlossenen System weder Ladung zusätzlich auftreten noch verloren gehen kann. Das Maß der Stromverteilung zwischen zu- und abfließenden Strömen ist durch die Widerstände in den einzelnen Zweigen gegeben.

Soll mit dieser Regel die Größe eines Stromes in einem Leiter an einem Verzweigungspunkt berechnet werden, so müssen Richtung und Größe aller übrigen Ströme bekannt sein. Welche Stromwerte positiv und welche negativ eingesetzt werden, ist dabei ganz allgemein in allen Elementen von Netzwerken einer willkürlichen Entscheidung überlassen. Bei der praktischen Berechnung von Strömen und Spannungen in vielteiligen Netzwerken lassen sich die endgültig

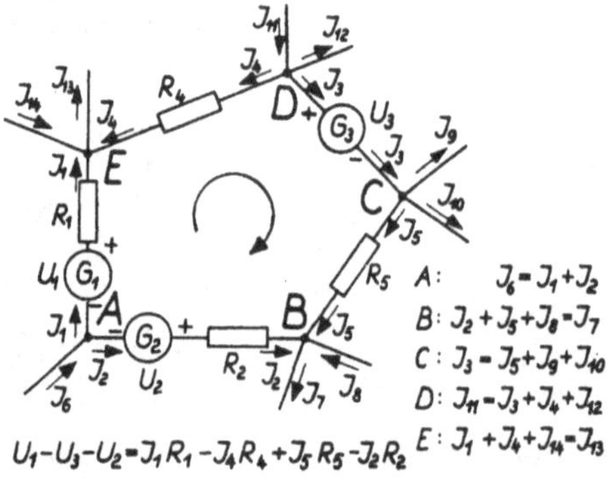

Bild 8. Ströme, Spannungen und Widerstände in einer Masche

auftretenden Richtungen der Ströme von vornherein nicht sicher erkennen. Man legt daher für den Ansatz der Gleichungen den Richtungssinn willkürlich fest. Für den zu berechnenden Strom bedeutet dann ein negatives Ergebnis der Berechnung eine Umkehr gegenüber der ursprünglich angesetzten Richtung.

Vorzeichen- und Richtungs-Festlegungen sind für die zweite Kirchhoffsche Regel, die eine Aussage über die Spannungen in einer Masche gibt, besonders wichtig. Bild 8 zeigt eine Masche als Ausschnitt aus einem Netzwerk mit mehreren Generatoren G und einer Anzahl von Widerständen R. An den Verzweigungspunkten A bis E fließen zusätzliche Ströme J zu und ab. Zur Kennzeichnung der Generatoren G_1 bis G_3

werden deren Spannungen U_1 bis U_3 und ihre Polaritäten angegeben. Dann sagt die zweite Kirchhoffsche Regel aus, daß die Summe aller Spannungen gleich der Summe aller Spannungsabfälle ist:

$$\sum_{1}^{n} U_\nu = \sum_{1}^{m} (J \cdot R)_\mu .$$

Um bei den Summenbildungen die Größen vorzeichengerecht einzusetzen, legt man einen Umlaufsinn für die Masche fest (runder Pfeil in Bild 8) und setzt dabei die Spannungen U positiv an, durch deren Spannungsquelle man im Umlaufsinn vom Minus- zum Pluspol fortschreitet. Spannungsabfälle $J \cdot R$ werden auf der rechten Seite der Gleichung positiv gerechnet, wenn man im Sinne des positiv angesetzten Stromes den Widerstand R bei Umlauf über die Masche durchläuft.

Die generatorischen Spannungen U in einer Masche lassen sich manchmal von Spannungsabfällen $J \cdot R$ meßtechnisch nicht trennen. Man kann daher beide Spannungsgrößen unter dem Begriff der Spannungs- oder Potentialdifferenzen zusammenfassen. Die Aussage der zweiten Kirchhoffschen Regel, daß die Summe der Spannungsdifferenzen über den Weg einer geschlossenen Masche Null sein muß, bedeutet damit physikalisch, daß sich für zwei beliebig nahe benachbarte Punkte auf der Masche keine Potentialdifferenz ergeben darf. Diese würde zusätzliche Ladungsbewegungen veranlassen, die die Erfüllung der zweiten Kirchhoffschen Regel erzwingen würden.

5. Das Strömungsfeld

Die bisherigen Darlegungen beschrieben Strom- und Spannungsverhältnisse auf linear ausgestreckten Bahnen oder Leitern. Die dafür festgestellten Gesetzmäßigkeiten gelten sinngemäß erweitert auch für räumlich ausgedehnte Anordnungen, in denen sich die Ladungsträger auf einzelnen nicht parallel liegenden Bahnen bewegen. Zu den Strömungslinien oder Stromfäden lassen sich hier aber orthogonale Flächen finden, die die Gesamtheit der Punkte enthalten, zwischen denen keine Spannungsdifferenz besteht. Derartige Flächen nennt man *Äquipotentialflächen.* Bezieht man die Spannungsdifferenz zwischen zwei Äquipotentialflächen auf den Abstand zwischen den Flächen, so erhält man ein Maß für die Änderung des Potentials oder der Spannung längs einer Stromlinie, die *elektrische Feldstärke* genannt und in Volt, als der Einheit der Spannung, bezogen auf die Einheit der Länge cm oder m, gemessen wird. Die elektrische Feldstärke $\mathfrak{E}$ ist uns bereits bei der Definition des spezifischen Widerstandes als die Spannungsgröße entgegengetreten, die an einem Meter oder einem Zentimeter Leiterlänge liegt (s. S. 13).

Bei räumlichen Strömungen vollziehen sich die Bewegungen der Ladungen auf Bahnen verschiedener Längen und verschiedener Formen. Eine Festlegung der Stromstärke ist also immer nur für einzelne Punkte im Raum dadurch möglich, daß die Zahl der dort durch einen Quadratzentimeter oder Quadratmeter der Äquipotentialfläche pro Sekunde durchtretende Ladungsträger definiert ist. An die Stelle des Stromes oder der Stromstärke J muß also bei der räumlichen Anordnung die *Stromdichte* $\mathfrak{S}$ in Ampere je Quadratzentimeter oder Quadratmeter treten. Das Ohmsche Gesetz wird dadurch in die folgende Schreibung überführt:

$$\mathfrak{E} = \varrho \cdot \mathfrak{S}; \quad \mathfrak{S} = \varkappa \cdot \mathfrak{E}.$$

Da Feldstärke und Stromdichte hierbei außer der physikalischen Größenangabe auch noch Richtungsaussagen beinhalten, werden beide als *räumliche Vektorgrößen* durch große deutsche Buchstaben gekennzeichnet.

In den Begriffen des Strömungsfeldes ausgedeutet, besagt die erste Kirchhoffsche Regel, daß in ein Volumenelement des betrachteten Raumes bei stationärer elektrischer Strömung genau so viel Ladungen ein- wie austreten müssen, d. h. daß das Integral der Stromdichte, über die gesamte Oberfläche F des betrachteten Raumelements genommen, Null sein muß:

$$\oint^{F} \mathfrak{S} \cdot d\mathfrak{f} = 0.$$

Die zweite Kirchhoffsche Regel für räumliche Anordnungen beinhaltet eine Aussage über die Summenbildung von Feldstärkewerten längs einer geschlossenen Bahn. An dem einfachen Beispiel der Zusammenschaltung eines aktiven und eines passiven Zweipols nach Bild 1 kann man sofort erkennen, daß im Bereich des Generators die ladungstrennenden Kräfte gegen die Spannung U an den zwei Polen wirksam sind, unter deren Wirkung im passiven Zweipol der Ladungsausgleich, d. h. der Strom entsteht. Über die geschlossene Bahn muß also das Integral der Feldstärken multipliziert mit den Wegelementen Null sein:

$$\oint \mathfrak{E} \cdot d\mathfrak{s} = 0 .$$

II. Das elektrostatische Feld

1. Ladung und Feld

Elektrisch geladene Körper üben aufeinander anziehende bzw. abstoßende Kräfte aus. Zwischen zwei einzelnen Ladungen bzw. als punktförmig anzusehenden Ladungsträgern mit den Ladungen Q_1 und Q_2 tritt nach dem von Priestley und Coulomb entdeckten Gesetz in der Verbindungslinie der Massenpunkte eine gerichtete Kraftwirkung $\mathfrak{P}$ auf, die direkt den Ladungen und umgekehrt dem Quadrat des Abstandes r proportional ist:

$$P = k \cdot \frac{Q_1 \cdot Q_2}{r^2} .$$

Bei mehreren Ladungsträgern überlagern sich die entstehenden Kräfte, die bei gleichnamigen Ladungen abstoßend, bei ungleichnamigen Ladungen anziehend wirken.

Für den Raum um einen Ladungsträger oder zwischen einer Vielzahl von Ladungsträgern lassen sich die gesamten entstehenden Kräfte dadurch ermitteln, daß man an jeder Stelle des Raumes mit einer Testladung der Größe Q Richtung und Betrag der auf diese wirkenden resultierenden Kraft $\mathfrak{P}$ (als räumlichen Vektor) feststellt. Die elektrische Größe und räumliche Ausdehnung der Testladung muß dabei gegenüber den in ihren Wirkungen zu untersuchenden Anordnungen klein sein. Dann gilt:

$$\mathfrak{P} = Q \cdot \mathfrak{E},$$

wobei die Vektorgröße $\mathfrak{E}$ die elektrische Feldstärke ist, die jetzt als die Kraftwirkung auf die Ladung der Größe 1 an der betrachteten Raumstelle angesehen werden kann. Führt man die Testladung so durch den Raum, daß der Feldstärkevektor an jedem Punkt die Bahn tangiert, dann entsteht als Kurve die sogenannte *Feldlinie*. Von einem allein im Raume befindlichen kugelförmigen Ladungsträger, auf dessen Oberfläche die Ladungen gleichmäßig verteilt sind, verlaufen die Feldlinien radial nach außen. Ist der Körper, z. B. eine Metallkugel, dadurch positiv geladen, daß ihr eine Anzahl von Elektronen entzogen worden ist, dann wird eine negative Testladung im umgebenden Raum überall in Richtung auf den Kugelmittelpunkt angezogen.

Zu den einzelnen Feldlinien im Raum läßt sich an jeder Stelle eine Äquipotentialfläche finden, auf der eine Testladung senkrecht zu den auf sie wirkenden Feldkräften ohne Aufnahme oder Abgabe einer mechanischen Arbeitsleistung bewegt werden kann. Beim Übergang einer Testladung von einer Äquipotentialfläche 1 auf eine andere 2 wird eine mechanische Arbeit A_{12} entweder durch die Ladungsbewegung gegen die Feldkräfte geleistet oder in Richtung derselben an den die Ladung führenden Träger abgegeben. Diese Arbeitsleistung ist proportional der Größe der Testladung und dem Integral der auf sie auf der Übergangsbahn wirkenden Kräfte multipliziert mit dem Wegelement:

$$A_{12} = \int_1^2 \mathfrak{P} \cdot d\,\mathfrak{s} = Q \cdot \int_1^2 \mathfrak{E} \cdot d\,\mathfrak{s} = Q \cdot U_{21}.$$

Die Vektorschreibweise der beiden Integrale legt dabei fest, daß im Produkt von Kraft und Weg bzw. Feldstärke und Raumstrecke jeweils nur die Komponenten gleicher Richtung zu berücksichtigen sind, die ja auch physikalisch allein zur Arbeitsleistung beitragen können. Damit wird für den Übergang zwischen den Äquipotentialflächen der Verlauf der benutzten Wegstrecke gleichgültig, eine Tatsache, die auf der rechten Seite der Gleichung nur die Potential- oder Spannungsdifferenz auftreten läßt, während die Lage der Endpunkte der Wegstrecke auf diesen Flächen bedeutungslos ist.

Das Wegintegral der Feldstärke zwischen den beiden Raumpunkten 1 und 2 kann man damit als die Differenz der Potentiale φ oder als Spannungsdifferenz zwischen den Punkten U_{21} schreiben:

$$\int_1^2 \mathfrak{E} \cdot d\,\mathfrak{s} = \varphi_1 - \varphi_2 = U_{21}.$$

Statt zwischen 2 Raumpunkten kann man das Wegintegral

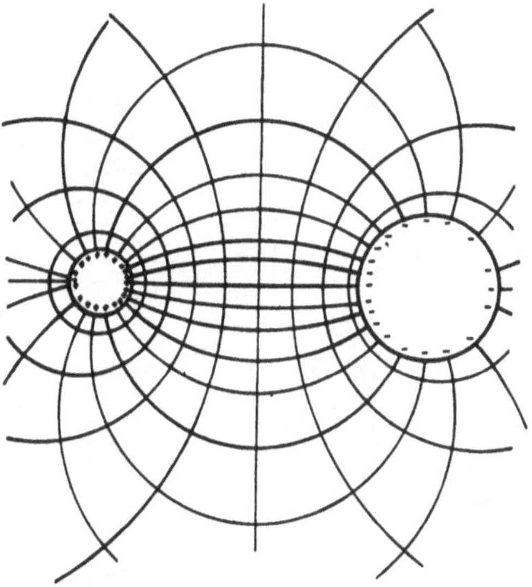

Bild 9. Feld und Ladungsverteilung auf 2 Zylindern

der Feldstärke aber auch von einem Ortspunkt bis zum Unendlichen erstrecken. Der Ausdruck:

$$\int_A^\infty \mathfrak{E} \cdot d\,\mathfrak{s} = \varphi_A$$

kennzeichnet in dem betrachteten Feld *das Potential* φ im Punkt A, bezogen auf einen unendlich fernen Ort, an dem Wirkungen dieses Feldes nicht mehr erkennbar sind.

Nach der gegebenen Definition für die Feldlinien wirken in deren Richtung Kräfte auf Ladungsträger. Ihr positiver Richtungssinn ist dabei identisch mit der Richtung der Kraftwirkungen auf eine positive Testladung. Die Feldlinien gehen

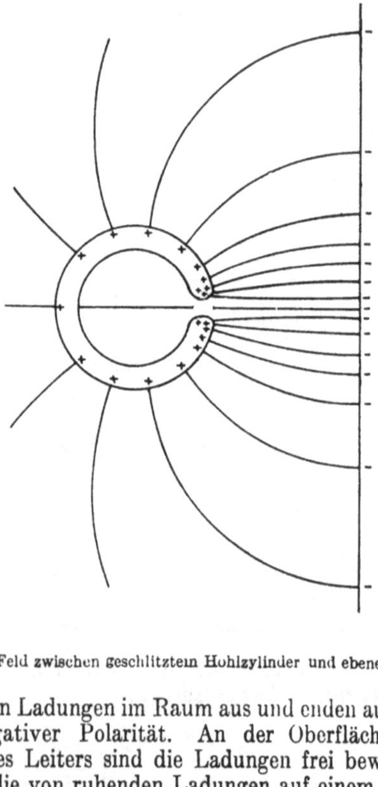

Bild 10. Feld zwischen geschlitztem Hohlzylinder und ebener Fläche

von positiven Ladungen im Raum aus und enden auf Ladungsträgern negativer Polarität. An der Oberfläche oder im Inneren eines Leiters sind die Ladungen frei beweglich. Die Feldlinien, die von ruhenden Ladungen auf einem Leiter ausgehen, müssen senkrecht aus der Leiteroberfläche austreten, da Tangentialkomponenten der Feldkräfte an der Leiteroberfläche Ladungsbewegungen, d. h. Änderungen der Ladungsverteilung veranlassen. Da die gleichartigen Ladungen eines räumlich ausgedehnten Körpers wegen ihrer gegenseitigen Abstoßungskräfte eine stabile Verteilung mit maximalen

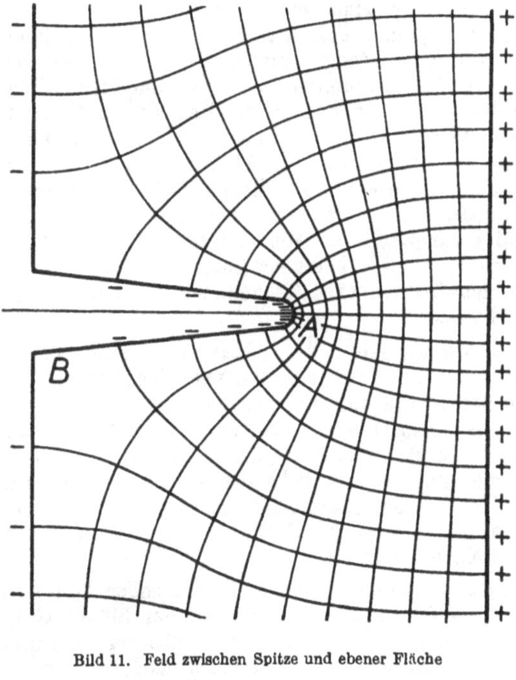

Bild 11. Feld zwischen Spitze und ebener Fläche

gegenseitigen Abständen anstreben, bleibt das Innere metallischer Leiter feld- und ladungsfrei (Faradayscher Käfig); die Leiteroberfläche ist gleichzeitig Äquipotentialfläche. Bild 9 zeigt als Beispiel das Feld und damit die Ladungsverteilung auf 2 Zylindern verschiedener Größe, Bild 10 die Ladungsverteilung auf einem Hohlzylinder mit schlitzartiger Öffnung, die einer ebenen Fläche zugewendet ist.

Will man in der Nähe zweier Leiteroberflächen entgegengesetzter Ladung und beliebiger Form die Feldlinien einzeichnen, wie dies in Bild 11 am Beispiel einer abgerundeten Spitze gegenüber einer ebenen Platte großer Ausdehnung dargestellt ist, dann läßt man am besten jede Feldlinie an einer positiven Ladung beginnen und auf einer negativen enden. An den Leiteroberflächen als Äquipotentiallinien ist dabei die Feldlinienrichtung festgelegt. In der Nähe starker Krümmungen, z. B. bei A, drängen sich dann die Feldlinien sehr stark zusammen, d. h. es bestehen dort auf der Oberfläche hohe Ladungsdichten. Umgekehrt bleiben die Höhlungen, z. B. am Ansatzpunkt der Spitze auf der Grundfläche bei B, weitgehend ladungsfrei. Die Äquipotentiallinien als orthogonale Trajektorien zu den Feldlinien folgen besonders bei kleinen Abständen den konvexen Krümmungen der ladungsbesetzten Leiteroberfläche.

Die Feldlinien geben die Richtung der elektrischen Kräfte auf eine positive Testladung an, sagen aber nichts über die Größe der Kräfte aus. Befindet sich die Testladung in der Nähe einer scharfen Krümmung der Oberfläche des Ladungsträgers, z. B. bei A, so ist sie der Summe aller Kräfte ausgesetzt, die von den dort dicht sitzenden Einzelladungen ausgehen. Im Bereich zusammengedrängter Feldlinien sind die Feldkräfte also groß, im Bereich großer Abstände zwischen den einzelnen Feldlinien klein.

Will man die in das Feldbild einzutragenden Äquipotentiallinien so staffeln, daß ihre Dichte ein Maß für die Größe der Feldkräfte ist, d. h. daß sie Flächen gleicher Potentialdifferenzen repräsentieren, dann müssen auch sie im Bereich großer Feldliniendichten mit geringen und bei weiten Feldlinienabständen in größeren Entfernungen gezeichnet werden. Diese Bedingung wird erfüllt, wenn man das Einlegen der orthogonalen Trajektorien so vornimmt, daß zwischen beiden Liniensystemen angenähert kleine Quadrate entstehen, wie dies in Bild 11 dargestellt ist.

2. Influenz

Wird ein leitender Körper, auf dem sich gleich viele positive und negative Ladungen frei beweglich befinden, der also im Raum von sich aus keinerlei elektrisches Feld erzeugt, in ein elektrostatisches Feld gebracht, z. B. in der Anordnung nach Bild 12, wo der Symmetrie wegen in der oberen Bildhälfte das ursprüngliche Feld zwischen den äußeren Ladungsträgern I und II, in der unteren Hälfte die Feld- und Ladungsverteilung nach Einbringen einer ungeladenen, leitenden Kugel III dargestellt werden konnte, dann trennen sich unter

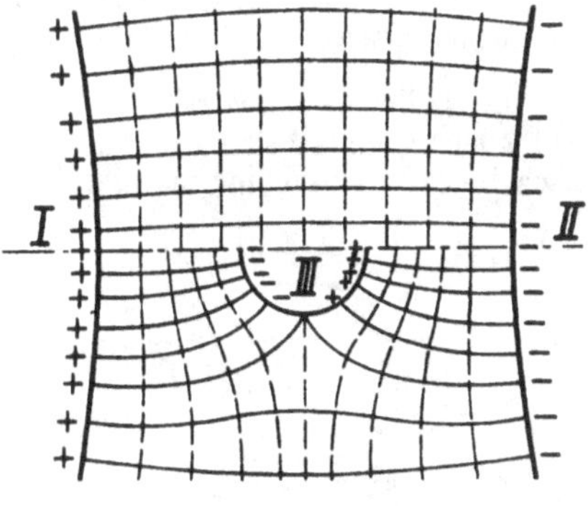

Bild 12. Influenz

den Kräften der Feldlinien, die zuerst in den ungeladenen Körper III eindringen, positive und negative Ladungen im Leiter. Die in den eingebrachten Körper III einfallenden Feldlinien enden schließlich senkrecht zur Leiteroberfläche in negativen Ladungen. Positiv geladene Punkte an anderen Stellen der Oberfläche von III bilden die Austrittspunkte, in denen die Feldlinien, deren Gesamtsumme gegenüber dem ungestörten Feld ja erhalten bleiben muß, wieder beginnen und zu den negativen Ladungen des erzeugenden Hauptfeldes führen. Diese Erscheinung nennt man elektrische *Influenz.*

In einer Anordnung nach Bild 12 kann durch kurzzeitige Herstellung einer leitenden Verbindung zwischen dem in das Feld gebrachten Körper und einem der beiden das ursprüngliche Feld erzeugenden Ladungsträger ein gewisser Ladungsausgleich herbeigeführt werden, z. B. zwischen positiven Ladungen von I und den negativen Ladungen auf der linken Hälfte von III. Auf dem eingebrachten Körper III besteht dann selbst nach Wiederaufhebung der leitenden Verbindung zu I und vor allem auch dann noch, wenn er aus dem von I und II hervorgerufenen Feld herausgebracht ist, ein Überschuß positiver Ladungen, die mit dem Ladungsträger III dann transportiert und zum Aufbau neuer Felder benutzt werden können (Influenzmaschinen).

3. Der Verschiebungsfluß

Werden auf 2 ausgedehnte Leiter I und II von einem Generator *G* nach Bild 13 positive und negative Ladungen auf-

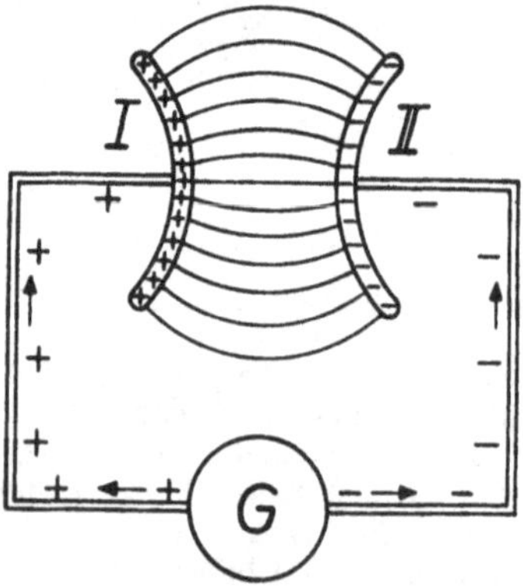

Bild 13. Der Verschiebungsfluß

gebracht, dann fließt in den Verbindungsleitungen zwischen dem Generator und den Ladungsträgern I und II während des Aufbringens der Ladungen ein Strom. Den Kreis dieses

Stromes kann man sich dadurch geschlossen denken, daß die Ladungen, anstatt die durch das Feld bestimmte Verteilung auf den Ladungsträgern I und II zu übernehmen, sich über die Feldlinien als Strombahnen weiter bewegen und ausgleichen. Da in dem als ideal isolierend angenommenen Bereich des elektrischen Feldes zwischen den Ladungsträgern I und II keine Bewegung von Ladungsträgern stattfindet, fließt in diesem Bereich auch physikalisch genommen kein Strom. Die Bahn der auf den Ladungsträgern verteilten Ladungen, die sich vor Erreichen ihrer Platzverteilung auf den Oberflächen von I und II, durch den Generator und über die Zuleitungen zu I und II bewegten, kann man im Bereich des elektrischen Feldes zwischen I und II durch den sogenannten *Verschiebungsfluß* schliessen, der den Feldkräften und ihren Richtungen im Raum zwischen I und II direkt zugeordnet ist. Bezieht man diesen Verschiebungsfluß auf die Flächeneinheit einer Äquipotentialfläche, so definiert man damit eine *Verschiebungsflußdichte.* Wird die gleiche Festlegung für die felderzeugenden Ladungen auf den Ladungsträgeroberflächen getroffen, dann spricht man hier von der Ladungsdichte. Im Bereich von 4 Feldlinien, die gemäß der Ausschnittsdarstellung in Bild 14 von einem Flächenelement des einen Ladungsträgers ausgehen und auf einem entsprechenden Element des anderen Ladungsträgers enden, ist der Verschiebungsfluß längs einer derartig umgrenzten *Feldröhre* konstant. Die Verschiebungsflußdichte ist durch die Zahl der Ladungen auf einem der beiden Ladungsträger, bezogen auf die Querschnittsfläche, bestimmt.

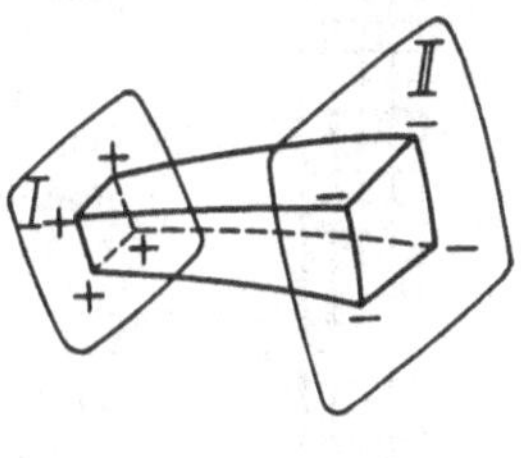

Bild 14. Die Feldröhre

4. Die Dielektrizitätskonstante

Zur Erzeugung einer Feldstärke $\mathfrak{E}$ zwischen Ladungsträgern ist im leeren Raum eine Anzahl von Ladungen notwendig, die dem gewünschten Feldstärkewert proportional ist. Befindet sich in dem den Feldkräften ausgesetzten Raum ein isolierender Stoff, so ist für die Größe der elektrischen Feldstärke außer der Ladungszahl und -anordnung erfahrungsgemäß auch das Verhalten des Isolierstoffes maßgebend. Zur Kennzeichnung der zur Erzeugung der Feldstärke erforderlichen Ladungen dient die Ladungs- bzw. Verschiebungsflußdichte $\mathfrak{D}$ auf den den felderfüllten Raum begrenzenden Äquipotentialflächen. Der Einfachheit halber wird im folgenden für derartige Betrachtungen von einem homogenen elektrostatischen Feld ausgegangen, wie es sich zwischen 2 planparallelen ebenen Leiteroberflächen großer Ausdehnung und vergleichsweise geringen Abstandes nach Bild 15 ausbildet, soweit dabei die Feldverzerrungen an den Rändern der Ladungsträger vernachlässigt werden können. Ebenso wie die Feldstärke $\mathfrak{E}$ wird auch die Verschiebungsflußdichte $\mathfrak{D}$ als ein Vektor dargestellt, dessen Richtung durch die Normale auf der Äquipotentialfläche, dessen Größe durch die Zahl der Ladungen je Flächeneinheit gekennzeichnet wird. Längs einer durch mehrere Feldlinien umgrenzten Feldröhre, die in mit der Ladungsdichte $\mathfrak{D}$ besetzten Flächenelementen beginnt und endigt, kann also an jeder Stelle unter Berücksichtigung des dort vorhandenen Isolierstoffes (Dielektrikum) der Feldstärke $\mathfrak{E}$ eine Verschiebungsflußdichte $\mathfrak{D}$ selbst dann rein rechnerisch zugeordnet werden, wenn sich dort überhaupt keine freien Ladungen befinden. Zwischen Verschiebungsflußdichte und Feldstärke gilt dabei die Gleichung:

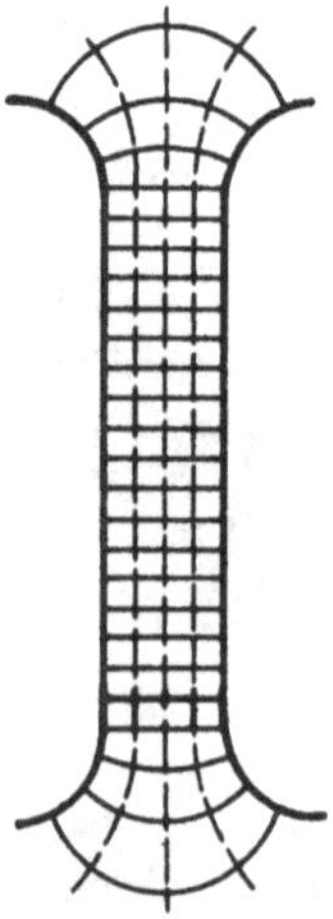

Bild 15. Feld und Äquipotentialflächen im Plattenkondensator, Querschnitt

$$\mathfrak{D} = \varepsilon_0 \cdot \varepsilon_r \cdot \mathfrak{E} = \varepsilon \cdot \mathfrak{E}.$$

Sie stellt eine Relation zwischen der Feldstärke $\mathfrak{E}$ als Ursache und der Ladungsdichte $\mathfrak{D}$ als Folge oder umgekehrt her. Mit Rücksicht auf die analogen Gesetze im elektrischen Strömungsfeld und im elektromagnetischen Feld wird bei den folgenden Betrachtungen immer von der Feldstärke als Ursache und der Verschiebungsflußdichte als Folge ausgegangen und der Quotient:

$$\frac{D}{E} = \varepsilon_0 \cdot \varepsilon_r = \varepsilon$$

als die *Dielektrizitätskonstante* ε bezeichnet. Da die Feldstärke $\mathfrak{E}$ durch die Spannungsdifferenz bezogen auf den Abstand zweier Punkte von z. B. 1 cm oder 1 m definiert ist und sich die Verschiebungsflußdichte $\mathfrak{D}$ auf die Flächeneinheit von 1 cm^2 oder 1 m^2 der Äquipotentialfläche bezieht, gibt also die Dielektrizitätskonstante ε das Verhältnis von Ladung zu Spannungsdifferenz für 2 gegenüberliegende Flächen eines Raumwürfels von 1 cm bzw. 1 m Kantenlänge an. Von den beiden Teilfaktoren ε_0 und ε_r legt die Dielektrizitätskonstante ε_0 des leeren Raumes die Verschiebungsflußdichte in As/cm^2 fest, die auf zwei Äquipotentialflächen bestehen muß, damit zwischen denselben im Hochvakuum eine Feldstärke von 1 V/cm herrscht. Die für das einzelne, den Feldwirkungen ausgesetzte Isoliermaterial gültige Relativzahl ε_r sagt aus, um wieviel höher bei einem vollständig mit diesem Stoff erfüllten Raum die Verschiebungsflußdichte auf zwei Äquipotentailflächen ist, wenn die gleiche Feldstärke im Isolierstoff herrscht.

Die dem Erfahrungswert der relativen Dielektrizitätskonstanten zu Grunde liegenden physikalischen Tatbestände lassen sich gedanklich relativ einfach und anschaulich aus den Erläuterungen der Einleitung über den Aufbau der Materie ableiten.

Im Kristallgitter eines festen Nichtleiters bestehen in den Atomen und Molekülen Bereiche verteilter oder konzentrierter positiver und negativer Ladungen. Unter der Wirkung eines elektrischen Feldes versetzen sich die verschiedenartig geladenen Komponenten des Gitters elastisch etwas gegeneinander, so daß das Gleichgewicht ihrer Ladungen, das im Ruhestand gegeben ist, nach außen aufgehoben erscheint. Der

Begriff des Verschiebungsflusses wird hier durch die im Dielektrikum in Richtung der Feldlinien erfolgende elastische Verlagerung der positiv und negativ geladenen Teilchen besonders anschaulich. Das außerhalb des elektrischen Feldes neutral wirkende Dielektrikum verhält sich unter den Wirkungen des elektrischen Feldes wie eine Anordnung mit zwei über die Grenzflächen verteilten Ladungsgruppen. Ein solches Gebilde wird ein *elektrischer Dipol* genannt. Bei Flüssigkeiten ist die unsymmetrische Verteilung der Ladungen oft schon im Aufbau des Moleküls vorhanden, z. B. beim Wasser. Über die Wärmebewegung überlagert sich hier durch das elektrische Feld eine gewisse Ausrichtung der Moleküle, die einen Teil der das Feld erzeugenden Ladungen in ihrer Wirkung ausgleicht, d. h. die relative Dielektrizitätskonstante ε_r über den Wert 1 hinaus vergrößert.

5. Die dem Ohmschen Gesetz und den Kirchhoffschen Regeln entsprechenden Beziehungen im elektrostatischen Feld

Die Proportionalität zwischen der Feldstärke $\mathfrak{E}$ als Ursache und der Verschiebungsflußdichte $\mathfrak{D}$ als Folge:

$$\mathfrak{E} = \frac{1}{\varepsilon_0 \cdot \varepsilon_r} \cdot \mathfrak{D}$$

gilt auch allgemein im inhomogenen Feld für einen hinreichend kleinen Raumquader, der in seiner Längenausdehnung d durch 2 Äquipotentialflächen, in seinem Querschnitt F durch eine Anzahl von Feldlinien begrenzt wird.

Die Gesamtladung Q derartiger Anordnungen und die daran liegende Spannung U werden durch folgende Integrationen ermittelt:

$$\int^{F} \mathfrak{D} \cdot d\mathfrak{f} = Q, \quad \int^{a} \mathfrak{E} \cdot d\mathfrak{s} = U.$$

Das elektrische Feld zwischen zwei entgegengesetzt geladenen, parallelen ebenen Platten (Elektroden), die sich in einem im Verhältnis zur Plattengröße geringen Abstand befinden, hat, wie Bild 15 zeigt, in seinem Hauptbereich zwischen den Elektroden überall die gleichen Werte für Feldstärke und Verschiebungsflußdichte. Feldlinien und Äquipotentialflächen sind geradlinig bzw. eben und laufen parallel. Ein derartiges Feld ist homogen. Nur in der Nähe der Elektrodenränder sind die Feldgrößen nicht mehr konstant. Ist der Hauptbereich im Verhältnis zu den Randgebieten genügend groß, dann können die Störungen an den Rändern vernachlässigt und die Integrationen über die planparallele Plattenfläche F und zwischen den Leiteroberflächen a und b mathematisch einfach ausgeführt werden:

$$\int^{F} \mathfrak{D} \cdot d\mathfrak{f} = D \cdot F = Q; \quad \int_{a}^{b} \mathfrak{E} \cdot d\mathfrak{s} = E(b-a) = U_{ab}.$$

Die Strecke $b - a$ ist dabei gleich dem Elektrodenabstand d, die Größen E und D sind die elektrischen Werte, die für den homogenen Hauptbereich zum Ansatz kommen.

Führt man die Summenwerte der Spannung und Ladung in die Gleichung für Feldstärke und Verschiebungsflußdichte ein, so ergeben sich die Beziehungen:

$$U = \frac{1}{\varepsilon_0 \cdot \varepsilon_r} \cdot \frac{d}{F} \cdot Q; \quad Q = \varepsilon_0 \cdot \varepsilon_r \cdot \frac{F}{d} \cdot U.$$

Das Verhältnis von Ladung zu Spannung wird die *Kapazität* C genannt:

$$\frac{Q}{U} = \varepsilon_0 \cdot \varepsilon_r \cdot \frac{F}{d} = C.$$

Vergleicht man diese Beziehungen mit dem Ohmschen Gesetz für das Strömungsfeld, so entspricht die Ladung im elektrostatischen Feld dem Strom im elektrischen Strömungsfeld, die Kapazität dem Leitwert und ihr Kehrwert dem Ohmschen Widerstand.

$$Q = \frac{U}{1/C} \quad \text{entsprechend} \quad J = \frac{U}{R}$$

$$\frac{1}{C} = \frac{d}{\varepsilon_0 \cdot \varepsilon_r \cdot F} \quad \text{entsprechend} \quad R = \frac{l}{\varkappa \cdot q}$$

Die Beziehung:

$$Q = C \cdot U$$

kann als das Ohmsche Gesetz der Elektrostatik, die Dielektrizitätskonstante $\varepsilon_0 \cdot \varepsilon_r$ wegen der Analogie zur Leitfähigkeit $\varkappa$ auch als *dielektrische Leitfähigkeit* bezeichnet werden.*

Will man eine analoge Aussage zur 1. Kirchhoffschen Regel für das elektrostatische Feld machen, dann muß diese eine Feststellung über die Summe der Verschiebungsflüsse in einem Raumbereich treffen. Dazu ist das Integral der Verschiebungsflußdichte $\mathfrak{D}$ über einen beliebigen in sich geschlossenen Raum zu bilden, der von der Fläche F umgrenzt wird. Ist der von dieser Raumfläche umschlossene Bereich frei von Ladungen, dann muß das Integral der Verschiebungsflußdichten oder die Summe der Verschiebungsflüsse über die Raumfläche Null werden, da die Verschiebungsflüsse bzw. die entsprechenden Feldlinien innerhalb der Raumfläche keine Ladungen finden, auf denen sie enden oder von denen sie ausgehen können. Befinden sich aber innerhalb des Raumbereichs Ladungen, so muß das Integral der Verschiebungsflußdichte die Summe der umschlossenen Ladungen angeben:

$$\oint^{F} \mathfrak{D} \cdot d\mathfrak{f} = Q.$$

Eine Analogiebetrachtung zur zweiten Kirchhoffschen Regel hat sich auch im elektrostatischen Feld auf eine Masche, d. h. einen geschlossenen Integrationsweg zu beziehen und eine Summenbildung der Spannungen U herbeizuführen. Dabei ist Größe und Richtung der Feldstärke $\mathfrak{E}$ zum Bahnelement $d\,\mathfrak{s}$ maßgebend. Das Integral der Feldstärke über den geschlossenen Gesamtweg muß, wie sich aus der Arbeitsleistung an einer Testladung im gleichen Fall ableiten läßt, Null werden:

$$\oint \mathfrak{E} \cdot d\,\mathfrak{s} = 0.$$

6. Der Kondensator

In dem einem elektrischen Feld ausgesetzten Material, dem Dielektrikum, bringen die elektrischen Kräfte einen atomaren Beanspruchungszustand hervor, der sich zwecks optimaler

* Siehe auch Tafel IV, S. 245

Ausnutzung des Werkstoffes möglichst gleichmäßig über alle Raumelemente erstrecken sollte. Das homogene Feld im Plattenkondensator nach Bild 15 erfüllt diese Forderungen, wenn die Ladungsträger, die man dann als Beläge des Kondensators bezeichnet, direkt auf das Dielektrikum aufgebracht sind und störende Feldverzerrungen an den Rändern

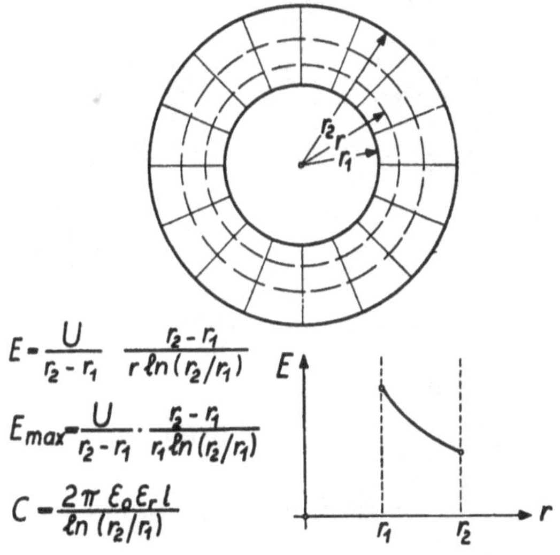

Bild 16. Das Feldbild des Zylinder-Kondensators

vermieden werden. Ein Teil der Schwierigkeiten durch derartige Randwirkungen läßt sich beim sogenannten Zylinderkondensator vermeiden, für den die schematische Anordnung und die Berechnungsformeln in Bild 16 zusammengestellt sind.

Eine weitere wichtige Elektrodenanordnung, bei der die Feldverhältnisse im Dielektrikum und die Kapazitätsbestimmung zwischen den Leitern von erheblicher praktischer Bedeutung sind, besteht aus zwei parallelen zylindrischen Leitern oder einem solchen Leiter gegenüber einer parallel liegenden, unendlich ausgedehnten Fläche. Anordnung und Formelbeziehungen sind in Bild 17 zusammengestellt. Sie

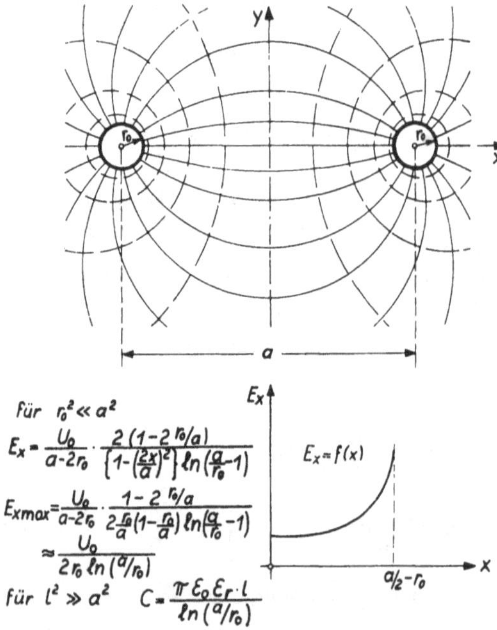

Bild 17. Das Feldbild zweier zylindrischer Leiter

dienen insbesondere zur Berechnung der Kapazitäten der Leiter von Freileitungen gegeneinander und gegen Erde.

Eine große Bedeutung, nicht nur bei den Kondensatoren, sondern auch bei anderen Formen des elektrischen Feldes haben Anordnungen, bei denen das Dielektrikum geschichtet ist, d. h. aus in Richtung der Feldlinien hintereinander liegenden Dielektriken verschiedener Eigenschaften besteht. Der wichtigste Fall ist die Kondensatoranordnung, bei der der Raum zwischen den Elektroden zu einem Teil durch ein festes Dielektrikum mit hoher Dielektrizitätskonstante, zum Rest durch Luft erfüllt ist, ein Aufbau, der praktisch dann gegeben ist, wenn der eine Belag auf dem festen Dielektrikum nicht einwandfrei aufliegt. Im homogenen Feld ist bei dieser Anordnung — in analoger Anwendung der ersten Kirchhoffschen Regel auf eine Reihenschaltung — die Verschiebungsflußdichte für beide Dielektriken von den Belägen her in der gleichen Größe $\mathfrak{D}$ vorgegeben. Damit gilt:

$$\mathfrak{D} = \varepsilon_0 \cdot \varepsilon_1 \cdot \mathfrak{E}_1 = \varepsilon_0 \cdot \varepsilon_2 \cdot \mathfrak{E}_2; \quad \frac{E_1}{E_2} = \frac{\varepsilon_2}{\varepsilon_1};$$

d. h. die auftretenden Feldstärken verhalten sich zueinander umgekehrt wie die Dielektrizitätskonstanten. Dieses führt dann unter Umständen zu extremen dielektrischen Beanspruchungen des Materials, die störende sekundäre Effekte auslösen.

Die Bestimmungsgleichung über Ladung, Spannung und Kapazität:

$$Q = C \cdot U$$

definiert als Einheit der Kapazität eine Anordnung, an der bei einer Ladung von 1 As eine Spannung von 1 V liegt. Nach dem englischen Physiker Michael Faraday (1791—1867) wird diese Einheit ein Farad (F) genannt und hat nach der obigen Gleichung die Dimension As/V oder Ss oder s/Ω. Sie ist für die praktischen Zwecke viel zu groß und nur unter bestimmten Voraussetzungen technisch zu verwirklichen. Die Kapazität technischer Geräte wird meist in Vielfachen des 10^6-Teils (Mikrofarad, μF) oder 10^{12}-Teils (Picofarad, pF) angegeben.

Für eine Angabe über die Beziehungen zwischen Strom und Spannung am Kondensator geht man von der Definition des Stromes aus, daß dieser gleich der Zahl der in der Zeiteinheit durch einen Querschnitt durchtretenden Ladungen ist. Mathematisch kann man dies auch durch die Gleichung:

$$i = \frac{dQ}{dt} = \frac{d\,(C \cdot u)}{d\,t}$$

ausdrücken, in der der Strom mit einem kleinen Buchstaben geschrieben wird, da es sich um einen momentanen Wert in einem zeitlichen Ablauf handelt, bei dem die elektrischen Größen nur in den seltensten Fällen zeitlich konstant sind. Der Momentanwert wird durch die Schreibung mit dem kleinen lateinischen Buchstaben ebenso auch bei der Spannung (u) und anderen Größen zum Ausdruck gebracht, während bei der Ladung Q der große Buchstabe beibehalten wird, um Verwechselungen mit dem Querschnitt q zu vermeiden. An der Kapazität gelten dann folgende Beziehungen für die Momentanwerte des Stromes i und der Spannung u:

$$i = C \cdot \frac{d\,u}{d\,t}\;;\; u = \frac{1}{C}\int i \cdot d\,t.$$

Werden einem Kondensator kleine Ladungsbeträge $d\,Q$ nacheinander zugeführt, so wird bei den ersten Ladungsbeträgen eine sehr kleine elektrische Arbeit geleistet, weil am Kondensator keine Spannung liegt. Mit zunehmender Ladung Q_{ges} steigt aber der Momentanwert der Spannung u am Kondensator. Für einen beliebigen Zeitpunkt ist also die mit der Zufuhr der kleinen Ladung $d\,Q$ verbundene elektrische Arbeitsleistung $d\,W$:

$$d\,W = u \cdot i \cdot d\,t = u \cdot d\,Q = u \cdot C \cdot d\,u.$$

Für die Zufuhr aller Ladungsbeträge $d\,Q$, die den Kondensator von der Spannung $u = 0$ bis auf die Spannung $u = U$ aufladen, wird das Integral der Arbeitsleistung gebildet. Es stellt dann die in der Kondensatorladung elektrisch gespeicherte *Arbeit* dar, die bei der Entladung ausgenutzt werden kann *(Energieinhalt des Kondensators)*:

$$\int_{u=0}^{u=U} d\,W = W = C \cdot \frac{U^2}{2}.$$

Die Arbeitsbeträge, die in Kondensatoren technischer Größe gespeichert werden können, sind im Vergleich zu den Arbeitsleistungen, die der elektrische Strom in den üblichen Zeiträumen vollbringt, außerordentlich klein (z. B. bei $C = 1\,\mu$F und U = 1000 V 0,5 Ws). Da sich aber Lade- und Entladevorgänge in Kondensatoren sehr schnell abspielen können, sind die sich dabei dann ergebenden Momentanwerte der auftretenden Leistungen manchmal sehr hoch.

Für den Aufbau eines elektrostatischen Feldes E muß durch Trennung der die Ladungsdichte D hervorbringenden Ladungen eine Arbeit W geleistet werden. Für eine kleine Änderung dD ist nach Bild 18:

$$dW = E \cdot dD = \frac{1}{\varepsilon_0 \cdot \varepsilon_r} \cdot D \cdot dD.$$

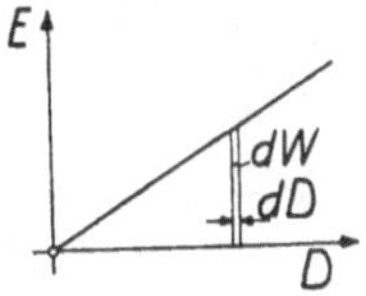

Bild 18. Die Arbeitsleistung beim Feldaufbau

Damit wird die für einen Würfel von 1 cm Kantenlänge zum Aufbau der Ladungsdichte D auf 2 gegenüberliegenden Würfelflächen oder der Feldstärke E in Normalrichtung zu diesen Flächen erforderliche Energie oder Arbeit:

$$W = \frac{1}{2\,\varepsilon_0\,\varepsilon_r} \cdot D^2 = \frac{1}{2}\,E \cdot D = \frac{\varepsilon_0\,\varepsilon_r}{2} \cdot E^2 \left[\frac{\mathrm{VAs}}{\mathrm{cm}^3}\right].$$

Diese Schreibung ist inhaltlich identisch mit der Aussage über die im Kondensator C bei der Spannung U gespeicherte Arbeit, bezieht sich aber in dieser Form auf einen cm-Würfel des Dielektrikums.

Über die Änderungen des Energieinhaltes lassen sich bei einem Kondensator mit flüssigem oder gasförmigem Dielektrikum, dessen Beläge in ihrem Abstand gegeneinander variiert werden können, die mechanischen Kräfte zwischen den Elektroden berechnen. Werden die aufgeladenen Beläge eines solchen Kondensators, die beispielsweise gerade den Abstand 1 cm haben mögen, nach der Aufladung auf die Ladungsdichte D von dem Generator getrennt, dann bleiben D und damit auch E unabhängig vom Abstand der Elektroden konstant, sofern der Wert von ε erhalten bleibt. Mit der auf 1 cm² der Elektrodenoberfläche wirkenden Kraft p wird aber eine mechanische Arbeit $p\,(d - 1)$ geleistet, wenn der Elektrodenabstand von 1 cm auf d cm vergrößert wurde. Die

Energie W hat sich je cm^3 des felderfüllten Raumes nicht geändert, das Volumen V des felderfüllten Raumes ist aber um das (d — 1)-fache gestiegen. Damit ist:

$$p\,(d-1) = \triangle\,(W \cdot V) = W\,(d-1)\;\left[\frac{\text{VAs}}{\text{cm}} \cdot \frac{1}{\text{cm}^2} \cdot \text{cm}\right].$$

Die elektrostatischen Anziehungskräfte je cm^2 Elektrodenoberfläche sind gleich dem Energieinhalt eines Zentimeterwürfels bei gleicher Feldstärke:

$$p = \frac{1}{2}\,E \cdot D = \frac{1}{2\,\varepsilon_0\,\varepsilon_r} \cdot D^2 = \frac{\varepsilon_0\,\varepsilon_r}{2} \cdot E^2\;\left[\frac{\text{VAs}}{\text{cm}} / \text{cm}^2\right].$$

7. Führung und Messung von Feldgrößen

Allgemein lassen sich die Wirkungen elektrischer Felder durch metallische Anordnungen von gewissen Raumbereichen fernhalten (Abschirmung), wenn das Potential der Metalloberfläche einwandfrei festgelegt ist. Im Feld selbst ist die Führung von Feldlinien nur im begrenzten Maße durch Einsatz von Materialien genügend hoher Dielektrizitätskonstante möglich, da nur nach Maßgabe der letzteren eine Bevorzugung dieser Räume gegenüber der Umgebung herbeigeführt werden kann.

Innerhalb eines größeren Feldbereiches kann durch Einfügung kleinster Testbereiche, z. B. mit abweichender Dielektrizitätskonstanten, eine nennenswerte Verlagerung der Feld- und Verschiebungslinien nicht eintreten. Wird in ein homogenes Feld in Richtung der Feldlinien eine kleine Bohrung auf eine begrenzte Strecke eingebracht, so läßt sich zwischen den Endflächen der Bohrung die Feldstärke messen. Wird senkrecht zu den Feldlinien ein dünner scheibenförmiger Hohlraum gelassen, dann können an der oberen und unteren Fläche dieser Aussparung die Ladungsdichten bestimmt werden. Diese Anordnungen entsprechen vollkommen den Einrichtungen zur Messung von Feldstärke bzw. Spannung und Stromdichte bzw. Stromstärke, die für das Strömungsfeld in Bild 4 dargestellt sind.

III. Das elektromagnetische Feld

1. Eigenschaften magnetischer Felder

Erscheinungsformen des magnetischen Feldes treten uns in der Natur in den auf die Kompaßnadel wirkenden Kräften und in der Erfahrung entgegen, daß eiserne Gegenstände in einem magnetischen Feld, z. B. im Erdfeld, selbst magnetisch werden. Ferner lassen sich magnetische Felder immer in der Umgebung stromdurchflossener Leiter nachweisen. Analog zum elektrostatischen Feld müssen also Eigenschaften des magnetischen Feldes im Raum bestehen, die mit Größen- und Richtungsaussagen durch Feldvektoren räumlich darzustellen sind.

Betrachtet man die magnetischen Wirkungen außerhalb ihrer Träger, insbesondere außerhalb der permanenten Magnete, so stellt man in Analogie zum elektrostatischen Feld das Vorhandensein zweier entgegengesetzter Pole, Nord- und Südpol, fest, bei denen wiederum für gleichartige Pole das Abstoßungsgesetz, für ungleichartige das Anziehungsgesetz gilt. In der physikalischen Darstellung abstrahiert man aus dieser Erkenntnis gerne auf den Begriff des magnetischen Einzelpoles, also eines einpoligen Systems definierter magnetischer Intensität, das aber, wie später gezeigt, physikalisch nicht streng verifizierbar ist. Theoretisch kann man mit einem solchen Einzelpol die Wirkungen magnetischer Felder im Raum, ähnlich wie mit der Einheitsladung im elektrostatischen Feld, über Richtung und Größe der auftretenden Kräfte ausmessen. Auf zwei derartige voneinander unabhängige Einzelpole der magnetischen Stärken m_1 und m_2 wirken dann beim Abstand r nach Coulomb die Kräfte:

$$P = k \cdot \frac{m_1 \cdot m_2}{r^2} .$$

Zur wenigstens angenäherten Verwirklichung eines solchen Einzelpoles muß ein Magnet geschaffen werden, dessen Gegenpol genügend weit entfernt ist. Bei Verwendung eines sehr langen dünnen Stabmagneten kann dieser bei Ausmessung eines magnetischen Feldes meist so angeordnet werden, daß die Kräfte auf den Gegenpol wegen seiner großen Entfernung zu vernachlässigen sind.

Benutzt man einen solchen Einzelpol, um die Richtung und Größe der Kraftwirkungen in der Nähe eines stabförmigen Permanentmagneten nach Bild 19 festzustellen, so führt der Pol, an verschiedenen Raumstellen sich selbst überlassen, unter dem Einfluß anziehender und abstoßender magnetischer Kräfte Bewegungen auf Bahnen aus, die als die *magnetischen Feld- oder Kraftlinien* bezeichnet werden.

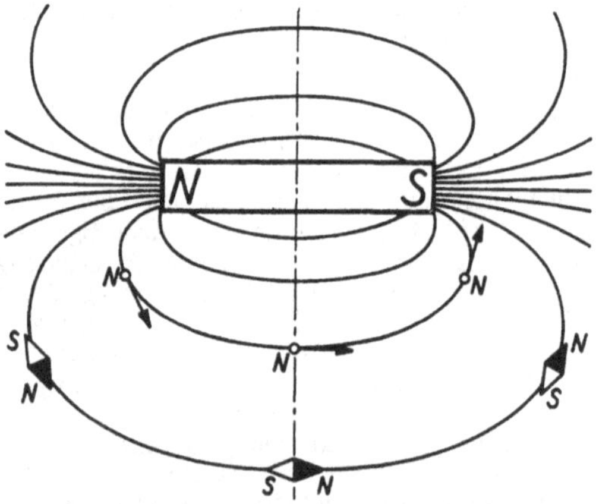

Bild 19. Feldbild eines stabförmigen Permanentmagneten

Nach Übereinkommen geht der positiv zu rechnende Durchlaufsinn dieser Linien vom Nordpol aus und endigt am Südpol. Er stimmt damit mit der Bewegungsrichtung eines positiven magnetischen Einzelpols (Nordpol) überein. Die Kraftrichtungen auf den Einzelpol sind durch die Tangenten an die Kraftlinien, die Größe der Kräfte durch das Coulombsche Gesetz gegeben.

Teilt man in dieser Anordnung den untersuchten Stabmagneten in sich in Einzelelemente auf, so lassen sich in den

Trennspalten zwischen den Einzelmagneten (siehe Bild 20, das wegen der Symmetrie nur einen Quadranten aus Bild 19, nun aber mit unterteiltem Magneten, wiedergibt) nirgendwo feldfreie Raumgebiete schaffen. Jedes, auch das kleinste ab-

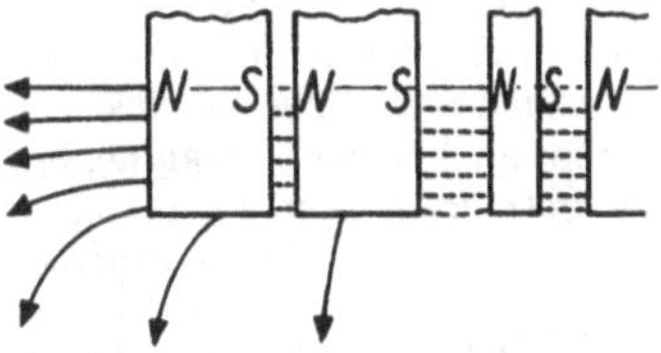

Bild 20. Unterteilung eines Magneten

getrennte Stück des Stabmagneten hat Ein- und Austrittsstellen für Kraftlinien, bildet also wiederum Nord- und Südpol aus. Daraus erkennt man, daß im Gegensatz zum elektrostatischen Feld die magnetischen Feldlinien immer in geschlossenen Bahnen verlaufen, also nicht auf irgendwelchen Ladungen oder Polen beginnen und enden.

2. Feldstärke und Induktion

Eine besonders einfache Form des magnetischen Feldes mit kreisförmigen Feldlinien entsteht nach Bild 21 bei einem

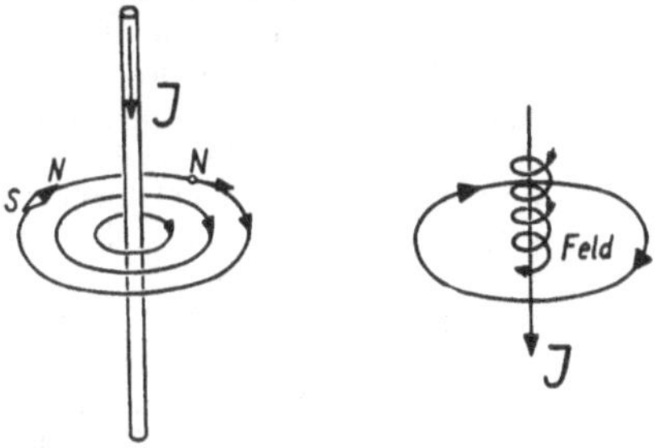

Bild 21. Magnetfeld des stromdurchflossenen geraden Leiters

stromdurchflossenen geradlinigen Leiter. Dabei ist der Stromrichtung im elektrotechnischen Sinne rechtsschraubend die magnetischen Feldrichtung zugeordnet. Richtung und Größe des magnetischen Feldes hängen einmal von der Lage der betrachteten Stelle im Raum ab. Außerdem sind aber die Werte der magnetischen Feldkräfte und ihr Richtungssinn von Größe und Flußrichtung des erzeugenden Stromes abhängig. Der Strom als Ursache ist einer *magnetischen Spannung* V gleichzusetzen, die auch durch Summenbildung über die Ströme mehrerer getrennter Leiter gebildet sein kann und in Ampere gemessen wird. Häufig wird derselbe stromdurchflossene Leiter mehrfach zur Bildung eines magnetischen Feldes herangezogen, indem er in mehreren Windungen das Feld erzeugt. Da zur magnetischen Spannung in diesem Fall bei w Windungen w-mal der Leiterstrom J beiträgt, also insgesamt die magnetische Spannung oder Durchflutung $w \cdot J$ Ampere beträgt, gibt man sie häufig auch in Amperewindungen (Aw) an.

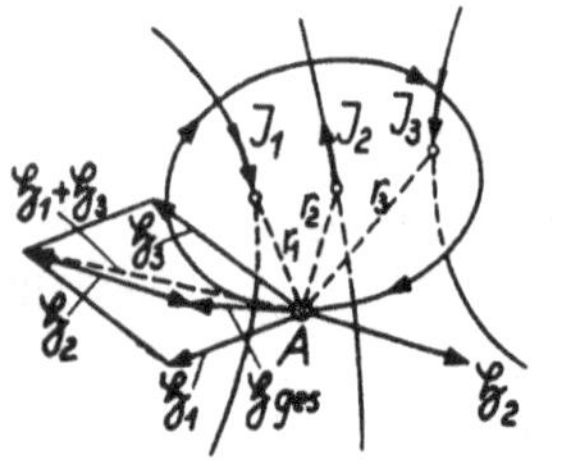

Bild 22. Vektorielle Zusammensetzung der resultierenden Feldstärke

Aus der in Bild 22 gegebenen allgemeinen Darstellung ist ersichtlich, daß die durch die 3 Ströme J_1, J_2, J_3 in einem Feldpunkt A hervorgerufene *Gesamtfeldstärke* $\mathfrak{H}_{ges}$, d. h. die auf die Längeneinheit der Feldlinie bezogene magnetische Spannung, die vektorielle Summe der 3 Teilfeldstärken $\mathfrak{H}_1$, $\mathfrak{H}_2$, $\mathfrak{H}_3$ ist, die jeweils rechtsschraubend zum Strom gerichtet auf den Radien r von A zu den Strömen senkrecht stehen. Sowohl für die Gesamtfeldstärke $\mathfrak{H}_{ges}$, d. h. unter der Wirkung der Ströme J_1, J_2, J_3, wie auch für jede, durch einen einzelnen Strom gegebene Feldverteilung muß definitionsgemäß das Integral der Feldstärkewerte multipliziert mit dem zugehörigen Wegelement $d\mathfrak{s}$ der Feldlinie $\mathfrak{H}$ über den gesamten geschlossenen Umlauf der Feldlinie die erzeugende magnetische Spannung V ergeben:

$$V = \oint \mathfrak{H} \cdot d\,\mathfrak{s}.$$

Die Aufsicht der Anordnung nach Bild 21, die in Bild 23 gegeben ist, zeigt hierzu sofort, daß die Feldstärke längs des Umfangs der hier kreisförmigen Feldlinien gleich der Durchflutung in Ampere dividiert durch die Länge der Feldlinie, d. h. ihren Umfang $2\pi r$ für den gegebenen Radius ist. Unter der Darstellung des Feldes selbst ist dazu die hyperbelförmig verlaufende Abhängigkeit der Feldstärke vom Radius eingetragen. Innerhalb des Leiterquerschnitts selbst steigt die Feldstärke bei konstanter Stromdichte linear mit der Entfernung vom Leitermittelpunkt an.

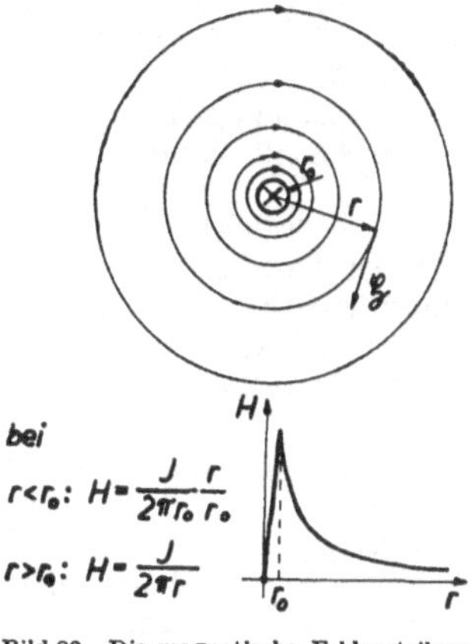

Bild 23. Die magnetische Feldverteilung am gestreckten Leiter

Der magnetischen Feldstärke $\mathfrak{H}$ als Ursache ist als Folge die magnetische Induktion $\mathfrak{B}$ zugeordnet. Sie ist ein Maß für Kraftwirkungen, die man an Stelle des nur schwierig exakt verifizierbaren magnetischen Einzelpols mit den Hilfsmitteln der Elektrotechnik nach dem Induktionsgesetz (siehe Abschnitt IV, S. 56) an einem stromdurchflossenen Leiter mißt. Da man den durch die magnetische Induktion hervorgerufenen Beanspruchungszustand des Raumes oder Stoffes bei flüssigen oder gasförmigen Körpern in seinem Richtungsverlauf durch Eisenfeilspäne sehr schön sichtbar machen kann, da diese sich unter der Wirkung des magnetischen Feldes zu Linienzügen ordnen, kennzeichnet man bei der magnetischen Induktion deren Intensität in einer bildlichen Vorstellung auch durch die Bezeichnungen der *Feld-* oder *Kraftliniendichte* (Flußdichte), die also auf 1 cm² oder 1 m² einer magnetischen Äquipotentialfläche zu beziehen sind, die senkrecht zur Richtung der Linien steht.

Feldstärke und Induktion sind analog zu den Beziehungen im Strömungs- und elektrostatischen Feld durch die folgende Gleichung miteinander verknüpft:

$$\mathfrak{B} = \mu_0 \cdot \mu_r \cdot \mathfrak{H} = \mu \cdot \mathfrak{H}.$$

Die *magnetische Induktion* $\mathfrak{B}$ wird nach dem deutschen Mathematiker Karl Friedrich Gauß (1777—1855) in Gauß (G) gemessen. Die Festlegung dieser Einheit wird bei der Erörterung des Induktionsgesetzes besprochen werden, wobei dann auch nachzuweisen sein wird, warum der Wert von 10^8 Gauß einem Spannungs-Zeitintegral von 1 Voltsekunde bezogen auf 1 cm^2 magnetischer Äquipotentialfläche gleichzusetzen ist.

3. Die magnetischen Eigenschaften des Materials

In der Formel $\mathfrak{B} = \mu \cdot \mathfrak{H}$ stellt die Größe μ die Beziehungen zwischen der magnetischen Feldstärke $\mathfrak{H}$ als Ursache und der Induktion $\mathfrak{B}$ als Folge her. Diese Größe ist analog zur Dielektrizitätskonstanten als eine magnetische Leitfähigkeit des den Raum erfüllenden Stoffes anzusehen und in den Anteil für den leeren Raum μ_0 und eine relative Materialkonstante μ_r aufzuspalten. Die Größe μ wird die *Permeabilität* genannt. μ_0 ist die Permeabilität des leeren Raumes, μ_r die Relativpermeabilität des im magnetischen Feld befindlichen betrachteten Materials.

Die Behandlung magnetischer Anordnungen ist dadurch besonders schwierig, daß die wichtigsten magnetischen Materialien, nämlich Eisen, Nickel, Kobalt und deren Legierungen (ferromagnetische Werkstoffe) eine relative Permeabilität haben, die sehr weitgehend von der Stärke des gerade wirksamen magnetischen Feldes und von der Vorgeschichte abhängig ist. Ohne hier auf die Durchführung der Messung einzugehen, sei dargestellt, wie sich z. B. bei Eisen die magnetische Induktion B in Abhängigkeit von der Feldstärke H ändert (Bild 24). Der Kurvenzug in dem linken Diagramm der Induktion B über der Feldstärke H, die sogenannte jungfräuliche oder *Neukurve* zeigt, daß beim vollkommen entmagnetisierten Eisen (Anfangspunkt mit $B = 0$, $H = 0$) mit zunehmenden kleinsten Feldstärkewerten die Induktion zuerst schwach, dann stärker ansteigt. Bei Induktionswerten von etwa 10 000 G beginnend biegt dann die Magnetisierungskurve ab und nähert sich schließlich bei Induktionen zwischen 18 000 und über 20 000 G der sogenannten *Sättigung*. Die Grenzsteigung der Kurve entspricht dort der Permeabilität $\mu_0 \cdot \mu_r$ für das Vakuum, d. h. dem Wert $\mu_r = 1$.*

Im mittleren Diagramm des Bildes 24 ist das Verhalten der gleichen Eisenprobe dargestellt, wenn von der Sättigungsinduktion bei I ausgehend die Feldstärke erniedrigt wird.

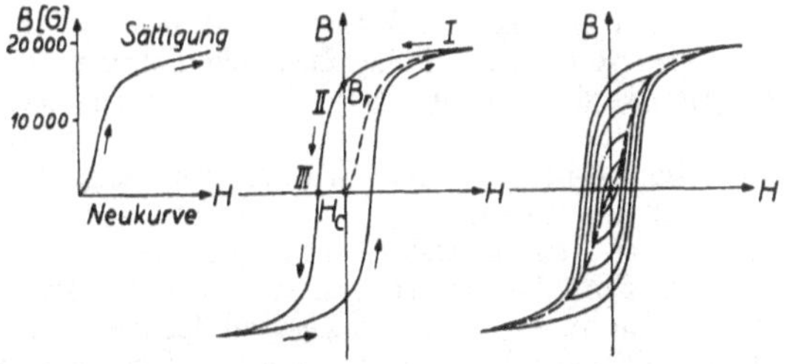

Bild 24. Die Hysteresisschleife des Eisens

Die dabei entstehende Kurve liegt über den in diesem Diagramm gestrichelt eingetragenen Werten der Neukurve. Für die Feldstärke Null bleibt bei II ein *Remanenzwert* der Induktion B_r erhalten und erst durch einen negativen Wert der Feldstärke H_c (*Koerzitivkraft*) läßt sich bei III die Induktion bis auf Null vermindern. Bei weiter steigenden negativen Feldstärkewerten wächst dann die Induktion zuerst schnell und dann wieder langsamer, bis in der negativen Richtung die gleichen Sättigungswerte wie in der positiven erreicht werden. Von dort aus wird ein analoger zweiter Kurvenast

* Siehe auch Tafel V, S. 246

beim Übergang von negativen zu positiven Feldstärkewerten durchfahren. Da beim Durchlaufen dieser beiden Kurven der Magnetisierungszustand, d. h. die Induktion im Eisen immer gegenüber dem Verlauf der magnetischen Feldstärke zurückbleibt, wird der gesamte entstehende, in sich geschlossene Kurvenzug die *Hysteresisschleife* genannt.

Die magnetische Hysterese des Eisens hängt sehr stark von der metallurgischen Zusammensetzung der untersuchten Probe ab. Legierungen, deren Hysteresisschleife sehr schmal ist und bei denen die Koerzitivkraft H_c gering ist, folgen in der Induktion den Änderungen der magnetischen Feldstärke weitgehend, sie werden *weichmagnetische* Werkstoffe genannt. Materialien mit einer breiten Hysteresisschleife, mit gleichzeitig vorhandenen hohen Werten für Remanenz und Koerzitivkraft werden als *magnetisch hart* bezeichnet und suchen einmal eingeprägte magnetische Zustände aufrecht zu erhalten. Sie werden vorzugsweise für *Permanentmagnete* benutzt.

Physikalisch geht man zur Deutung der magnetischen Eigenschaften des Eisens von der Vorstellung aus, daß im Eisenatom bzw. Kristallgitter Anordnungen der Elektronenbahnen vorliegen, die dauernd bestehenden Kreisströmen entsprechen. Im unmagnetisierten Zustand des Materials sind die Richtungen aller Kreisströme so ungeordnet, daß nach außen keine resultierende Wirkung entsteht. Mit zunehmender äußerer Feldstärke werden mehr und mehr derartige Elementarmagnete ausgerichtet. Bei der Sättigung hat dieser Vorgang alle Atome bzw. das ganze Kristallgitter erfaßt. Die Hysterese ist durch die Tatsache bedingt, daß es zur Ausrichtung der Kreisbahnen einer Mindestfeldstärke zur Überwindung der Kräfte bedarf, mit denen die Richtungen der Elementarmagnete in jeder Lage zuerst einmal fixiert sind. Die letzgenannten Erscheinungen begründen auch die Remanenz und Koerzitivkraft.

Zur noch genaueren Darstellung der magnetischen Eigenschaften eines Materials zeigt Bild 24 rechts außer der gestrichelten Neukurve und der Hysteresischleife der mittleren Darstellung weitere in sich geschlossene Schleifen, die dann entstehen, wenn das Eisen nicht bis zu den höchsten Sättigungswerten durchmagnetisiert wird. Die Umkehrpunkte dieser Schleifen liegen praktisch auf der Neukurve.

Die Flächen zwischen den Ästen der Hysteresisschleife und der B-Achse des Diagramms entsprechen, wie bei der Behandlung des Induktionsgesetzes gezeigt wird und analog zu den Betrachtungen über das elektrostatische Feld in Abschnitt II, Bild 18 der Arbeit, die zum Aufmagnetisieren des Eisens elektrisch geleistet bzw. beim Abmagnetisieren dem elek-

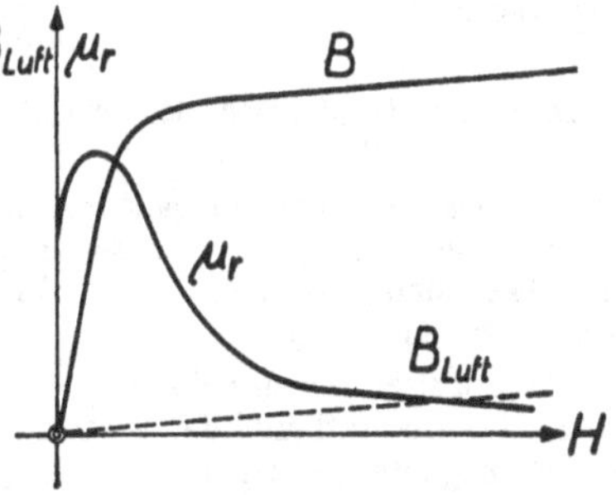

Bild 25. Magnetisierungskurve und Permeabilität für siliziertes Eisen

trischen Kreis wieder zugeführt wurde. Durch die von der Hysteresisschleife umschlossene Fläche wird die Arbeit in Ws je Kubikzentimeter Probe festgelegt, die durch die Eigenschaft der Hysterese bei einmaliger Ummagnetisierung der Probe (einem vollen Umlauf um die Kurve) als Hystereseverlust im Material in Wärme umgesetzt wird.

Die relative Permeabilität μ_r kann man in den B-H-Diagrammen entweder für kleine Änderungen beider Größen durch die Tangenten an die Kurven oder durch die mittlere Neigung der kleinen Schleifenformen definieren, die bei derartigen kleinen Änderungen von B und H entstehen. Für viele Betrachtungen genügen aber einfach die Quotienten $\frac{B}{\mu_0 \cdot H}$ für einzelne Punkte, die man meist auf der Neukurve durch Angabe der für sie gültigen B- oder H-Werte festlegt. In Bild 25 sind für ein siliziertes Eisenblech, wie es für elektrische Maschinen und Transformatoren als weichmagnetischer Baustoff verwendet wird, über der Feldstärke H die Kurve der magnetischen Induktion B und der relativen Permeablität μ_r aufgetragen. Bei den gewählten Maßstäben fallen die beiden Äste der Hysteresisschleife innerhalb der Darstellungsgenauigkeit bereits mit der Neukurve zusammen. Im Maßstab der Induktion B ist außerdem zur Kennzeichnung das Verhalten der Luft mit $\mu_r = 1$ als Gerade gestrichelt eingetragen.

4. Die magnetischen Hauptgrößen, das Ohmsche Gesetz des Magnetismus

Die bisherigen Darstellungen gingen von den Feldgrößen des Magnetismus, der Feldstärke und der magnetischen Induktion aus. Diese sind auf Längen- bzw. Flächeneinheiten des felderfüllten Raumes bezogen.

Das Integral der magnetischen Feldstärke ergibt, wie bereits erwähnt, über die Gesamtbahn der geschlossenen Feldlinie genommen die magnetische Gesamtspannung oder Durchlutung in Ampere oder Amperewindungen:

$$V = \oint \mathfrak{H} \cdot d\,\mathfrak{s}.$$

Die magnetische Gesamtspannung für einen vollen Umlauf über den Weg der Kraftlinien kann aber auch in einzelne Teilbeträge zwischen den Punkten 1, 2, 3 ... n, 1 dieses Weges unterteilt werden, die, da ihre Größen von dem magnetischen Verhalten der zwischen den Einzelpunkten liegenden Feldbereiche abhängen, auch als magnetische Spannungsabfälle angesehen werden können. Die Summengleichung lautet dann:

$$V = \oint \mathfrak{H} \cdot d\,\mathfrak{s} = V_{12} + V_{23} + \dots + V_{n1}$$
$$= \int_1^2 \mathfrak{H} \cdot d\,\mathfrak{s} + \int_2^3 \mathfrak{H} \cdot d\,\mathfrak{s} + \dots + \int_n^1 \mathfrak{H} \cdot d\,\mathfrak{s}.$$

Hierfür ist ein Beispiel in Bild 26 dargestellt, wo sich ein durch eine Durchflutung V_{ges} erzeugtes Feld in Eisenteilen verschiedenen Querschnitts und über eine Luftstrecke ausbreitet.

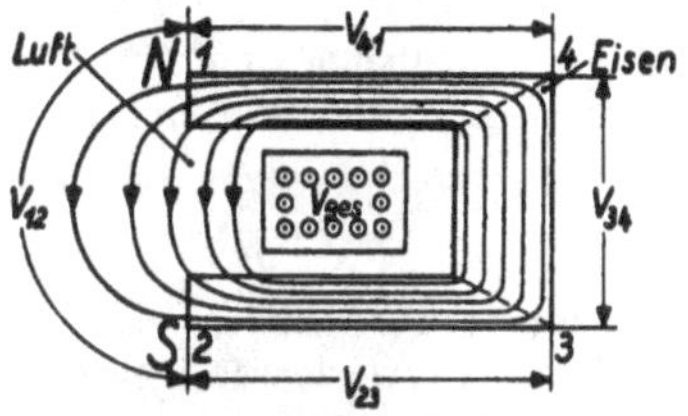

Bild 26. Spannungsabfälle in einem magnetischen Kreis

Die magnetische Induktion $\mathfrak{B}$ gibt eine Aussage über die Feldliniendichte auf einer magnetischen Äquipotentialfläche. Sie kann über einen mehr oder minder großen Ausschnitt der Äquipotentialfläche F integriert werden und ergibt dann nach der folgenden Gleichung den *magnetischen Fluß* Φ, der in Vs oder Maxwell (M) gemessen wird (nach dem englischen Physiker Clerk Maxwell 1831—1879):

$$\int^{F} \mathfrak{B} \cdot d\mathfrak{f} = \Phi .$$

In Analogie zum Ohmschen Gesetz der elektrischen Ströme kann für jeden Teil eines magnetischen Feldes die magnetische Spannung als Ursache zum magnetischen Fluß als Folge in Beziehung gesetzt werden. Damit entsteht das im homogenen Feldbereich gültige Ohmsche Gesetz für den Magnetismus:

$$\frac{V}{\Phi} = R_{\text{magn.}} = \frac{l}{\mu_0\,\mu_r \cdot q},$$

das den *magnetischen Widerstand* vollkommen analog zum elektrischen Widerstand proportional der Länge l der Kraftlinien und umgekehrt proportional dem vom Fluß Φ eingenommenen Querschnitt q sowie abhängig von der Materialkonstanten μ definiert. Aus den in Abschnitt 3 ausgeführten Gründen ist bei Verwendung ferromagnetischer Materialien im magnetischen Kreis die Berechnung nach dem Ohmschen

Gesetz des Magnetismus meist schwierig, weil die Widerstände im Kreise von den beanspruchenden magnetischen Spannungen bzw. Flüssen funktionell abhängig sind und nicht mehr als Konstanten betrachtet werden können.

In den auf 1 cm Linienlänge und 1 cm² Feldquerschnitt bezogenen Feldgrößen H und B ist durch die Beziehung:

$$\mu_0 \cdot \mu_r = \frac{B}{H}$$

der spezifische magnetische Leitwert oder die *magnetische Leitfähigkeit* des Zentimeterwürfels festgelegt. Für das Hochvakuum, für das definitionsgemäß $\mu_r = 1$ ist, und für Luft, bei der μ_r praktisch auch gleich 1 ist, wird damit ausgesagt, daß mit einer magnetischen Feldstärke von 1 A/cm eine Induktion von μ_0 Gauß entsteht.

5. Die Kirchhoffschen Regeln für das Magnetfeld

In Analogie zu den Gesetzen des Strömungsfeldes entspricht der magnetische Fluß dem elektrischen Strom. Die 1. Kirchhoffsche Regel, angewandt auf das magnetische Feld, erfordert daher die Integration der magnetischen Induktion $\mathfrak{B}$ über eine in sich geschlossene Raumfläche F. Dabei ergibt sich immer der Wert Null, da im Gegensatz zum elektrostatischen Feld die magnetischen Feldlinien nicht von Ladungen oder Polen ausgehen, sondern immer in sich geschlossen sind:

$$\oint^{F} \mathfrak{B} \cdot d\mathfrak{f} = 0.$$

Für eine zum Strömungsfeld analoge Darstellung der 2. Kirchhoffschen Regel ist die Größe V als das Integral der Feldstärke $\mathfrak{H}$ über eine beliebige geschlossene Bahn bereits als die Summe der treibenden magnetischen Spannungen definiert worden:

$$V_{\text{ges}} = \oint \mathfrak{H} \cdot d\mathfrak{s}.$$

Für die einzelnen magnetischen Spannungsabfälle V_{12}, V_{23}, V_{34} usw. gilt dann:

$$V_{12} + V_{23} + \ldots + V_{n1}$$
$$= \int_1^2 \mathfrak{H} \cdot d\,\mathfrak{s} + \int_2^3 \mathfrak{H} \cdot d\,\mathfrak{s} + \ldots + \int_n^1 \mathfrak{H} \cdot d\,\mathfrak{s}.$$

Die Spannungsabfälle im magnetischen Feld sind durch die Produkte der einzelnen Flüsse Φ mit den magnetischen Widerständen R_{magn} gegeben. Die Flüsse können auch durch die magnetischen Induktionen ausgedrückt werden, wobei in allen Fällen die Indizes die Bereiche längs des magnetischen Pfades kennzeichnen, für die die Werte gelten. Vorzugsweise wird man die Bereichsgrenzen so legen, daß zwischen ihnen die Querschnitte q, die relativen Permeabilitäten μ_r und die Fluß- bzw. Induktionswerte Φ bzw. $\mathfrak{B}$ konstant sind. Allgemein gilt dabei zwischen den Bereichsgrenzen a und b:

$$V_{a,b} = \int_a^b \mathfrak{H} \cdot d\,\mathfrak{s} = R_{\text{magn}\;a,b} \cdot \Phi_{a,b}$$

$$= \frac{l_{a,b}}{q_{a,b}} \cdot \frac{1}{\mu_0\,\mu_{r\,a,b}} \cdot \int_0^{q_{a,b}} \mathfrak{B} \cdot d\,\mathfrak{q}.$$

Ist die Induktion $\mathfrak{B}$ im letzten Integral über den Querschnitt q konstant und gleich $\mathfrak{B}_{a,b}$, dann vereinfacht sich die Formel zu:

$$V_{a\,b} = \frac{B_{a,b} \cdot l_{a,b}}{\mu_0 \cdot \mu_{r\,a,b}},$$

und die Aussage der 2. Kirchhoffschen Regel für das magnetische Feld lautet:

$$V_{\text{ges}} = R_{12} \cdot \Phi_{12} + R_{23} \cdot \Phi_{23} + \ldots + R_{n1} \cdot \Phi_{n1}\,.$$

6. Die Kraftwirkungen des magnetischen Feldes

Im Diagramm der Induktion B über der Feldstärke H, z. B. Bild 25, ist das Flächenintegral zwischen der Magnetisierungskurve und der Ordinatenachse:

$$W = \int H \cdot d\,B \quad \left[\frac{\text{VAs}}{\text{cm}^3}\right]$$

analog zu den Verhältnissen im elektrostatischen Feld der

Energieinhalt eines Zentimeterwürfels des felderfüllten Raumes bzw. des magnetischen Materials. Dieses Integral kann für Stoffe mit μ_r = konst. sofort ausgewertet werden:

$$W = \frac{1}{2} H \cdot B = \frac{\mu_0 \mu_r}{2} \cdot H^2 = \frac{1}{2 \mu_0 \mu_r} \cdot B^2 .$$

Hält man in einer Anordnung nach Bild 27 zwischen zwei U-förmigen Eisenkörpern in den Luftspalten δ die Induktion B konstant, auch wenn die Größe der Luftspalte verändert wird, dann kann die spezifische Anziehungskraft (je cm² Flußquerschnitt) zwischen den Eisenkörpern wiederum wie im elektrostatischen Feld aus der Arbeit berechnet werden, die der Volumenänderung der Luftspalte entspricht. Auch hier sind die magnetischen Anziehungskräfte je cm² Flußquerschnitt gleich dem Energieinhalt eines Zentimeterwürfels:

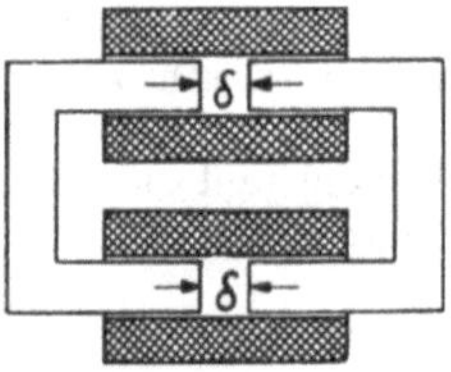

Bild 27. Elektromagnet

$$p = \frac{1}{2} H \cdot B = \frac{\mu_0 \mu_r}{2} \cdot H^2 = \frac{1}{2 \mu_0 \mu_r} \cdot B^2 \left[\frac{\text{VAs}}{\text{cm}} / \text{cm}^2\right] .$$

7. Führung und Messung magnetischer Feldgrößen

Die hohe Permeabilität des Eisens gegenüber der Luft erlaubt eine wesentlich wirkungsvollere Führung magnetischer Flüsse, als dies im Bereich des elektrostatischen Feldes durch Werkstoffe hoher Dielektrizitätskonstante möglich ist. Diese Überlegungen finden u. a. bei der Abschirmung elektrischer Geräte, insbesondere von Meßwerken, praktische Anwendung, die gegen die störenden Wirkungen äußerer Magnetfelder durch Einbau in magnetisch gut leitende Gehäuse, die bei besonders hohen Anforderungen aus Mu-Metall bestehen, geschützt werden. Die Quersschnitte der schirmenden Gehäuse müssen so groß sein, daß sie die störenden magnetischen Flüsse, noch im Bereich hoher Permeabilitätswerte, d. h. bei Induktionen weit unter dem Sättigungspunkt des Materials aufnehmen können.

Die Messung magnetischer Größen erfolgt meist unter Ausnutzung der elektrischen Wirkungen magnetischer Erscheinungen nach den im folgenden Hauptabschnitt beschriebenen Gesetzen. Analog zu den Anordnungen im Strömungs- und elektrostatischen Feld kann ein genügend dünner scheibenförmiger Ausschnitt quer zur Richtung des magnetischen Flusses ohne allzu große Störung der Anordnung mit einem Medium anderer Permeabilität, z. B. Luft, gefüllt werden. Mit einem am Rande dieses scheibenförmigen Ausschnitts liegenden elektrischen Leiter ist der durch die Scheibenfläche durchtretende Fluß verkettet und wird als solcher oder nach Division durch die Fläche als Induktion über die bei Änderungen beider Größen auf den elektrischen Leiter ausgeübten Wirkungen gemessen. Die magnetische Feldstärke hat, in Richtung der Feldlinien in unmittelbarer Nähe der Oberfläche eines magnetisierten Körpers gemessen, dort genau dieselbe Größe wie in dem vom Fluß durchsetzten Material. Sie wird meistens über den außerhalb des magnetischen Werkstoffes verlaufenden Luftfluß gemessen, da dieser der Feldstärke $\mathfrak{H}$ linear zugeordnet ist. Auch hier können die elektrischen Wirkungen in einem mit einem definierten Querschnitt des Luftflusses verketteten Leiter oder die bei der Magnetisierung eines Testkörpers auftretenden Kraftwirkungen zur Messung verwendet werden.

Bei den magnetischen Meßmethoden, die auf das Induktionsgesetz zurückgehen, wirken auf die verwendeten elektrischen Meßgeräte Spannungen oder Spannungszeitintegrale. Die letzteren entstehen bei stufenweisen Auf- und Ab- oder Ummagnetisierungsvorgängen. Diese Verfahren werden meist als ballistische Meßmethoden angesprochen. Bei der Mehrzahl der praktischen Ausnutzungsformen des Induktionsgesetzes treten magnetische Wechselfelder auf. Ändern sich magnetische Felder zeitlich periodisch nach vorgegebenen Zeitfunktionen, dann können die magnetischen Größen über die in festen Spulen auftretenden Wechselspannungen direkt gemessen werden. Gleichfelder werden in entsprechender Weise nach Größe und Richtung mit schwingenden oder umlaufenden Meßspulen bestimmt, deren Verkettung mit dem zugehörigen magnetischen Fluß sich durch die Bewegung periodisch ändert.

IV. Das Induktionsgesetz

Über die im vorliegenden Abschnitt beschriebenen von dem Physiker Hans Christian Oersted (1777—1851) untersuchten Wechselwirkungen zwischen elektrischen Strömen und magnetischen Feldern hinaus entdeckte Faraday Kraftwirkungen zwischen dem stromdurchflossenen Leiter und dem Magnetfeld sowie elektrische Spannungen, die bei Relativbewegungen zwischen Leitern und Magnetfeldern und bei Größenänderungen der letzteren entstehen.

1. Die Kraftwirkungen auf den stromdurchflossenen Leiter

Ein gestreckter Leiter von der Länge l, der gegen die Feldlinien eines homogenen angenommenen Magnetfeldes einen

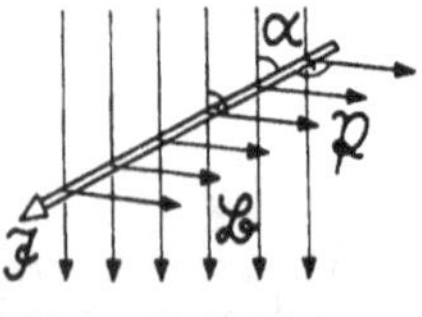

Bild 28. Kraftwirkung auf den stromdurchflossenen Leiter im Magnetfeld

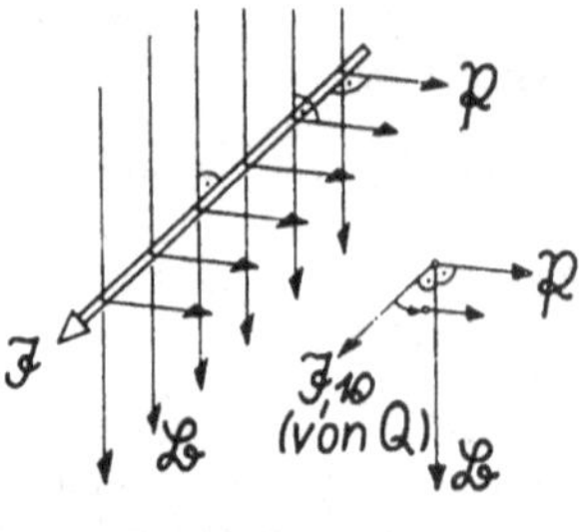

Bild 29. Das Rechtssystem von Strom, Induktion und Kraft

Neigungswinkel α besitzt, erfährt senkrecht zu den Feldlinien und zum Leiter eine Kraftwirkung P gemäß der folgenden Formel (siehe auch Bild 28):

$$P = B \cdot J \cdot l \cdot \sin\alpha .$$

Eine maximale Kraftentfaltung kommt zustande, wenn Leiter und Feldlinien aufeinander senkrecht stehen, also $\sin\alpha = 1$ wird. Gemäß Bild 29 bilden dann die elektrotechnische

Stromrichtung, die magnetischen Feldlinien und die Kraftrichtung ein *Rechtssystem*, d. h. eine Anordnung, bei der die Drehung des ersten Raumvektors (Stromrichtung) in die Lage des zweiten (Feldlinie) und Verschiebung in Richtung des dritten (Kraft) die Bewegung einer Rechtsschraube ergibt.

Diese physikalische Anordnung wird zur Definition der Einheit der magnetischen Induktion benutzt. Ein homogenes Magnetfeld mit einer Stärke von 1 G läßt in einem zu den Kraftlinien senkrecht stehenden Leiter, der von einem Strom von 1 A durchflossen wird, je cm Leiterlänge eine Kraft von 10^{-1} Dyn oder $1{,}02 \cdot 10^{-4}$ p entstehen. Da die physikalische Kraftwirkung von 1,02 p einer auf die Längeneinheit von 1 cm bezogenen Arbeit von 10^{-4} Ws/cm entspricht (siehe die Umrechnungswerte für mechanische, thermische und elektrische Äquivalente in Tafel II, S. 242) gelten damit die folgenden Beziehungen:

$$1{,}02 \cdot 10^{-4}\,\mathrm{p} = 10^{-8}\,\frac{\mathrm{Ws}}{\mathrm{cm}}\,;$$

$$1\,\mathrm{G} = 1{,}02 \cdot 10^{-4}\,\frac{\mathrm{p}}{\mathrm{Acm}} = 10^{-8}\,\frac{\mathrm{VAs}}{\mathrm{Acm^2}} = 10^{-8}\,\frac{\mathrm{Vs}}{\mathrm{cm^2}}\,,$$

durch die die durch Länge, Strom und Kraftwirkung festgelegte Einheit der magnetischen Induktion von 1 G einem Spannungs-Zeit-Integral, bezogen auf 1 cm² magnetischer Äquipotentialfläche von 10^{-8} Vs/cm² gleichgesetzt wird.

In der in Bild 29 dargestellten Anordnung kann der Strom J im Leiter, wie bereits in Bild 2 erläutert, als die Zahl von Ladungen Q aufgefaßt werden, die durch den Querschnitt des Leiters pro Sekunde hindurchtreten. Beim Induktionsgesetz ist für die Kraftwirkung das Produkt des Stromes mit der Leiterlänge $J \cdot l$ maßgebend, das man nun aber auch als das Produkt der Ladung, multipliziert mit ihrer Bewegungsgeschwindigkeit v (Weglänge l je Zeiteinheit), d. h. in der Form $Q \cdot v$ ansetzen kann. Größe und Richtung der Kraftwirkung $\mathfrak{P}$ kann nun mit der Ladung Q als Proportionalitätsfaktor dem Vektorprodukt von Geschwindigkeit und magnetischer Induktion gleichgesetzt werden:

$$\mathfrak{P} = Q \cdot [\mathfrak{v} \cdot \mathfrak{B}].$$

Der in dieser Gleichung als Vektorprodukt in eckigen Klammern eingesetzte Ausdruck bedeutet, daß eine dem Produkt der Beträge von $\mathfrak{v}$ und $\mathfrak{B}$ entsprechende Größe als gerichtete Strecke mit ihren Erzeugenden wiederum ein Rechtssystem bildet, wie es in Bild 29 rechts bereits dargestellt wurde, womit der Richtungsangabe des Stromes $\mathfrak{J}$ die Bewegungsrichtung $\mathfrak{v}$ der positiven Ladungen gleichzusetzen ist. In dieser Form gibt das Induktionsgesetz Größe und Richtung der Kraft $\mathfrak{P}$ an, die auf eine Ladung Q ausgeübt wird, wenn sich diese mit der Geschwindigkeit $\mathfrak{v}$ durch das Feld bewegt.

2. Die Spannungserzeugung im bewegten Leiter

Nach den Definitionen für das elektrische Feld ist die Feldstärke $\mathfrak{E}$ die Kraftwirkung auf eine positive Einheitsladung. Die zuletzt abgeleitete Gleichung kann dann folgendermaßen geschrieben werden:

$$\mathfrak{P} = Q \cdot [\mathfrak{v} \cdot \mathfrak{B}] = Q \cdot \mathfrak{E}\,; \quad \mathfrak{E} = [\mathfrak{v} \cdot \mathfrak{B}]\,.$$

Zwingt man den Ladungen Q die Geschwindigkeit gegenüber dem magnetischen Feld durch Bewegung eines beispielsweise stabförmigen Körpers senkrecht zu seiner Längenerstreckung und senkrecht zur Richtung der Induktion $\mathfrak{B}$ auf, dann liegt die Längsachse dieses Körpers gerade in der Richtung der entstehenden Feldstärke $\mathfrak{E}$, wie dies in der schematischen Darstellung Bild 30 eines mit $\mathfrak{v}$ durch das homogene Feld $\mathfrak{B}$ bewegten Stabes gezeichnet ist. Ist der stabförmige Körper leitend, dann werden durch die Feldstärke die positiven und negativen Ladungen so getrennt, wie dies an den Stabenden durch + und — gekennzeichnet ist. Das für $\mathfrak{v}$, $\mathfrak{B}$ und $\mathfrak{E}$ entstehende Rechtssystem ist daneben wiederum schematisch gekennzeichnet. Wohl auf Grund der Tatsache, daß bei solchen Anordnungen die Ladungen durch Relativbewegungen zwischen Leiter und Magnetfeld getrennt werden, hat sich für die damit entstehenden Spannungen auch der Begriff der *Elektromotorischen Kraft* (EMK) eingeführt, auf den in seiner allgemeinen Verwendung noch im Abschnitt VII einzugehen sein wird. Die bei derartigen Anordnungen entstehenden elektrischen Feldstärken $\mathfrak{E}$ kann man als innere Feldstärken bezeichnen, weil sie, im Gegensatz zu den Betrachtungen im Abschnitt II, nicht durch das Vorhandensein äußerer Ladungen, sondern allein durch Bewegungen und Änderungen im magnetischen Feld bestimmt sind.

Führt man den in Bild 30 gekennzeichneten Versuch mit einem, z. B. in Form eines geschlossenen Rechtecks geformten Leiter aus, in den an einer Stelle ein Meßgerät eingefügt ist, das das Integral der im Leiter induzierten Feldstärke über den gesamten Leiterkreis als den Momentanwert der Spannung u zu messen gestattet, dann werden in der Anordnung nach Bild 31 in den beiden Leiterstücken des Rechtecks, die

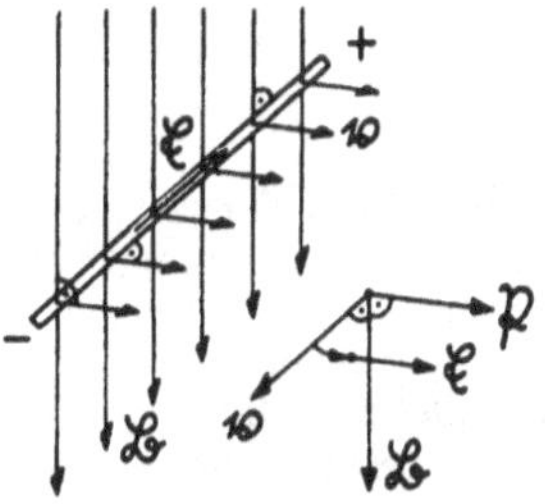

Bild 30. Das Rechtssystem von Geschwindigkeit, Induktion und elektrischer Feldstärke

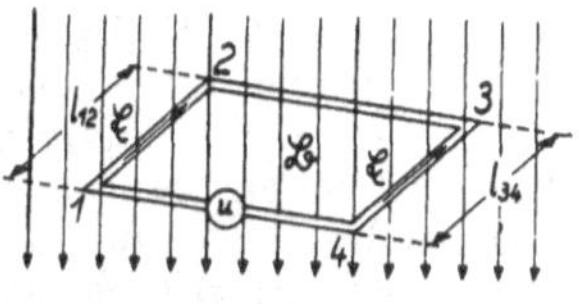

Bild 31. Bewegung einer Leiterschleife im homogenen Magnetfeld

senkrecht zur Bewegungsrichtung liegen, gleiche Feldstärken in gleichen Leiterlängen hervorgerufen, die jedoch für die gesamte Leiterbahn in entgegengesetzter Richtung wirken und in ihrem Integral über den Leiterweg den Wert Null für die Spannung u ergeben.

Führt die hier betrachtete Schleife ihre Bewegung in einem in der Bewegungsrichtung inhomogenen Feld aus, in dem also $\mathfrak{B}$ nicht mehr für die von den Leiterelementen l_{12} und l_{34} überstrichenen Flächenbereiche gleich groß ist, dann sind die in diesen beiden Teilen der Leiterbahn hervorgerufenen Feldstärken in ihren Integralwerten soweit verschieden, daß als Resultierende für das Feldstärkenintegral über die geschlossene Bahn des Leiters eine Spannung:

$$u = \oint \mathfrak{E} \cdot d\,\mathfrak{s}$$

entsteht. Gleichzeitig hat sich damit auch, wie beschrieben, das Integral der magnetischen Induktion $\mathfrak{B}$ über die durch den Leiter als Randlinie begrenzte Fläche F geändert:

$$\int^{F} \mathfrak{B} \cdot d\,\mathfrak{f} = \Phi,$$

das den mit dem gesamten Leiter verketteten magnetischen Fluß beschreibt. Aus dem Mechanismus der elementaren Induktionsvorgänge an den einzelnen Teilstücken des Leiters ist sofort zu erkennen, daß die Höhe der induzierten Spannung u direkt der zeitlichen Änderung des Flusses Φ proportional ist *(Induktionsgesetz)*:

$$u = -\frac{d\Phi}{dt}.$$

Auf die Vorzeichenfestlegung in dieser Gleichung wird bei der Behandlung der Induktion durch zeitveränderliche magnetische Felder einzugehen sein. Da sich der magnetische Fluß im allgemeinen nicht zeitlinear ändert, wird die induzierte Spannung und der unter ihrem Einfluß getriebene Strom ebenfalls zeitabhängig sein. Zeitlich veränderliche Spannungen und Ströme bezeichnet man mit kleinen lateinischen Buchstaben.

3. Kraftwirkungen und Bewegungen an Leitern

In Bild 32 links ist räumlich eine Anordnung dargestellt, bei der ein senkrecht von oben nach unten verlaufendes Magnetfeld mit der Flußdichte $\mathfrak{B}$ auf einen von vorn nach hinten verlaufenden Leiter wirkt, der mit der Geschwindigkeit $\mathfrak{v}$ in seiner ganzen Länge nach rechts bewegt wird. In diesem Leiter entsteht damit eine von vorn nach hinten gerichtete Feldstärke $\mathfrak{E}$ oder an diesem Leiter als Spannungsquelle hinten ein Pluspol und vorn ein Minuspol.

Wird dieser Leiter, wie in Bild 32 rechts dargestellt, über zwei Gleitschienen und zwei am Leiter sitzende Kontaktbürsten an einen äußeren Widerstand R angeschlossen, der an der Leiterbewegung nicht teilnimmt, dann ist in diesem Kreise als Integral der Feldstärke 𝔈 über die Leiterlänge die Spannung u wirksam, deren Richtung an den Enden ihres Trägers durch die der Darstellung in Bild 30 entsprechenden Polaritätszeichen gekennzeichnet ist. Durch die gewählte Form der Anordnung ändert sich dabei die von der Leiterbahn umgrenzte Fläche je Sekunde um den Betrag $l \cdot v$, wenn l die Länge des bewegten Leiters ist. Die zeitliche Änderung des mit der Strombahn verketteten Flusses ist $B \cdot l \cdot v$ und

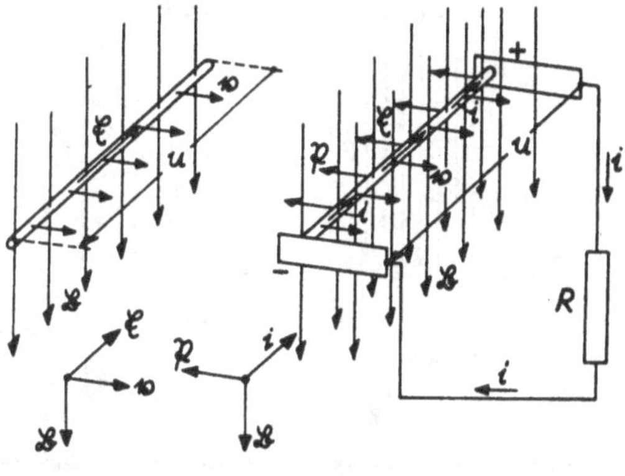

Bild 32. Spannungserzeugung und Kraftwirkung im Magnetfeld

hat die Dimension $\frac{Vs}{\text{cm}^2} \cdot \text{cm} \cdot \frac{\text{cm}}{s} = V.$

Unter der Wirkung der Spannung u fließt im Kreis ein Strom i, durch den im Zusammenwirken mit dem Magnetfeld 𝔅, in dem sich der Leiter dabei befindet (und bewegt), eine Kraftwirkung 𝔓 an allen Längenelementen des Leiters entsteht, die der Geschwindigkeit 𝔳 entgegengesetzt gerichtet ist.

Die für die Spannungserzeugung (Bild 32 links) und die Kraftwirkungen des Stromflusses (rechts) maßgebenden beiden Rechtssysteme von Geschwindigkeit, Induktion und Feldstärke bzw. Strom, Induktion und Kraftwirkung sind in der räumlichen Lage der dargestellten Anordnung jeweils unter derselben angezeichnet.

Die bei der Leiterbewegung durch die Überwindung der Kräfte $\mathfrak{P}$ mit der Geschwindigkeit $\mathfrak{v}$ geleistete mechanische Arbeit kommt in dem Produkt der Spannung *u*, multipliziert mit der Stromstärke *i* im Widerstand *R* voll, d. h. ohne Verluste zur Wirkung, sofern der Strom in dem induzierten Leiter, seinen Übergangskontakten zu den Gleitschienen, in diesen selbst und in den Anschlußleitungen zum Widerstand *R*

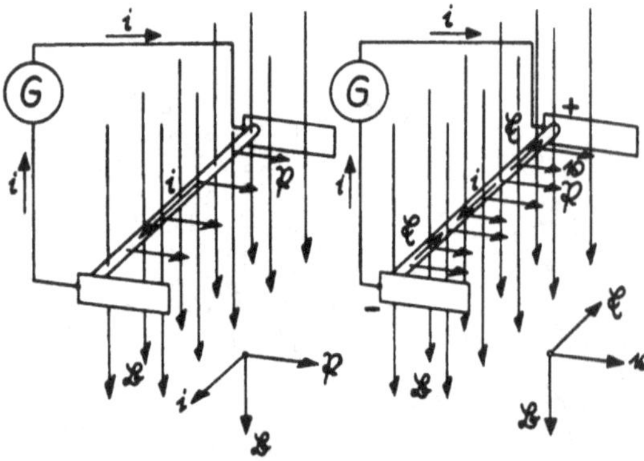

Bild 33. Kraftwirkung und Gegenspannungserzeugung im Magnetfeld

keine Spannungsabfälle hervorruft. Diese Annahme ist in erster Annäherung dann erfüllt, wenn der Hauptwiderstand des gebildeten Kreises im wesentlichen in dem Belastungswiderstand *R* liegt. Die Identität der mechanischen und elektrischen Leistungen an diesen Anordnungen läßt sich auch aus der Dimensionsbetrachtung in der folgenden Gleichung nachweisen:

$$\mathfrak{P} \cdot \mathfrak{v} = i \cdot \int \mathfrak{E} \cdot d\mathfrak{s} = i \cdot u \,.\, \left[\frac{\text{Ws}}{\text{cm}} \cdot \frac{\text{cm}}{\text{s}} = \text{A} \cdot \text{V}\right].$$

Das hier dargestellte System des bewegten Leiters im Magnetfeld ist die Grundform aller der *elektrischen Maschinen*, die zur Umformung mechanischer in elektrische Leistung dienen. Sie werden allgemein *Generatoren* genannt.

Eine Umkehr der Anordnung in Bild 32 ist in Bild 33 vorgenommen. Von einer fremden Stromquelle G wird durch den im magnetischen Feld befindlichen Leiter ein Strom i getrieben. Befindet sich der Leiter in Ruhe, so braucht die Stromquelle nur eine sehr niedrige Spannung aufzubringen, da allein die wiederum als vernachlässigbar klein angesehenen Spannungsabfälle im induzierten Leiter und seinem Zuleitungssystem zu überwinden sind (Darstellung Bild 33 links mit dem zugehörigen Rechtssystem von i, $\mathfrak{B}$, $\mathfrak{P}$).

Gibt man nun dem Leiter die Möglichkeit, sich in Richtung der Kraftwirkungen $\mathfrak{P}$ mit der Geschwindigkeit $\mathfrak{v}$ zu bewegen, dann wird zweifellos hierbei eine mechanische Arbeit geleistet und z. B. von dem Träger des Leiters über irgendwelche Zwischenelemente nutzbar abgegeben. Die Geschwindigkeit $\mathfrak{v}$ hat aber gemäß der Darstellung Bild 33 rechts nun zur Folge, daß in dem bewegten Leiter eine Feldstärke $\mathfrak{E}$ entsteht, die zur Ausbildung eines Plus- und Minuspoles an den Anschlußpunkten des Leiters führt (siehe auch das Rechtssystem $\mathfrak{v}$, $\mathfrak{B}$, $\mathfrak{E}$ in Bild 33 rechts). Die damit im Leiter entstehende Spannung, die man auch als Gegenspannung oder *Gegen-EMK* bezeichnet, ist der Spannung der äußeren Stromquelle entgegengerichtet. Die Spannung der äußeren Quelle muß also, damit der Strom im Leiter in alter Stärke fließt und die Kraftwirkungen in voller Höhe erhalten bleiben, jetzt nach dem 2. Kirchhoffschen Satz um den Betrag der Gegenspannung höher sein. Die elektrische, im Produkt der Gegenspannung mit dem Strom zugeführte Leistung wird in voller Höhe mechanisch als das Produkt der gleichgerichteten Vektoren von Kraft und Geschwindigkeit abgegeben. Die hier dargestellte Anordnung ist die Grundform aller *elektrischen Motoren.*

4. Induktion elektrischer Spannungen durch zeitlich veränderliche Magnetfelder

Die Formulierung der Gesetzmäßigkeit für die in einer Leiterbahn induzierte Spannung u (als Momentanwert) in direkter Abhängigkeit von der zeitlichen Änderung des mit der Leiterschleife verketteten Flusses läßt offen, ob die Flußänderung

a) durch Größenänderung der von der Leiterbahn umschlossenen Fläche durch eine mechanische Relativbewegung zwischen einem in sich zeitlich konstanten Magnetfeld und der Leiteranordnung entsteht oder ob
b) in einer räumlich festen Zuordnung des Leitersystems zum magnetischen Feld die Größe des letzteren geändert, d. h. das Feld auf- oder abgebaut wird.

Bild 34. Die Zuordnung von Flußänderung und Spannungsrichtung

Zur Ableitung der Gesetzmäßigkeiten für die Induktion elektrischer Spannungen durch zeitlich veränderliche Magnetfelder ist zuerst in Übereinstimmung mit den bisherigen Festlegungen für magnetisches Feld und Induktionsgesetz die Vorzeichenzuordnung der Flußänderung zur Spannungsrichtung in der Gleichung:

$$u = -\frac{d\Phi}{dt}$$

klarzustellen. Hierzu sind in Bild 34 links in analoger Darstellung zu Bild 32 für einen in einem homogenen Feld $\mathfrak{B}$ bewegten Leiter die Geschwindigkeitsrichtungen $\mathfrak{v}_a$ und $\mathfrak{v}_z$ eingezeichnet, die einer Abnahme (Index a) und Zunahme (Index z) des mit der Leiterbahn einschließlich eines Spannungsmessers und seiner Zuleitungen verketteten Flusses Φ entsprechen, also:

$$\text{Abnahme, Fall a: } \frac{d\Phi}{dt} < 0; \quad \text{Zunahme, Fall z: } \frac{d\Phi}{dt} > 0.$$

Für beide Fälle sind die elektrischen Feldstärken im Leiter $\mathfrak{E}_a$, $\mathfrak{E}_z$, die sich an den Leiterenden ergebenden Polaritäten $(+)_a$, $(-)_a$, $(+)_z$, $(-)_z$ und die Richtungen der am Instrument wirksamen Spannungen u_a, u_z angegeben. Aus dem Schema in Bild 34 rechts ersieht man aber außerdem, welcher

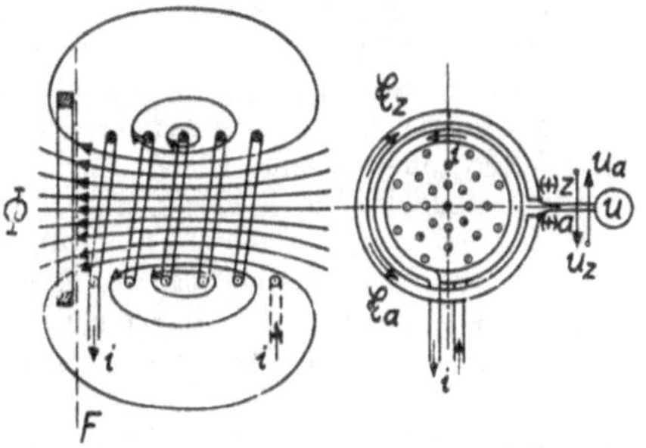

Bild 35. Induktionswirkungen durch Flußänderungen in verketteten Spulen

Stromrichtung von i in der Leiterbahn die Richtung des magnetischen Feldes $\mathfrak{B}$ zugeordnet ist, z. B. wenn man sich das dort im Ausschnitt gezeichnete magnetische Feld durch den von einem Generator G erzeugten Strom i hervorgebracht denkt. Wie man sofort erkennen kann, ist die Richtung der am Instrument auftretenden Spannung u_a mit dem dem magnetischen Feld (als magnetische Spannung V) zugeordneten Strom dann gleichgerichtet, also ebenso wie der felderzeugende Strom i positiv zu nehmen, wenn das magnetische Feld abnimmt:

$$u = -\frac{d\Phi}{dt}.$$

Die Wirkungen und die Erzeugung zeitveränderlicher Magnetfelder wird unter sonst gleichen Verhältnissen vielfach stärker, wenn der magnetische Fluß mit der Leiterbahn in einer Spule mehrfach verkettet ist. Diese kann aus mehreren dicht beieinander liegenden Windungen eines Leiters bestehen, die alle vom gleichen Strom durchflossen werden. In der Querschnittsdarstellung einer solchen, hier zylindrisch ausgebildeten Wicklung nach Bild 35 ist der Durchtritt der Spitzen der Strompfeile in den einzelnen Leitern durch einen Punkt, die Aufsicht auf die hinteren Enden dieser Pfeile in den anderen Leiterquerschnitten durch Kreuze dargestellt. Einige in der Zeichenebene liegende Linien des von einer solchen Spule erzeugten magnetischen Flusses Φ sind unter Angabe ihres Richtungssinnes eingezeichnet. Im Mittelstück des durch die Leiter gebildeten Zylinders ist der gesamte Fluß mit der Strombahn verkettet, einige sogenannte Streukraftlinien treten längs der Spulenoberfläche radial aus und schließen sich außerhalb des Zylinders wieder. Die Mehrzahl tritt an den Zylinderenden aus und ein. Bei Speisung mit einem zeitlich konstanten Strom der eingezeichneten Richtung wirkt die Spule wie ein stabförmiger Permanentmagnet, dessen Nordpol etwa am Spulenende links, dessen Südpol rechts liegt.

Eine beispielsweise am linken Ende dieser Spule senkrecht zur Spulenachse angeordnete Fläche F wird im Spulenquerschnitt vom Spulenfluß Φ durchsetzt, weiter außerhalb treten in einem ringförmigen, weit ausgedehnten Bereich durch diese Fläche die Flußlinien in entgegengesetzter Richtung rücklaufend durch. Ein auf der Fläche F mit einem nur unwesentlich gegenüber der Spule vergrößerten Durchmesser angeordneter, an einer Stelle aufgeschnittener Leiter ist praktisch mit dem vollen von der Zylinderspule erzeugten Fluß Φ verkettet. Eine Aufsicht auf die Leiteranordnung ist in Bild 35 rechts gegeben, wo Hin- und Rückleitung zur Speisung der Zylinderspule und die Trennstelle in dem auf der Fläche F angebrachten Ringleiter eingezeichnet sind, an der mit zwei sehr eng beieinander liegenden Leitungen (zur Vermeidung von Verkettungen mit Teilen des magnetischen Flusses) das zur Anzeige der induzierten Spannung u verwendete Meßinstrument angeschlossen ist.

Der Fluß Φ dieser Anordnung ist dem Strom i in der Zylinderspule proportional. Für eine zeitliche Stromänderung

$\frac{di}{dt}$ im Sinne einer Zunahme (Index z, $\frac{di}{dt} > 0$) oder Abnahme (Index a, $\frac{di}{dt} < 0$) ergeben sich Feldstärken $\mathfrak{E}_z$, $\mathfrak{E}_a$, sowie Polaritäten der im Ringleiter induzierten Spannungen u, die in gleicher Weise wie in Bild 34 gekennzeichnet sind.

Für die Behandlung einer solchen Anordnung in dem Falle, daß infolge der Wirkung der induzierten Spannung im induzierten Leiter ein Strom fließt, genügt eine Darstellung der Leiter mit den Richtungsangaben allein in der Aufsicht auf den beide Spulen durchsetzenden Fluß, wie sie in Bild 36 gegeben ist. Die das Magnetfeld mit ihrem Strom erzeugende Spule ist hier, ebenso wie der in ihr fließende Strom i mit dem Index 1 gekennzeichnet, für die mit einem etwas größeren Radius dargestellte induzierte Spule und den mit ihr verbundenen, durch geeignete Leitungsführung gegenüber den Feldänderungen unbeeinflußt gehaltenen Kreis mit dem Widerstand R gilt der Index 2. Die beiden hier nur mit einer Windung dargestellten Spulen können die Windungszahlen w_1 und w_2 haben, die die Wirkungen der Ströme und Flußänderungen auf das w-fache steigern, wenn durch geeignete gedrängte Anordnung die Zahl der „Streukraftlinien" klein gehalten wird.

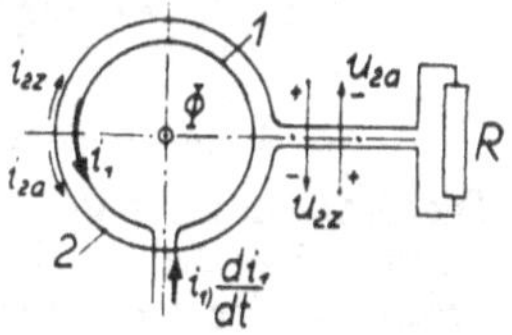

Bild 36. Richtungsangaben bei der Gegeninduktion

Die in dieser Anordnung auftretenden Flußänderungen $\frac{d\Phi}{dt}$ sind bei gleichen Stromänderungen $\frac{di_1}{dt}$ bei der Windungszahl w_1 w_1-mal größer als bei der Windungszahl 1 und rufen bei zu- und abnehmendem Strom i_1 Spannungen u_{2z} und u_{2a} hervor, die wiederum gegenüber der Windungszahl 1 w_2-mal größer sind. Den eingezeichneten Richtungen dieser Spannung folgt der Strom $i_2 = \frac{u_2}{R}$, der, wie direkt aus dem Bild 36 zu entnehmen, bei Zunahme von i_1 diesem entgegengesetzt, bei Abnahme von i_1 diesem gleichgerichtet ist. Auf den beiden Leitersystemen gemeinsamen magnetischen Fluß wirkt jetzt, d. h. beim Fließen des Stromes i_2, eine magnetische Spannung:

$$V = i_1 \cdot w_1 \pm i_2 \cdot w_2 ,$$

die beim Bemühen um eine Vergrößerung von i_1 um den Anteil $i_2 \cdot w_2$ verkleinert, bei Verkleinerung von i_1 um $i_2 \cdot w_2$ vergrößert ist. Diese Rückwirkungen des Leiters 2 werden am stärksten, wenn man die gesamte Bahn 2 möglichst widerstandsarm, d. h. als eine sogenannte Kurzschlußwicklung oder Kurzschlußwindung ausführt. Die in einer Kurzschlußwindung entstehenden Ströme wirken immer allen Änderungen des mit der Kurzschlußwindung verketteten magnetischen Flusses entgegen.

5. Selbstinduktion und Gegeninduktion

Die Betrachtungen des vorhergehenden Abschnittes zeigten die Grundsätze der Induktionswirkungen in ruhenden Leiteranordnungen bei zeitveränderlichen Magnetfeldern auf, deren räumliche Lage und Form aber ungeändert bleibt. Von den verschiedenen, zur Änderung magnetischer Felder benutzbaren Möglichkeiten wurde dabei das Verfahren benutzt, die das Magnetfeld bestimmende magnetische Spannung, den Strom in einer Spule oder einem Leiter zu ändern. Bei solchen Anordnungen muß nun gerade die Frage untersucht werden, wie bei Änderung des Stromes in einem Leiter das mit diesem verkettete magnetische Feld auf den Leiter selbst zurückwirkt. Für einen geraden Leiter, der mit der Summe aller ihn nach Maßgabe seines Stromes i umgebenden magnetischen Feldlinien als einem Fluß Φ verkettet ist, gilt in Anwendung der für die Spulenform in den Bildern 35 und 36 festgelegten Vorzeichenregeln, daß mit der Zunahme des Stromes auch der Fluß wachsen und damit eine dem Strom entgegengesetzte Feldstärke je cm Leiterlänge entstehen muß ($\mathfrak{E}_z$ für $\frac{di}{dt} > 0$

in Bild 37). Bei abnehmendem Strom $\left(\frac{di}{dt} < 0, \mathfrak{E}_a\right)$ wirkt die als Integral der Feldstärke über die betrachtete Leiterlänge auftretende Spannung gleichsinnig zur Flußrichtung des Stromes. Die im Leiter selbst entstehende Spannung oder elektromotorische Kraft wirkt der Stromrichtung bei einer Vergrößerung des Stromes entgegen und ist bei einer Verkleinerung des Stromes mit ihr gleichgerichtet. Die Rückwirkungen in einem Leiter bei Änderungen des in ihm fließenden Stromes sind die gleichen, als ob die mit dem Strom bewegten Ladungen eine eigene Trägheit besäßen. Da in diesem Fall Induktionswirkungen auf den felderzeugenden Leiter direkt auftreten, spricht man von der *Selbstinduktion*. Sie tritt besonders stark bei Spulen in Erscheinung, die allen Änderungen ihres elektrischen oder magnetischen Zustandes immer eigene Spannungen auf der Strombahn entgegen setzen, die den zuvor bestehenden Zustand aufrecht zu erhalten versuchen. Das Maß der Wirkung der Selbstinduktion einer Leiteranordnung und des mit ihr verketteten magnetischen Feldes kann durch den *Selbstinduktionskoeffizienten* L, den man Selbstinduktivität oder häufig auch kurz Selbstinduktion nennt, beschrieben werden, der die bei einer gegebenen Stromänderung im Leiter induzierte Spannung zu berechnen erlaubt:

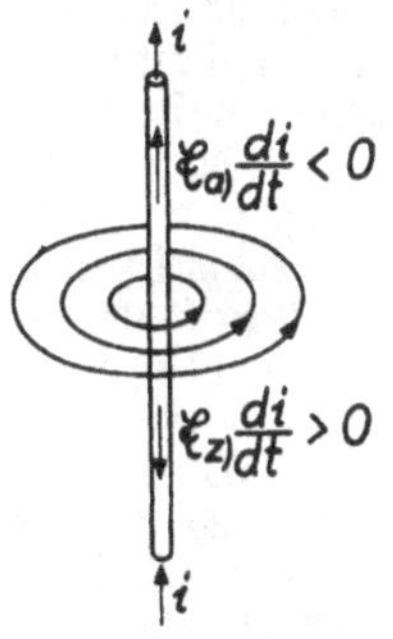

Bild 37. Die Selbstinduktion beim gestreckten Leiter

$$u = -L \cdot \frac{di}{dt}.$$

Die Einheit des Selbstinduktionskoeffizienten L von 1 Henry (H), nach dem englischen Physiker Joseph Henry (1797—1878) benannt, liegt dann vor, wenn die Spannung von 1 V im Leitersystem bei einer Stromänderung von 1 A/s entsteht und wird demzufolge in Vs/A oder $\Omega \cdot$ s gemessen. Sie ist sowohl durch die geometrische Anordnung der Strombahn wie durch Dimensionen und Materialeigenschaften im magnetischen Feld gegeben. Die definierten und durch mathematische Berechnung erfaßbaren Bahnen für Strom- und Flußverteilung sind dabei häufig nicht gegeben, besonders wenn die stromführenden Leiter einen im Verhältnis zur Mehrzahl der Flußlinien ausgedehnten oder vielgestaltigen Querschnitt bilden. Dieser Fall liegt z. B. schon bei einer spiralig gewickelten ebenen Spule vor, bei der die inneren, eng gewickelten Windungen zweifellos mit kleineren Anteilen des gesamten magnetischen Flusses verkettet sind, als die äußeren Bahnen, denen der volle Fluß zugeordnet ist. Mit einzelnen Bereichen der Strombahn sind hier Flüsse verschiedener Größe verkettet. Die einfache multiplikative Berücksichtigung der Windungszahl für die Erzeugung des Flusses aus Strom und Windungszahl $\Phi = f(i \cdot w)$ und für die Verkettung zwischen Fluß und Strombahn (w-fach) ist dann nicht mehr zulässig. Man führt daher den Begriff des sogenannten *Verkettungsflusses* mit der Bezeichnung Ψ ein, der mathematisch gleich der Summe der Flüsse definiert ist, die mit jedem einzelnen, zu einer geschlossenen Windung zu ergänzenden Teilstück des Leiters verkettet sind. Man kann ihn sich als die Summe der Durchstoßpunkte vorstellen, die die Flußlinien mit der über die Leiterbahn als Randkurve gespannten Minimalfläche haben. Das Induktionsgesetz bekommt mit diesem Begriff damit die Form:

$$u = -\frac{d\Psi}{dt},$$

wobei, wie auch bei der bisherigen Schreibung offen bleibt, ob die Änderung des Verkettungsflusses durch räumliche Bewegung oder Größenänderung des magnetischen Feldes gegenüber dem Leitersystem zustande kommt. Die Beziehung zwischen Stromänderung und Spannung an einer Selbstinduktion L:

$$u = -L\frac{di}{dt}$$

kann man nach Integration schreiben:

$$\int u \cdot dt = -L \cdot i .$$

Das Integral der Spannungszeitfläche ist gleich der negativen Änderung des Verkettungsflusses der Anordnung, dessen Anfangswert für $i = 0$ wir gleichfalls zu Null ansetzen können. Sind alle Größen im magnetischen Feld einer Anordnung einander linear zugeordnet, d. h. ist $\mu_r =$ konst., dann kann man schreiben:

$$\Psi = L \cdot i .$$

Bei den meisten technischen Bauformen von Selbstinduktivitäten können an Stelle vieler Einzelleiter mit geringen Querschnitten wenige oder ein Leiter mit einem entsprechend größeren Querschnitt vorgesehen werden. Besonders bei Führung des magnetischen Feldes in hochpermeablen Werkstoffen kann der Verkettungsfluß Ψ meist gleich dem w-fachen Wert des magnetischen Flußes Φ gesetzt werden (mit der Windungszahl w des Leiters). Wird dieser magnetische Fluß mit nur einem, vom Strom i durchflossenen Leiter hervorgerufen, dann ist der Fluß Φ gleichzeitig der Verkettungsfluß Ψ und der Strom i die wirksame magnetische Spannung V. Nach dem Ohmschen Gesetz für den Magnetismus ist aber:

$$\frac{V}{\Phi} = R_{\text{magn}} = \frac{1}{L}$$

oder $L = \frac{1}{R_{\text{magn}}}$ für die Windungszahl $w = 1$.

Bringt der Leiter durch w Windungen beim Strom i die magnetische Spannung $V = w \cdot i$ auf, während der magnetische Widerstand R_{magn} unverändert geblieben ist, dann wird der magnetische Fluß Φ w-mal größer, wirkt aber auch als Verkettungsfluß weiterhin w-mal stärker bei der Induzierung der Spannung der Selbstinduktion. Daraus ergibt sich:

$$L = \frac{w^2}{R_{\text{magn}}}$$

für die Windungszahl w. Auch die, für die Ableitung des Induktionsgesetzes bei zeitveränderlichen magnetischen Feldern bereits erläuterte Anordnung zur Induzierung einer Spannung in einem Leiter 2 durch Stromänderungen in einem Leiter 1 kann durch eine dem Selbstinduktionskoeffizienten sehr nah verwandte Größe elektrisch gekennzeichnet werden. In der Darstellung Bild 38 sind die Seitenaufsichten auf zwei koaxial in einem gewissen Abstand angeordnete kreisförmige Leiter und einige Feldlinien des von einem Strom i_1 in 1 erzeugten Magnetfeldes eingezeichnet, die in ihrer Gesamtheit einen Verkettungsfluß Ψ_{11} bilden, von denen aber nur ein Anteil Ψ_{12} mit dem Leiter 2 verkettet ist. Als Koeffizient der *Gegeninduktion* oder Gegeninduktivität wird (unter Einbeziehung des Minuszeichens bei der Festlegung der positiven Zählungsrichtungen für beide Leiterbahnen) der Quotient aus der in 2 induzierten Spannung u_2 und der hierzu in 1 erforderlichen zeitlichen Stromänderung $\frac{d i_1}{d t}$ bezeichnet; er wird in Henry gemessen:

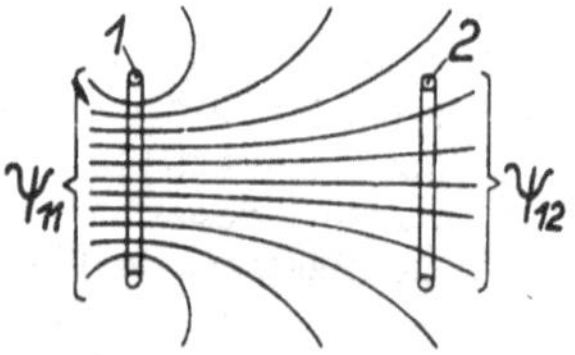

Bild 38. Die Streuflüsse bei der Gegeninduktion

$$M_{12} = \frac{u_2}{d i_1/d t} = \frac{\Psi_{12}}{i_1}.$$

Findet eine Stromänderung in der Schleife 2 statt $\left(\frac{d i_2}{d t}\right)$, dann ergibt die in 1 auftretende Spannung u_1 durch den vom Gesamtfluß Ψ_{22} des Leiters 2 mit der Schleife 1 verkettete Teilfluß Ψ_{21}:

$$M_{21} = \frac{u_1}{d i_2/d t} = \frac{\Psi_{21}}{i_2}.$$

Bei linearen Verhältnissen im magnetischen Feld sind die Voraussetzungen für die Ausbildung der Verkettungsflüsse Ψ_{12} und Ψ_{21} gleich und damit wird:

$$M_{12} = M_{21} = M.$$

Die Koeffizienten der Selbst- bzw. Gegeninduktion können für eine Reihe von Leiteranordnungen aus den Feldbildern berechnet werden. Bei zylindrischen Spulen betrachtet man dabei zur Vereinfachung allein den magnetischen Widerstand im Innern des Spulenzylinders. Diese Annahme ist bei der Ringkernspule voll erfüllt, man muß aber hier zur genauen Berechnung die Veränderlichkeit der Feldstärke mit dem Radius, d. h. die verschiedenen Längen der Feldlinien be-

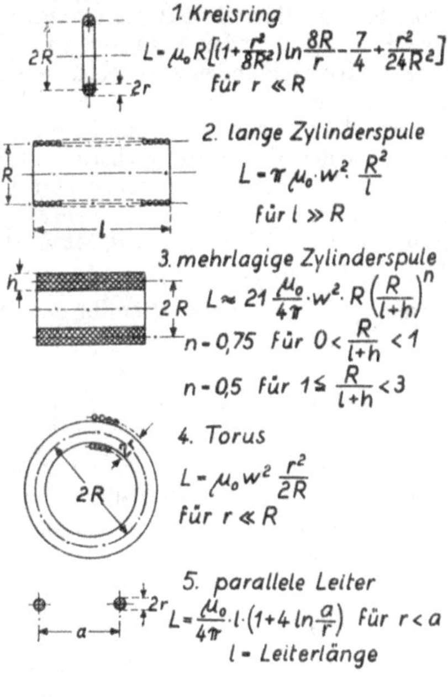

Bild 39. Selbstinduktions-Koeffizienten einiger Leiteranordnungen

rücksichtigen. Für die Berechnung der Spannungsabfälle auf Freileitungen ist die Bestimmung der Selbstinduktivität einer aus 2 parallelen Leitern großer Länge gebildeten Schleife wichtig, einer Anordnung, für die nun wieder die Berechnung des Feldbildes relativ einfach ist. In Bild 39 sind für eine Reihe von Leitersystemen die Anordnungen skizziert und die Gleichungen zur Bestimmung des Koeffizienten der Selbstinduktion angegeben.

Bei der Steigerung des Stromes i während der Zeitspanne dt wird elektrisch in einer Selbstinduktion eine Arbeit als Produkt des Stromes, der Zeit und der der Stromänderung entgegengerichteten induzierten Spannung geleistet. Abgesehen von den in den Widerständen des Leiterkreises und im magnetischen Feld auftretenden Verlusten wird diese Arbeit von der Spule wieder nach außen abgegeben, wenn der Strom wieder verkleinert wird. Die Selbstinduktion ist analog zum Kondensator ein elektromagnetischer Energiespeicher, dessen Energieinhalt über den Faktor der Selbstinduktion mit dem Strom als kennzeichnender Speichergröße berechnet werden kann. Der während eines kleinen Zeitelementes dt geleistete Arbeitsbeitrag dW in der Selbstinduktivität L ist:

$$dW = u \cdot i \cdot dt = i \cdot L \cdot di\,.$$

Der *Energieinhalt W der Induktivität* ergibt sich dann durch Integration:

$$W = \int dW = L \int_0^J i \cdot di = L \cdot \frac{J^2}{2}\,.$$

Diese Form der Berechnung der in dem magnetischen Feld gespeicherten Arbeit (oder Energie) ist aber nur zulässig, wenn dem Strom das magnetische Feld linear zugeordnet, d. h. die Permeabilität μ_r konstant ist.

V. Vergleich der 3 Feldformen

In Tafel VI, S. 247,248 sind die spezifischen Feldgrößen der elektrischen und magnetischen Feldformen, die in den voraufgegangenen Abschnitten behandelt wurden, unter Angabe der für sie verwendeten Buchstabenbezeichnungen und Dimensionen zusammengestellt. Der elektrischen bzw. magnetischen Feldstärke sind Strom- und Ladungsdichte und magnetische Induktion über den spezifischen Leitwert oder die Leitfähigkeit als Quotient der beiden Größen zugeordnet. Die Leitfähigkeit ist allgemein der Reziprokwert des Widerstandes des durch 2 Äquipotentialflächen begrenzten Raumwürfels mit der Kantenlänge 1.

Die elektrischen bzw. magnetischen Grundgrößen der 3 Felder sind die Integrale der spezifischen Feldgrößen, erstreckt über Längen- oder Flächenbereiche im Raum, für die dann wieder die angegebenen Werte der Grundgrößen gelten, z. B. die Potentialdifferenzen oder Spannungen als Integralwerte der Feldstärke längs einer festgelegten Strecke 1, 2, d. h. zwischen den Punkten 1 und 2 der Feldlinie, oder die Ströme, Ladungen und magnetischen Flüsse als Summenwerte der Dichten über einen definierten Bereich F einer Äquipotentialfläche. Als Quotient der Spannungen und Ströme bzw. Ladungen oder Flüsse ergeben sich die Widerstands- oder Leitwerte für einen Quader der Länge 1,2 und des Querschnitts F, d. h. die Berechnungsformeln für Widerstand, Kapazität und Selbstinduktion aus den äußeren Dimensionen und den spezifischen Konstanten der für den Feldbereich benutzten Materialien. Im dritten Teil der Tafel sind die Formeln für die Schreibung des Ohmschen Gesetzes und der Kirchhoffschen Regeln in den 3 Feldern der Elektrotechnik zusammengestellt. Für Kapazität und Selbstinduktion sind dabei die für zeitveränderlichen Größen wichtigen Schreibungen mit den zeitlichen Änderungen bzw. Zeitintegralen von Strom und Spannung angegeben. Die erste Kirchhoffsche Regel für den Verzweigungspunkt beinhaltet Aussagen über Integrale, die für Strom- bzw. Ladungsdichte oder Induktion über eine geschlossene Raumfläche zu nehmen sind. Die zweite Kirchhoffsche Regel über die Masche macht im Feld die Aussagen über das Linienintegral der Feldstärken über eine geschlossene Bahn.

In den letzten beiden Zeilen der Tabelle sind Energieumsatz bzw. -inhalt für das Feld und in definierten Einzelelementen angegeben. Die Energieinhalte des Zentimeterwürfels erlauben gleichzeitig die Berechnung der Anziehungskräfte im elektrostatistischen und elektromagnetischen Feld.

Von den 3 elektrischen Feldern hat das *Strömungsfeld* in der praktischen Elektrotechnik die weitaus größte Bedeutung, weil man mit den für technische Zwecke einsetzbaren Materialien *Bereiche der Leitfähigkeit* zwischen $1 \cdot 10^{-20}$ und $1{,}6 \cdot 10^{+6}$ S/cm, d. h. insgesamt etwa 26 Zehnerpotenzen zwischen den besten Isolatoren und den besten Leitern überstreichen kann. Im elektrostatischen und im elektromagnetischen Feld lassen sich demgegenüber keine „Isolatoren" bauen, die sich für die Ausbreitung dieser Felder von den Eigenschaften des Hochvakuums und der Luft unterscheiden, d. h. bei denen die relative Dielektrizitätskonstante bzw. Permeabilität nennenswert unter 1 liegt. Umgekehrt sind technisch bisher mit ausgesuchten Materialien äußerstenfalls relative Dielektrizitätskonstanten zwischen 10^3 und 10^4 und relative Permeabilitäten bis maximal etwa 10^6 erreicht worden. Von der Materialseite her können also diese beiden Felder im Gegensatz zum Strömungsfeld nur über ca. 3—6 Zehnerpotenzen beeinflußt werden.

Zum Schluß dieses Vergleichs sei darauf hingewiesen, daß es in allen 3 Feldformen physikalische Anordnungen gibt, bei denen die Widerstände von den Feldgrößen abhängig, d. h. die Kennlinien der Strom- bzw. Ladungsdichte und magnetischen Induktionen über der elektrischen bzw. magnetischen Feldstärke geknickt sind. Schematisch ist das Verhalten derartiger Anordnungen durch die in Bild 40 skizzierten Kurven

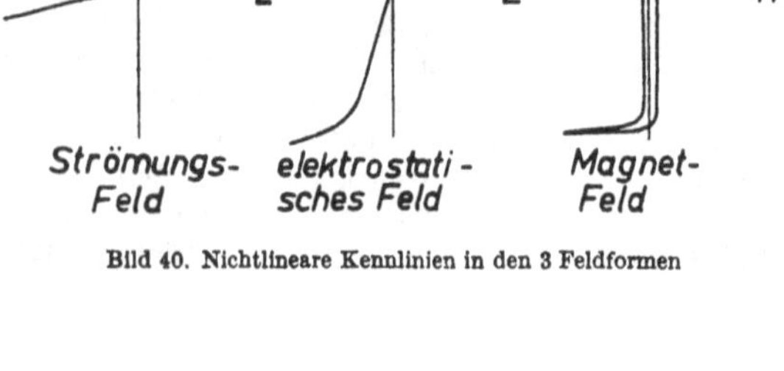

Bild 40. Nichtlineare Kennlinien in den 3 Feldformen

wiedergegeben. Eine Definition von spezifischen Widerständen bzw. Leitfähigkeiten ist zwar im stationären Zustand durch den Quotienten der beiden Feldgrößen denkbar, dann aber auch nur für diesen einen Betriebspunkt gültig. Da derartige Geräte sehr häufig mit zeitlich veränderlichen elektrischen oder magnetischen Größen betrieben werden, ist eine Definition der spezifischen Leitwerte nur für jeweils kleine Änderungsbereiche der Feldgrößen durch die Tangente an der Kurve (bzw. durch Beschreibung der Form kleiner Schleifen bei Vorhandensein von Hysterese) unter gleichzeitiger Angabe des „Arbeitspunktes" auf der Kennlinie möglich. Im Strömungsfeld haben Gasentladungen und Halbleiter Kennlinien, wie sie in Bild 40 links skizziert sind. Durch geeignete Schaltungen mehrerer nichtlinearer Elemente lassen sich auch zum Koordinatenanfang symmetrische Kurvenverläufe erzielen, wie sie für besondere dielektrische Materialien (Barium- und Strontiumtitanate, Seignettesalz u. ä.) in Bild 40 Mitte wiedergegeben sind. Da die Abhängigkeit der Dielektrizitätskonstante von der Feldstärke den Verhältnissen bei magnetischen Materialien sehr ähnlich ist, nennt man derartige Substanzen auch *Ferrodielektrika.* Im magnetischen Feld kommt zur Nichtlinearität der Einfluß der Vorgeschichte in der Hysterese des Materials hinzu, der in Bild 40 rechts durch die praktisch rechteckige Form der Hysteresisschleife eines weichmagnetischen Werkstoffes mit geringer Koerzitivkraft, hoher Remanenz und scharfem Sättigungsknick dargestellt ist. In allen 3 Feldformen lassen sich nichtlineare Kennlinien zu Steuer- und Verstärkungszwecken benutzen.

Für den Verlauf und die Lage der Feldlinien in allen 3 hier betrachteten Feldern gelten anschaulich 2 gleichartige Grundfeststellungen:

1. Jede Feldlinie sucht nach Möglichkeit *die kürzeste Länge* zu erreichen, die durch die Randbedingungen (im elektrostatischen Feld Lage der Ladungen, im Strömungsfeld Einführungs- und Austrittspunkte der Stromfäden an dem betrachteten Medium, im magnetischen Feld Ein- und Aus-

trittspunkte der Feldlinien an dem Medium des betrachteten Feldbereiches) festgelegt sind.

2. Jede Feldlinie sucht *den größtmöglichen Abstand* von allen Nachbarlinien gleicher Richtung zu erreichen. Die einzelnen Ladungen im Strömungsfeld stoßen sich auch auf ihren Bahnen gegenseitig ab. Gleiches gilt, wenn man sie als Erzeuger von Feldlinien ansieht. Für den physikalisch ja nicht verifizierbaren einzelnen magnetischen Elementarpol auf einer magnetischen Feldlinie und seine Beziehungen zu Nachbarpolen bzw. -linien gelten entsprechende Betrachtungen.

In Ergänzung zu diesen beiden anschaulichen Vorstellungen lassen sich bei allen drei Feldformen dem Brechungsge-

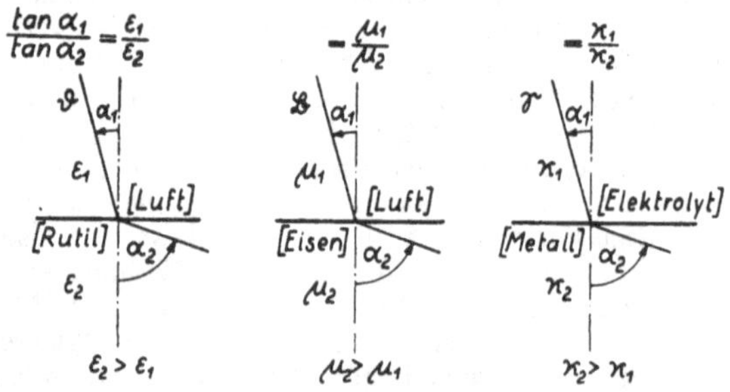

Bild 41. Das Brechungsgesetz der Feldlinien in den 3 Feldformen

setz der Optik analoge Gesetzmäßigkeiten aufstellen. Schräg auf die Berührungsfläche zweier verschiedener Materialien auftreffende Feldlinien laufen in dem zweiten Medium unter einem anderen Winkel gegen die Normale zur Trennfläche weiter, wie sie aus dem ersten Medium ankommen (s. Bild 41). Das Verhältnis der Tangenswerte von Ein- und Ausfallswinkel ist dem Verhältnis der betreffenden Materialkonstanten (Dielektrizitätskonstante ε, Permeabilität μ bzw. Leitfähigkeit $\varkappa$) proportional:

$$\frac{\tan \alpha_1}{\tan \alpha_2} = \left[\frac{\varepsilon_1}{\varepsilon_2}\right]_{\mathfrak{D}} = \left[\frac{\mu_1}{\mu_2}\right]_{\mathfrak{B}} = \left[\frac{\varkappa_1}{\varkappa_2}\right]_{\mathfrak{S}}.$$

In der Praxis kann zur besseren Anschaulichkeit meist die „spezifische Leitfähigkeit“ im allgemeinsten Sinne für das eine der betrachteten Medien im Vergleich zum anderen als sehr groß, d. h. im Grenzfall zu unendlich angesetzt werden. Für die 3 Feldformen bedeutet dies, daß

1. elektrostatische Feldlinien auf die Oberflächen leitender Materialien, an denen man extreme Ladungsdichten zur Erzielung kleinster Feldstärken aufrechterhalten muß, bei denen also ε_r sich dem Wert unendlich nähert, praktisch immer senkrecht auftreffen müssen,
2. Strömungslinien an der Grenze zwischen gut leitenden und schlecht leitendem Medium, z. B. in der metallischen Elektrode im schlechtleitenden Elektrolyten, im letzteren immer senkrecht auf die gutleitende Oberfläche auftreffen,
3. magnetische Feldlinien aus Gasen, Flüssigkeiten und Festkörpern mit $\mu_r = 1$ orthogonal in das ferromagnetische Material eintreten, sofern dieses nicht bereits in den Zustand der Sättigung kommt.

Die bisherigen Darstellungen benutzten für elektrische und mechanische Größen gewisse Einheiten, die sich auf die bekannten Grundeinheiten von Länge, Zeit und Kraft bezogen und durch gewisse zusätzliche elektrische Grundeinheiten erweitert wurden. Von den letzteren sind durch internationales Übereinkommen die Einheiten der Spannung, das Volt, des Widerstandes, das Ohm und der Stromstärke, das Ampere, definiert. Für die Spannung steht ein Normal in Form eines von Weston angegebenen Normalelementes für Präzisionsmessungen zur Verfügung. Die Spannung dieses Elementes beträgt bei 20° C 1,01830 V und ändert sich im wesentlichen nur in Abhängigkeit von der Temperatur gemäß den in der Tafel VIII, S. 251, angegebenen Werten. Widerstandsnormale sind in entsprechenden Bauteilen gleichfalls mit hoher Genauigkeit verfügbar und unterliegen bei entsprechender Herstellung und Behandlung auch über lange Zeiten keinerlei Veränderungen. Die Einheit der Stromstärke, das Ampere, kann, wie später noch erläutert wird, über die Festlegung des Normals der Ladung, der Amperesekunde unter Zuziehung einer Zeitmessung reproduziert werden, jedoch ist das dazu benutzte Silbervoltameter nur unter Einhaltung sehr umfangreicher physikalischer Nebenbedingungen, d. h. nicht für technische Messungen verwendbar.

Zwischen den mechanischen, elektrischen und thermischen Einheiten bestehen für Kräfte, Leistungen, Arbeiten, Wärmemengen und Wärmeflüsse Beziehungen, die Zahlenwerte für die Umrechnung der einzelnen Größen ineinander festlegen. Diese Zahlenwerte gehen teilweise auf Übereinkünfte zurück, teilweise müssen sie, weil die Einheiten auf anderer Basis festgelegt wurden, nun als Größenbeziehungen versuchsmäßig ermittelt werden und führen damit zu unrunden Werten. Eine Zusammenstellung ist in Tafel II, S. 242 enthalten.

VI. Zeitveränderliche elektrische Größen

1. Grundbegriffe

Alle elektrischen Vorgänge und damit alle elektrischen Größen sind zeitlichen Veränderungen unterworfen, selbst wenn sie schon, wie z. B. der Erdmagnetismus vor sehr langen Zeiten und ohne Zutun des Menschen entstanden sind. Die überwiegende Anzahl aller elektrischen Vorgänge geht auf menschliches Bemühen zurück, so daß die dabei beteiligten elektrischen Größen zeitlichen Veränderungen unterliegen. Dabei unterscheidet man:

a) Vorgänge, die in dem betrachteten Zeitraum mit innerhalb der Beobachtungs- und Meßgenauigkeit unveränderlichen,

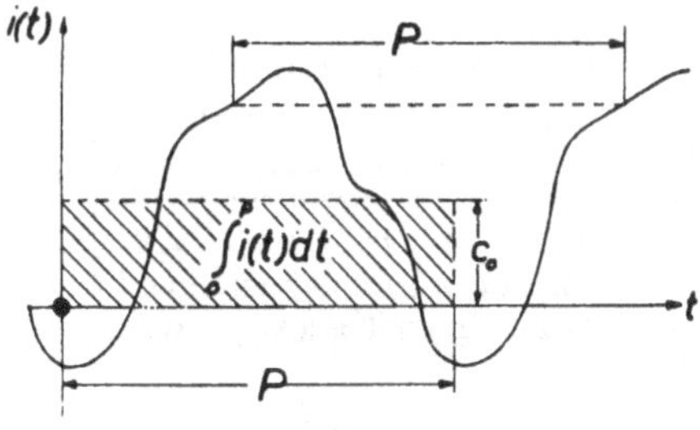

Bild 42. Beispiel eines welligen Stromes

d. h. konstanten elektrischen und magnetischen Größen ablaufen. Die Größen bezeichnet man dann als *Gleichgrößen*, sofern innerhalb des Betrachtungszeitraumes keine Änderungen wahrnehmbar sind;

b) Vorgänge, bei denen sich die elektrischen und magnetischen Größen innerhalb des Betrachtungszeitraumes *einmalig nach einem vorgegebenen zeitlichen Ablauf* ändern. Zur Kennzeichnung der Größen werden ihre Werte vor und nach der Änderung und gegebenenfalls der Zeitverlauf während der

Änderung mathematisch oder graphisch beschrieben. Diese Vorgänge treten hauptsächlich dann in Erscheinung, wenn in elektrischen oder magnetischen Kreisen die maßgebenden Größen durch *Schaltoperationen* geändert, d. h. meist ein- oder ausgeschaltet werden. Für viele Betrachtungen nimmt man dabei an, daß sich die betrachteten Größen durch den Schaltvorgang sprunghaft ändern;

c) *periodische Änderungen* elektrischer und magnetischer Größen, d. h. Vorgänge, bei denen sich elektrische oder magnetische Werte nach einer mathematisch oder graphisch darstellbaren Zeitfunktion ändern, wobei sich diese Änderung, siehe z. B. Bild 42, nach Ablauf einer Periodendauer P genau wiederholt;

d) elektrische und magnetische Vorgänge, bei denen zeitlich konstante, sich einmalig ändernde und periodisch veränderliche Vorgänge in beliebigen Kombinationen zusammenwirken.

2. Periodische elektrische Größen

Eine periodisch veränderliche elektrische oder magnetische Größe $F(t)$ kann wie in Bild 42 in Abhängigkeit von der Zeit durch einen Kurvenverlauf dargestellt werden, für den die Periodizität Grundbedingung ist, d. h. daß für ihn gelten muß, daß die Größe zu den Zeitpunkten t und $t + n \cdot P$ jeweils den gleichen Wert besitzt (mit n als positiver oder negativer ganzen Zahl):

$$F(t) = F(t + P) = F(t + 2P) = \ldots = F(t + n \cdot P).$$

Die einfachste und bekannteste periodische Funktion, die über die graphische Darstellung hinaus mit Hilfe mathematischer Tabellen und Interpolationsmethoden auch für Einzelwerte jederzeit sehr genau berechnet werden kann, ist die *Sinus- bzw. Cosinusfunktion*, deren Verlauf, im Gegensatz zu der Kurve in Bild 42 also auch mathematisch in geschlossener Form festgelegt ist. Von anderen, mathematisch gleichfalls in geschlossener Form gegebenen periodischen Funktionen kann hier wegen ihrer geringen praktischen Bedeutung abgesehen werden.

Für periodische Funktionsverläufe, die nicht in mathematisch geschlossener Form darstellbar sind, ist eine rechnerische Behandlung, z. B. durch Differentiation oder Integration nicht ohne weiteres möglich. Wie der französische Mathematiker Jean Baptiste Joseph Fourier (1768—1830) nachgewiesen hat, können aber solche periodische Funktionen in *Grund- und Oberwellen*, d. h. in eine Summe von Sinus- und Cosinusschwingungen zerlegt werden, deren Periodendauern P und deren ganzzahlige Bruchteile sind. Statt der Periodendauer P wird für die mathematische und rechnerische Behandlung vorteilhafter mit deren Reziprokwert, der *Frequenz* f gearbeitet. Als Frequenz einer periodischen Größe bezeichnet man dabei die Häufigkeit, mit der sich der zeitliche Ablauf in der Zeiteinheit, üblicherweise in der Sekunde wiederholt. Man gibt die Frequenz dabei in der Dimension s^{-1} an und bezeichnet auch in Erinnerung an den deutschen Physiker Heinrich Hertz (1857—1894) die Frequenz eines Vorgangs, der sich periodisch nach einer Sekunde wiederholt, als 1 Hertz (Hz):

$$P = \frac{1}{f}\,;\; f = \frac{1}{P}\; [s^{-1}].$$

Die in der Elektrotechnik verwendeten Frequenzen beginnen bei Periodendauern von maximal etwa 10^3 Sekunden, entsprechend 1 mHz, und gehen bis zu Frequenzen in der Größenordnung von 10^9 Hz (= 1 Gigahertz). Führt man für die Berechnung der Winkelfunktionen die *Kreisfrequenz*

$$\omega = 2\pi f = \frac{2\pi}{P}$$

ein, die man auch Winkelgeschwindigkeit nennt, dann wird die periodische Funktion $F(t)$ nach Fourier entweder:

$$\begin{aligned} F(t) = F(t+P) &= c_0 + c_1 \cdot \sin(\omega t + \varphi_1) + c_2 \cdot \sin(2\omega t + \varphi_2) \\ &\quad + c_3 \ldots \\ &= c_0 + \sum_{n=1}^{\infty} c_n \cdot \sin(n\omega t + \varphi_n) \end{aligned}$$

oder:

$$\begin{aligned} F(t) = c_0 &+ a_1 \cdot \cos\omega t + a_2 \cdot \cos 2\omega t + a_3 \cdot \cos 3\omega t + \ldots \\ &+ b_1 \cdot \sin\omega t + b_2 \cdot \sin 2\omega t + b_3 \cdot \sin 3\omega t + \ldots \end{aligned}$$

$$= c_0 + \sum_{n=1}^{\infty} a_n \cdot \cos n\,\omega\,t + \sum_{n=1}^{\infty} b_n \cdot \sin n\,\omega\,t$$

geschrieben. Die den Kurvenverlauf bestimmenden Größen c_n und φ_n bzw. a_n und b_n können mit Hilfe der sogenannten Eulerschen Formeln berechnet werden.

Das konstante Glied c_0 in der Summendarstellung der periodischen Funktion $F(t)$ ist die Komponente der Funktion mit der Frequenz Null oder nach den oben gegebenen Definitionen eine *Gleichgröße.* Sie wird aus dem Kurvenverlauf der periodischen Funktion, wie in Bild 42 eingezeichnet, durch das dem Integral der Funktion über eine Periode flächengleiche Rechteck als dessen Höhe bestimmt:

$$c_0 = \frac{1}{P} \int_{t}^{t+P} F(t) \cdot d\,t$$

und als *arithmetischer Mittelwert* der Größe bezeichnet.

Ist umgekehrt der arithmetische Mittelwert einer periodischen elektrischen oder magnetischen Größe, über die Dauer einer Periode durch Integration gebildet, Null, dann nennt man sie eine *reine Wechselgröße.* Den allgemeinen periodischen Verlauf einer Größe kann man sich also durch Überlagerung einer Gleichgröße entsprechend dem Mittelwert und einer reinen Wechselgröße entstanden denken. Derartige Überlagerungen treten bei sehr vielen zeitveränderlichen elektrischen und magnetischen Größen auf, die man dann als *wellige Größen* anspricht.

Eine reine Wechselgröße besteht nach dieser Definition als Ergebnis der Fourier-Analyse aus einer Sinusschwingung der Frequenz, die durch die Periodendauer gegeben ist, d. h. der sogenannten Grundwelle und aus weiteren Schwingungen mit Frequenzen der ganzzahligen Vielfachen der Grundwelle, den sogenannten Oberwellen. Für die rechnerische Untersuchung der Wirkungen solcher Größen in elektrischen und magnetischen Kreisen untersucht man die Einflüsse der Größen für jede vorkommende Frequenz und überlagert sie dann im Ergebnis. Derartige Überlagerungen sind jedoch nicht zulässig, wenn die Elemente der Schaltungen nichtlineare Kennlinien in den Feldern besitzen (s. Bd. I, Abschn. V, S. 76).

Die Untersuchungen zeitveränderlicher elektrischer Größen werden am einfachsten, wenn diese nur Grundwellengrößen sind, d. h. nur Sinus- und Cosinusglieder der durch die Periodendauer gegebenen Frequenz besitzen. Solche Wechselgrößen nennt man *harmonische Wechselgrößen*. Für sie sind zur Behandlung elektrotechnischer Probleme besondere Darstellungs- und Rechenverfahren entwickelt worden.

3. Die Mittelwerte periodischer elektrischer Größen

Selbst bei vergleichsweise niedrigen Frequenzen elektrischer Ströme und Spannungen, z. B. bei den in den Netzen zur elektrischen Energieversorgung üblichen Frequenz von 50 Hz sind die Änderungsgeschwindigkeiten der zeitveränderlichen Größen so erheblich, daß die menschlichen Sinne einer Momentananzeige nicht zu folgen vermögen. Die Anzeige der Augenblickswerte periodischer elektrischer Größen ist deswegen erst allmählich durch die Entwicklung der Meßtechnik möglich geworden. Für die praktische Verwendung des elektrischen Stromes benötigt man aber Geräte, die in geeigneter Form die Mittelwerte anzeigen, die ein echtes Maß für die Wirkungen der elektrischen und magnetischen Größen sind.

Nach der oben gegebenen Definition ist beim reinen Wechselstrom der Mittelwert über eine Periode, d. h. das Zeitintegral über die Periodendauer gleich Null. Instrumente, die aus den schnell veränderlichen Augenblickswerten ein arithmetisches Mittel bilden, zeigen also bei reinen Wechselgrößen nichts an.

Für die Wärmewirkungen des elektrischen Stromes und eine Reihe anderer Effekte ist aber nicht der arithmetische Mittelwert des Stromverlaufs maßgebend, sondern die Quadrate der Einzelwerte, die zu summieren, zu mitteln und dann durch Radizierung wieder auf die ursprüngliche Dimension zurückzuführen sind. Die für einen beliebigen zeitlichen Verlauf einer Spannung $u(t)$ oder eines Stromes $i(t)$ während einer Zeitspanne T an einem Widerstand erzeugte Wärmemenge Q_W ist durch das folgende Integral festgelegt:

$$Q_W = R \cdot \int_0^T i^2(t) \cdot dt = \frac{1}{R} \cdot \int_0^T u^2(t) \cdot dt .$$

Um also in einer Anordnung mit Gleichwerten, d. h. zeitlich konstanten Größen von Strom oder Spannung, die gleiche Wärmemenge zu erzeugen, wie mit einem periodisch veränderlichen Wechselstrom, muß man für die Wechselgröße den Mittelwert definieren, der die gleiche Wärmemenge wie eine Gleichgröße gleichen Zahlenwertes hervorbringt. Diesen Wert nennt man den *quadratischen Mittelwert* oder *Effektivwert.* Er ist definiert für Strom und Spannung durch die folgenden Gleichungen:

$$J_{eff} = \sqrt{\frac{1}{P} \cdot \int_t^{t+P} i^2(t) \cdot dt} , \quad U_{eff} = \sqrt{\frac{1}{P} \cdot \int_t^{t+P} u^2(t) \cdot dt} ,$$

in denen die Zeitfunktion zuerst quadriert ist. Die Quadratwerte, die auch für negative Funktionswerte positiv sind, werden dann über den Verlauf einer Periode durch Integration gemittelt und erhalten schließlich durch Radizierung die ursprüngliche Dimension der betrachteten Größe wieder. Zum gleichen rechnerischen Ergebnis kommt man über die in einem Verbraucher während einer Periode P umgesetzte elektrische Arbeit:

$$W = \int_0^P u(t) \cdot i(t) \cdot dt = N \cdot P .$$

Wie später noch ausführlich gezeigt wird (Abschn. 9, S. 103), trägt zur Leistungsübertragung, d. h. zu der später noch genauer zu definierenden Wirkleistung nur der Leistungsumsatz in Ohmschen Widerständen bei, für die dann wieder gilt:

$$u(t) = i(t) \cdot R .$$

Damit wird:

$$W = R \cdot \int_0^P i^2(t) \cdot dt = \frac{1}{R} \cdot \int_0^P u^2(t) \cdot dt = N \cdot P .$$

Definiert man als Effektivwerte von Strom und Spannung die Beträge, die die gleiche Leistung wie $i(t)$ und $u(t)$ hervorbringen, dann gilt:

$$N = U_{eff} \cdot J_{eff} = R \cdot J_{eff}^2 = \frac{1}{R} \cdot U_{eff}^2 .$$

Für die Effektivwerte ergeben sich damit die gleichen Formeln wie oben.

Bei harmonischen, d. h. sinusförmigen Wechselströmen und -spannungen ist der Effektivwert das $\frac{1}{\sqrt{2}}$-fache des Scheitelwertes. Für andere, insbesondere durch Schaltvorgänge entstehende rechteckförmige Formen des zeitlichen Verlaufs von Strömen und Spannungen, lassen sich die quadratischen Mittelwerte mit einfachen Ansätzen berechnen.

Nach der Fourier-Analyse ist eine wellige Größe beliebiger Kurvenform als die Summe der Gleichgröße c_0 mit Grund- und Oberwellen anzusetzen, für die sich einzelne Effektivwerte $\frac{c_1}{\sqrt{2}}$, $\frac{c_2}{\sqrt{2}}$, $\frac{c_3}{\sqrt{2}}$ ... ergeben. Auch diese Einzelwerte müssen nun, da sie verschiedenfrequent sind, quadratisch zusammengefaßt werden:

$$J_{eff} = \sqrt{c_0^2 + \left(\frac{c_1}{\sqrt{2}}\right)^2 + \left(\frac{c_2}{\sqrt{2}}\right)^2 + \left(\frac{c_3}{\sqrt{2}}\right)^2 + \dots} .$$

4. Die Wirkungen harmonischer Wechselgrößen auf die drei Grundwiderstände elektrischer Felder

Als die Grundwiderstände im Sinne passiver Zweipole sollen die physikalischen Anordnungen bezeichnet werden, die an ihren beiden Anschlußpunkten die Wirkungen jeweils eines der beiden elektrischen oder des magnetischen Feldes in ihrem Verhalten möglichst allein und unverfälscht wiedergeben. Für das Strömungsfeld ist dies der Ohmsche Widerstand, für das elektrostatische Feld der Kondensator und für das magnetische Feld die ideale Selbstinduktivität, d. h. die

Verkettung eines verlustlos auf- und abzubauenden Magnetfeldes mit einem widerstandslosen Leiter (Wicklung). Für diese 3 Gruppen von passiven Zweipolen gelten die folgenden Zuordnungen der Augenblickswerte von Strom i und Spannung u an den Anschlußklemmen, falls jeweils nur die Erscheinungen einer Feldform die elektrischen Verhältnisse bestimmen:

$$u = i \cdot R\,; \quad u = \frac{1}{C} \cdot \int i\, dt\,; \quad u = L \cdot \frac{di}{dt}\,;$$

$$i = \frac{u}{R}\,; \qquad i = C \cdot \frac{du}{dt}\,; \qquad i = \frac{1}{L} \cdot \int u \cdot dt\,.$$

Wendet man diese Beziehungen zur Berechnung der harmonischen Verläufe von Wechselstrom und Wechselspannung an diesen Elementen bei der Kreisfrequenz ω an, so erhält man für einen im Einzelelement fließenden Strom

$$i = J_0 \cdot \sin \omega t$$

mit dem Scheitelwert J_0 die folgenden Gleichungen für die an den Elementen liegenden Spannungen u_R, u_C, u_L:

$$u_R = R \cdot J_0 \cdot \sin \omega t\,; \quad u_C = \frac{J_0}{\omega C} \sin \left(\omega t - \frac{\pi}{2}\right)\,;$$

$$u_L = \omega L \cdot J_0 \cdot \sin \left(\omega t + \frac{\pi}{2}\right).$$

Geht man für die Berechnung von der am Zweipol liegenden Spannung

$$u = U_0 \cdot \sin \omega t$$

aus, dann ergeben sich 3 Ströme i_R, i_C, i_L:

$$i_R = \frac{U_0}{R} \cdot \sin \omega t\,; \quad i_C = \omega C \cdot U_0 \cdot \sin \left(\omega t + \frac{\pi}{2}\right)\,;$$

$$i_L = \frac{U_0}{\omega L} \cdot \sin \left(\omega t - \frac{\pi}{2}\right).$$

Bereits aus diesen beiden Gleichungssystemen ist zu entnehmen, daß nicht nur am Ohmschen Widerstand, sondern bei harmonischem Verlauf von Strom oder Spannung auch am Kondensator und der Selbstinduktion die Scheitel- und damit auch die Effektivwerte von Strom und Spannung einander proportional sind. Man nennt hier den Quotienten von $\frac{U_0}{J_0}$ bzw. $\frac{U_{eff}}{J_{eff}}$ den *Wechselstromwiderstand*, der für die ideale Selbstinduktivität den Wert ωL (Ω) und für den idealen Kondensator die Größe $\frac{1}{\omega C}$ (Ω) besitzt:

$$\left(\frac{U_0}{J_0}\right)_R = R\,,$$

$$\left(\frac{U_0}{J_0}\right)_C = \frac{1}{\omega C}\,,$$

$$\left(\frac{U_0}{J_0}\right)_L = \omega L\,.$$

Während aber beim Ohmschen Widerstand Spannung und Strom in jedem Augenblick einander streng proportional sind und sich ihre Zeitfunktionen nur in der Einheit und der Amplitude unterscheiden, treten bei Kapazität und Selbstinduktion außerdem bei den trigonometrischen Funktionen Winkelwerte von $\pm\frac{\pi}{2}$ hinzu, die man allgemein als *Phasenwinkel* bezeichnet. Am Ohmschen Widerstand sind Strom und Spannung in Phase, am idealen Kondensator und der idealen Selbstinduktion haben sie jeweils $\pm 90°$ oder $\pm\frac{\pi}{2}$ Phasenverschiebung gegeneinander. Wie sich bei einer genaueren Untersuchung von Schaltungen an einem Ohmschen und einem kapazitiven oder induktiven passiven Zweipol zeigen läßt, sind an den Eingangsklemmen eines beliebigen passiven Zweipols bei Wechselstrom zwischen Strom und Spannung alle verschiedenen Phasenverschiebungen zwischen 0° und $\pm 90°$ oder $\pm\frac{\pi}{2}$ grundsätzlich möglich. Die Behandlung dieser Fragen ist aber mit der bisher verwendeten Schreibung der trigonometrischen Funktionen recht schwierig und vor allem sehr unübersichtlich. Die Elektrotechnik hat hierfür eine Arbeitsmethode und Darstellungsform entwickelt, die von der Kennzeichnung einer harmonischen Wechselgröße durch eine Amplituden- und eine Phasenaussage (bei gegebener Frequenz) ausgeht.

5. Das klassische Vektordiagramm für Wechselstromvorgänge

Die Augenblickswerte einer elektrischen Spannung u oder ines elektrischen Stromes i, die zeitlich dem Sinusgesetz mit der Frequenz f im Zeitargument genügen und Maximal- oder Scheitelwerte der Größe U_0 bzw. J_0 erreichen, werden in allgemeinster Form mathematisch folgendermaßen geschrieben, wobei als Hilfsgröße wiederum die Kreisfrequenz ω eingeführt ist:

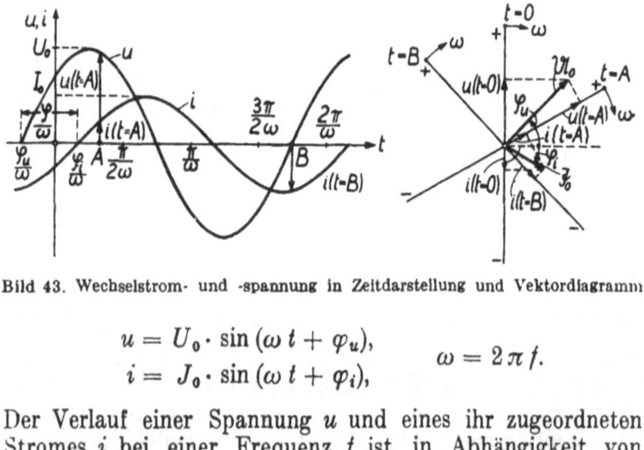

Bild 43. Wechselstrom- und -spannung in Zeitdarstellung und Vektordiagramm

$$u = U_0 \cdot \sin(\omega t + \varphi_u), \qquad \omega = 2\pi f.$$
$$i = J_0 \cdot \sin(\omega t + \varphi_i),$$

Der Verlauf einer Spannung u und eines ihr zugeordneten Stromes i bei einer Frequenz f ist in Abhängigkeit von der Zeit im linken Diagramm des Bildes 43 dargestellt. Die Zuordnung der zwar gleichfrequenten, in ihrem Zeitverlauf aber voneinander unabhängigen beiden Größen zu der willkürlichen Festlegung des Zeitpunktes $t = 0$ erfolgt durch Angabe der Phasenwinkel φ_u und φ_i, die den Abstand, gemessen im Bogenmaß, der Sinusfunktion vom Zeitpunkt $t = 0$ festlegen, in dem der erste Nulldurchgang der Größen beim Anstieg von negativen zu positiven Werten erfolgt (φ_u und φ_i sind im Vektordiagramm Bild 43 rechts von der Vertikalen zur Zeitachse im Augenblick $t = 0$, in der Darstellung des zeitlichen Verlaufs aber vom Schnittpunkt der Abszisse mit der Ordinate abzutragen).

Da Sinus- und Cosinusfunktion als Ordinate und Abszisse im Einheitskreis definiert sind, kann man die beiden in Bild 43 dargestellten Sinuskurven dadurch entstanden denken, daß man, wie in Bild 43 rechts gekennzeichnet, zwei gerichtete Strecken oder Vektoren, die im Maßstab von Spannung und Strom deren Scheitelwerte darstellen, auf eine mit der Winkelgeschwindigkeit ω rechtssinnig *umlaufende Zeitachse* fortlaufend orthogonal projiziert. Der Zeitachse muß dazu, wie durch Zeichen + und — geschehen, eine positive und eine negative Zählrichtung zugeschrieben werden. Ihr Umlaufsinn wird durch einen Pfeil mit der Angabe der Kreisfrequenz ω gekennzeichnet. Außer für die Zeitachslage $t = 0$ sind in Bild 43 für die Zeitpunkte A und B diese Projektionen auf die Zeitachse in der rechten Vektordarstellung ausgeführt und in das Sinusbild des zeitlichen Verlaufs übertragen. Die Projektion des Spannungs- und Stromvektors kann grundsätzlich auch auf eine z. B. in der Senkrechten oder Waagerechten festliegende Zeitachse erfolgen, wenn man sich die Vektoren im Linkssinn gemeinsam mit der Kreisfrequenz ω rotierend denkt.

Da die zeitveränderlichen elektrischen Größen zu dem für die mathematische Darstellung willkürlich festgelegten Anfangszählpunkt für die Zeit $t = 0$ keine Beziehungen haben, sind auch die Angaben der Phasenwinkel φ_u und φ_i nur zur gegenseitigen Zuordnung der beiden Größen wesentlich. Der Phasenwinkel $\varphi = \varphi_u - \varphi_i$ zwischen Spannungs- und Stromvektor in Bild 43 rechts entspricht der Zeitdifferenz gleichsinnig durchlaufener Nulldurchgänge beider Größen im Kurvendiagramm Bild 43 links.

Das hier benutzte Vektordiagramm zur Darstellung zeitveränderlicher Größen ist für alle elektrischen und magnetischen Grund- und Feldgrößen geeignet. Den einzelnen Komponenten der räumlichen Feldvektoren, wie z. B. der Feldstärke, Stromdichte, Verschiebungsflußdichte und Induktion wird jeweils für sich die Zeitabhängigkeit zugeordnet. Will man also die Zeitveränderlichkeit räumlicher Feldvektoren in Vektor- oder Liniendiagrammen darstellen, so muß das für jede einzelne räumliche Vektorkomponente geschehen.

Nach den hier getroffenen Festlegungen kennzeichnet die Länge eines Zeitvektors im Auftragungsmaßstab der Größe deren Scheitelwert. Vorzugsweise bei Strömen und Spannungen, aber auch bei anderen elektrischen Größen hat sich das Verfahren eingebürgert, den Maßstab oder die Längenauftragung so festzulegen, daß die Strecke den Effektivwert der dargestellten Größe wiedergibt. Für den physikalischen Tatbestand muß man sich in diesem Fall darüber klar sein, daß im Liniendiagramm für die Projektionsstrecken die $\sqrt{2}$-fachen Werte anzusetzen oder die Maßstäbe für die Ordinaten entsprechend zu ändern sind.

Bei elektrischen oder magnetischen Anordnungen, bei denen sich die Größen zeitlich nicht nach den trigonometrischen Funktionen der Grundfrequenz ändern, können Vektordiagramme für die Grundwelle und alle Oberwellen gezeichnet werden. Größenwerte und Phasenwinkel sind dann fallweise rechnerisch oder meßtechnisch zu bestimmen.

6. Vektordarstellung zeitveränderlicher Größen in der komplexen Ebene

Ordnet man einen Vektor $\mathfrak{M}$ als Strecke auf der Abszisse eines rechtwinkligen Koordinatensystems in der positiven Richtung wie in Bild 44 an und will diesen Vektor um 180° drehen, so muß man ihn einer Multiplikation mit -1 unterwerfen. Als Ergebnis derselben erhält man den nach links weisenden, auf der negativen Abszisse liegenden Vektor $-\mathfrak{M}$. Für eine Drehung des Vektors $\mathfrak{M}$ um 90° muß es einen Multiplikationsfaktor geben, der zweimal angewendet den Wert -1 ergibt. Dieses ist die Einheit der imaginären Zahlen $\sqrt{-1}$, die in der Elektrotechnik zur Unterscheidung gegenüber dem Strom mit j bezeichnet wird. Der Vektor $\mathfrak{M}$

kann in die 4 Achsenrichtungen aus seiner Grundlage durch Multiplikation mit j, -1 und $-j$ überführt werden (siehe Bild 44).

Für diese Darstellung von Zeitvektoren in der komplexen Ebene müssen allgemeine Möglichkeiten der mathematischen Behandlung gefunden werden, die eine beliebige Strecke in der Anfangslage, d. h. in Richtung der positiven realen Achse, in jede beliebige andere Richtung zu überführen erlauben. Auf Grund der Eulerschen Gleichungen läßt sich nachweisen, daß zur reinen Drehung einer Strecke ohne Änderung der Länge, d. h. des durch die Strecke dargestellten Betrages um den Winkel φ im mathematisch positiven Sinne, d. h. gegen den Uhrzeigerdrehsinn diese mit der Größe $\varepsilon^{j\varphi}$ multipliziert werden muß. Dabei ist ε die Basis der natürlichen Logarithmen $= 2{,}71828$ und der *Operator*

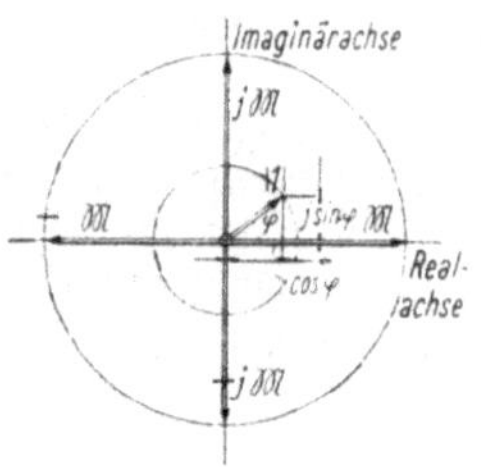

Bild 44. Vektordrehung und -komponentendarstellung in der komplexen Ebene

$$\varepsilon^{j\varphi} = \cos\varphi + j\sin\varphi$$

eine Größe, deren Betrag immer gleich 1 ist, wie dies aus der Darstellung Bild 44 sofort zu entnehmen ist.

Analog kann man den Operator $\varepsilon^{j\omega t}$ bilden, der auch fortlaufend den Betrag 1 besitzt, aber den Vektor, der damit multipliziert auftaucht, in eine Rotation im mathematisch positiven Sinn, d. h. links drehend, mit der Winkelgeschwindigkeit ω versetzt. Damit lassen sich in der komplexen Ebene ein Strom und eine Spannung unter Ansatz derselben Werte wie in Abschnitt 5, Seite 90 wie folgt schreiben:

$$\mathfrak{I} = J_0 \cdot \varepsilon^{j\varphi_i}\,\varepsilon^{j\omega t} = J_0 \cdot (\cos\varphi_i + j\sin\varphi_i) \cdot (\cos\omega t + j\sin\omega t)$$
$$= J_0 \cdot [\cos(\omega t + \varphi_i) + j\sin(\omega t + \varphi_i)],$$

$$\mathfrak{U} = U_0 \cdot \varepsilon^{j\varphi_u} \cdot \varepsilon^{j\omega t} = U_0 \cdot (\cos\varphi_u + j\sin\varphi_u) \cdot (\cos\omega t + j\sin\omega t)$$
$$= U_0 \cdot [\cos(\omega t + \varphi_u) + j\sin(\omega t + \varphi_u)].$$

Die Projektionen der beiden Größen U_0 und J_0 in einem bestimmten Augenblick auf die Realachse, d. h. die realen, nicht mit dem Faktor j behafteten Gleichungswerte auf der rechten Seite, können in dieser Darstellung direkt als die augenblicklichen physikalischen Werte in Abhängigkeit von der Zeit angesehen werden. Der Unterschied gegenüber der mathematischen Darstellung im vorhergehenden Abschnitt besteht nur darin, daß die in der Realachse liegende Vektorkomponente einen Zeitverlauf ihrer Größe repräsentiert, die sich statt nach der Sinus- nach der Cosinusfunktion ändert, also mit ihrem positiven Scheitelwert zum Zeitpunkt $t = 0$ beginnt. Dieser Unterschied rührt allein daher, daß bei der Darstellung im vorhergehenden Abschnitt die Projektion der Vektorstrecken auf die senkrecht stehende Achse für $t = 0$ betrachtet wurde, die hier der imaginären Vektorkomponente entspricht. Ebenso wie im vorhergehenden Abschnitt werden aber auch hier bei den graphischen Darstellungen und Maßstäben in der überwiegenden Anzahl der Fälle die Effektivwerte der Größen zugrunde gelegt. Für die Benutzung der mathematischen Schreibung mit den Projektionen auf Real- und Imaginärachse sind dann immer die um den Faktor $\sqrt{2}$ größeren Scheitelwerte einzusetzen.

Nach den bisherigen Festlegungen kann in der Darstellung der komplexen Ebene jeder Spannungsvektor $\mathfrak{U}$ aus einem in der Realachse liegenden Einheitsvektor der Spannung 1 V entstehen, indem man diesen nach Maßgabe des Effektivwertes U_{eff} mit der entsprechenden Maßzahl multipliziert, d. h. *streckt oder verkürzt* und ihn dann noch durch den Operator $\varepsilon^{j\varphi}$ einer *Drehung* unterwirft. Die Zeitabhängigkeit des Vektors kennzeichnet man durch den Dreher $\varepsilon^{j\omega t}$, den man aber nach Übereinkommen am Beginn der Betrachtung weglassen kann und ebenso wie die Scheitelfaktoren $\sqrt{2}$ erst beim Übergang zur Darstellung des zeitlichen Verlaufs wieder zuzufügen hat. Eine Wechselspannung oder ein Wechselstrom harmonischen Zeitverlaufs, wie sie in allgemeiner Form mathematisch bereits in Abschnitt 5, Seite 90, festgelegt wurden, werden damit in der komplexen Ebene als zwei Zeitvektoren $\mathfrak{U}$ und $\mathfrak{J}$ geschrieben, deren deutsche

Buchstaben die Doppelaussage über Größe und Richtung beinhalten:

$$\mathfrak{U} = \sqrt{2} \cdot U_{eff} \cdot \varepsilon^{j\varphi u} \cdot \varepsilon^{j\omega t}, \quad \mathfrak{J} = \sqrt{2} \cdot J_{eff} \cdot \varepsilon^{j\varphi i} \cdot \varepsilon^{j\omega t}.$$

Für die Beziehungen zwischen den Augenblickswerten von Strom und Spannung an den 3 Grundwiderständen sind bereits in Abschnitt 4 Gleichungen angegeben, die erkennen lassen:

a) Im Strömungsfeld, d. h. am Ohmschen Widerstand geht die Spannungsgröße aus der Stromgröße dadurch hervor, daß man den Stromwert mit dem Widerstand als Zahl und dimensionsbehaftete Einheit, nämlich als Quotienten von Spannung durch Strom multipliziert und damit die Spannung in ihrer Einheit direkt erhält. Dies Verfahren kann auf die Vektoren der komplexen Ebene angewandt werden. Der Ohmsche Widerstand ist eine *reale Zahl*, durch deren Multiplikation aus einem gegebenen Stromvektor ein gleichphasiger Spannungsvektor wird.

b) Auch bei den beiden Grundwiderständen, die in idealer Form die alleinigen Einflüsse langsamer Änderungen des elektrostatischen und elektromagnetischen Feldes auf den Zeitverlauf von Strom und Spannung an einem passiven Zweipol in der Form von Kapazität und Selbstinduktion ausweisen, sind nach den bereits abgeleiteten Gleichungen die Effektivwerte der Spannungen und Ströme einander proportional, wobei allerdings der Quotient beider, der Wechselstromwiderstand (ωL) bzw. Wechselstromleitwert (ωC), der Kreisfrequenz verhältig ist. Zur richtigen Überführung des Stromvektors in die Spannung muß durch die Multiplikation mit dem Wechselstromwiderstand nicht nur die Streckung und Maßstabsänderung durchgeführt, sondern entsprechend dem Phasenwinkel *auch noch eine Drehung* ausgeführt werden. Diese ist bei den idealen Grundwiderständen ωL und $\frac{1}{\omega C}$ gerade $\pm 90°$ bzw. $\pm \frac{\pi}{2}$, was einer Multiplikation mit

$$\varepsilon^{\pm j \frac{\pi}{2}} = \pm j$$

entspricht. Mit den komplex geschriebenen Zeitvektoren von Strom und Spannung ergibt sich dann:

Für den Ohmschen Widerstand R bzw. den Leitwert $\frac{1}{R} = G$:

$$\mathfrak{U} = \mathfrak{J} \cdot R\,, \quad \mathfrak{J} = \mathfrak{U} \cdot G.$$

Für die Selbstinduktion L mit dem Wechselstromwiderstand ωL:

$$\mathfrak{U} = \mathfrak{J} \cdot j\,\omega L\,, \quad \mathfrak{J} = \frac{\mathfrak{U}}{j\,\omega L} = -j\,\frac{\mathfrak{U}}{\omega L}\,, \text{ da } \frac{1}{j} = -j\,.$$

Für die Kapazität C mit dem Wechselstromleitwert ωC:

$$\mathfrak{U} = \frac{\mathfrak{J}}{j\,\omega C} = -j\,\frac{\mathfrak{J}}{\omega C}\,, \quad \mathfrak{J} = \mathfrak{U} \cdot j\,\omega C.$$

Das hier gekennzeichnete Verfahren kann außer auf Ströme und Spannungen auch auf alle übrigen elektrischen und magnetischen Größen angewendet werden, die periodischen zeitlichen Veränderungen unterliegen.

7. Operatoren als Vektoren in der komplexen Ebene

Da bei vielen Rechnungen in elektrischen und magnetischen Anordnungen Ströme und Spannungen in ihren Größenwerten über Widerstände und Leitwerte einander linear zugeordnet sind, kann man den Widerstand oder Leitwert eines Zweipols als Zuordnung der Spannung zum Strom bzw. des Stromes zur Spannung als einen *Widerstands- oder Leitwertoperator* schreiben, der die gesamten Aussagen über Streckung, Drehung und Maßstabsänderung beinhaltet, die mit dem Übergang von der einen zeitveränderlichen Größe, z. B. der Spannung, auf die andere, den Strom, über den Leitwert oder Widerstand eines Zweipols verbunden sind. Solche *Drehstrecker*, die also das Verhalten eines Zweipols bei angelegter Spannung oder durchgeschicktem Strom gegebener Kreisfrequenz kennzeichnen, werden *Operatoren* genannt und gleichfalls in der komplexen Ebene dargestellt. Für die drei Grundwiderstände in idealer Form haben sie die folgenden Widerstandswerte $\mathfrak{Z}$ bzw. Leitwerte $\mathfrak{Y}$:

$$\mathfrak{Z}_R = R; \quad \mathfrak{Z}_L = j\,\omega L; \quad \mathfrak{Z}_C = \frac{1}{j\,\omega\,C};$$

$$\mathfrak{Y}_R = \frac{1}{R}; \quad \mathfrak{Y}_L = \frac{1}{j\,\omega\,L}; \quad \mathfrak{Y}_C = j\,\omega\,C.$$

Dabei gibt der Widerstandsoperator $\mathfrak{Z}$ Richtung und Größe der Spannung $\mathfrak{U}$ an, wenn durch den Widerstand $\mathfrak{Z}$ der Strom von 1 A mit dem Phasenwinkel 0 fließt (Einheitsstrom in Richtung der Realachse). Der Leitwertoperator $\mathfrak{Y}$ ist in Richtung und Größe dem Strom $\mathfrak{J}$ gleich, der bei Anlegen einer Spannung von 1 V (Phasenwinkel 0) fließt. (Siehe Bild 45, das jeweils nebeneinander den Operator, das Vektor-

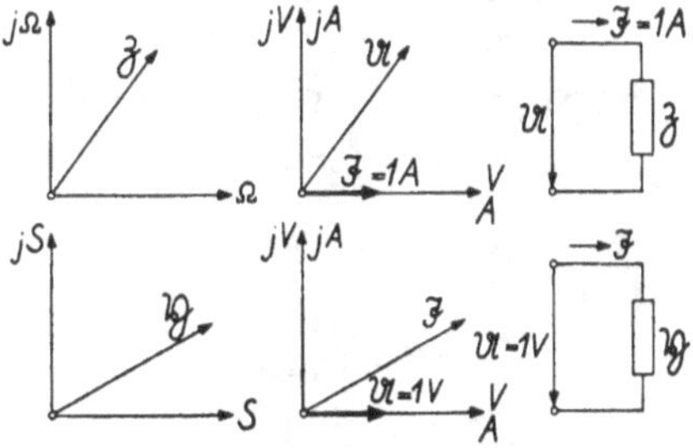

Bild 45. Widerstands- und Leitwertoperator, Vektordiagramm von Spannung und Strom sowie dazugehörige Schaltungen

diagramm von Strom und Spannung und die Schaltung für die hier betrachteten beiden Fälle darstellt.) Für die Operatoren liegt dabei die dem Zweipol aufgedrückte elektrische Grundgröße, beim Widerstand der Strom und beim Leitwert die Spannung in der Richtung der Realachse.

Zwei Hauptmöglichkeiten für die Schaltungen von 3 Grundwiderständen in den 3 Feldformen der Elektrotechnik entstehen, wenn man, wie schon bei der Aufstellung der Gleichungen für die zeitlichen Verläufe von Strömen und Spannungen geschehen, den 3 Arten passiver Zweipole entweder einen gemeinsamen Strom oder eine gemeinsame Spannung vorschreibt. Die für den gemeinsamen, von einem Generator *G* gelieferten Strom entstehende *Reihenschaltung* ist in Bild 46 oben links dargestellt, während zur Verdeutlichung die für gemeinsame Spannung an den 3 Bausteinen gültige *Parallel-*

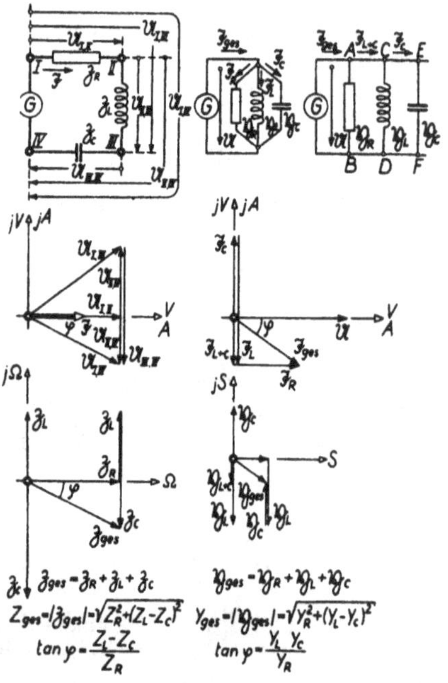

Bild 46. Vektordiagrammatische Behandlung der Reihen- und Parallelschaltung der 3 Grundwiderstände

schaltung in 2 Formen wiedergegeben ist, von denen die eine der Darstellung der Verzweigungspunkte für die erste Kirchhoffsche Regel entspricht, während die zweite, gleichwertige Form die 3 Widerstände zwischen 2 als verlustlos angesehenen Sammelschienen angeschlossen zeigt, die vom Generator *G* gespeist werden.

In der Darstellung der Reihenschaltung sind die Teilspannungen $\mathfrak{U}_{I,II}$, $\mathfrak{U}_{II,III}$ ... $\mathfrak{U}_{I,III}$, $\mathfrak{U}_{II,IV}$ und $\mathfrak{U}_{Gen} = \mathfrak{U}_{I,IV}$ eingetragen, die zwischen den Verbindungspunkten I bis IV gemessen werden können. Das darunter gezeichnete Vektordiagramm der Spannungen (mit dem gemeinsamen Strom $\mathfrak{J}$ in Richtung der Realachse) ist geometrisch ähnlich dem Vektordiagramm der Widerstandsoperatoren $\mathfrak{Z}_R$, $\mathfrak{Z}_L$, $\mathfrak{Z}_C$, das darunter gezeichnet ist und zu dem die erforderlichen Berechnungsformeln angegeben sind. Dabei wird der Betrag der Widerstandswerte, d. h. die reine Größenangabe ohne Kennzeichnung des zugehörigen Phasenwinkels jeweils durch den großen lateinischen Buchstaben oder durch Eingrenzung der Vektorschreibung mit 2 senkrechten Linien davor und dahinter gekennzeichnet.

Analog zu den Spannungssummen der Reihenschaltung bestehen bei der Parallelschaltung Möglichkeiten zur vektoriellen Zusammenfassung einzelner Ströme, die im Vektordiagramm der Ströme und Spannungen dargestellt sind und denen die Operatordarstellung der Leitwerte für die jeweils rechts von Anschlußpunktpaaren AB, CD, EF liegenden Teil- und Summenleitwerte entspricht. Die für die Gesamtwerte von Widerstand und Leitwert in den letzten Zeilen angegebenen Gleichungen sind die Repräsentanten des *Ohmschen Gesetzes für Wechselstrom.*

Die Gleichung für die ideale Selbstinduktion geht von einem widerstandsfreien Leiter aus, der mit dem magnetischen Feld verkettet ist. Derartige Leiterwerkstoffe gibt es nicht, infolgedessen hat jede Selbstinduktion außer ihren magnetischen Eigenschaften auch noch einen Ohmschen Widerstand zwischen ihren Anschlußpunkten. Strom und Spannung an ihr entsprechen also einer Reihenschaltung eines Ohmschen Widerstandes mit einer idealen Drosselspule, wie dies mit dem zugehörigen Vektordiagramm in Bild 47 dargestellt ist. Gleiche Abweichungen ergeben sich auch für den Kondensator, wo einerseits Verluste im Dielektrikum auftreten, andererseits die Zuleitungen zu den Belägen nicht widerstandsfrei sind. Aber auch Ohmsche Widerstände sind immer mit magnetischen Feldern verkettet und bilden in ihrer Umgebung bei Betrieb mit zeitveränderlichen Strömen und Spannungen auch zeitveränderliche elektrostatische Felder aus. Besonders bei hohen Frequenzen treten also auch für die Ohmschen Widerstände Abweichungen vom idealen Verhalten auf. Bei den praktischen Bauelementen bedingen diese fast immer vorhandenen Nebenerscheinungen stets Abweichungen der wirklich auftretenden Phasenwinkel von den hier berechneten theoretischen Werten. Bei Induktivitäten können dies Abweichungen vom theoretischen 90°-Wert sehr erheblich werden, bei den Kapazitäten sind sie aber meist ziemlich klein, d. h. die Phasenverschiebung zwischen Strom und Spannung liegt hier meist recht nahe an 90°. Den Winkel,

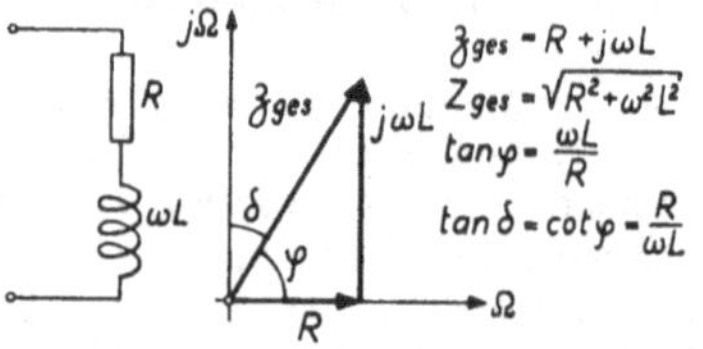

Bild 47. Die verlustbehaftete Selbstinduktion

um den der komplexe Widerstand des Elementes vom Idealwert 90° abweicht, nennt man den *Verlustwinkel* δ (siehe auch Bild 47).

Ein Wechselstromwiderstand $\mathfrak{Z}$ oder -leitwert $\mathfrak{Y}$ gegebenen Phasenwinkels φ zwischen 0 und $\pm$ 90° kann immer durch eine Reihen- oder Parallelschaltung zweier Einzelelemente entstehen, die $\pm$ 90° und 0° Phasenwinkel besitzen. Die Verluste in einer Selbstinduktion, die dort den Verlustwinkel δ entstehen lassen, können durch den Widerstand der Strombahn gegeben sein und wären demzufolge als Reihenwiderstand zu einer idealen, verlustfreien Induktivität darzustellen. Für das Verhalten des Elementes kann man aber die entstehende Phasenverschiebung zwischen Strom und Spannung auch dadurch schaltungstechnisch kennzeichnen, daß man einer idealen Selbstinduktivität einen zusätzlichen Ohmschen Verlustwiderstand parallel schaltet. In den folgenden Formeln sind für gegebene Werte $|\mathfrak{Z}|$, $|\mathfrak{Y}|$, φ die Bedingungen für die Reihenschaltung (am übersichtlichsten bei $\mathfrak{Z}$) und die Parallelschaltung (am klarsten bei $\mathfrak{Y}$) angegeben, denen die zur Darstellung einer verlustbehafteten Selbstinduktion vorzusehenden Elemente bei Reihenschaltung (Index r) bzw. Parallelschaltung (Index p) genügen müssen.

I. Gegeben $|\mathfrak{Z}|, \varphi$

$$\sqrt{R_r^2 + \omega^2 L_r^2} = |\mathfrak{Z}|; \quad \frac{\omega L_r}{R_r} = \tan\varphi; \quad \mathfrak{Z} = R_r + j\omega L_r$$

$$\frac{1}{\sqrt{\frac{1}{R_p^2} + \frac{1}{\omega^2 L_p^2}}} = |\mathfrak{Z}|; \quad \frac{R_p}{\omega L_p} = \tan\varphi; \quad \mathfrak{Z} = \frac{1}{\frac{1}{R_p} + \frac{1}{j\omega L_p}}$$

II. Gegeben $|\mathfrak{Y}|, \varphi$

$$\sqrt{\frac{1}{R_p^2} + \frac{1}{\omega^2 L_p^2}} = |\mathfrak{Y}|; \quad \frac{R_p}{\omega L_p} = \tan\varphi;$$

$$\mathfrak{Y} = \frac{1}{R_p} + \frac{1}{j\omega L_p}$$

$$\frac{1}{\sqrt{R_r^2 + \omega^2 L_r^2}} = |\mathfrak{Y}|; \quad \frac{\omega L_r}{R_r} = \tan\varphi; \quad \mathfrak{Y} = \frac{1}{R_r + j\omega L_r}$$

Analog können auch die Eigenschaften eines verlustbehafteten Kondensators durch Reihen- oder Parallelschaltung einer idealen Kapazität mit einem Ohmschen Widerstand dargestellt werden.

8. Rechenregeln für komplexe Größen

Ein allgemeiner Vektor $\mathfrak{M}$ kann in der komplexen Ebene grundsätzlich in der *Polarform*

$$\mathfrak{M} = M \cdot \varepsilon^{j\varphi}$$

oder in der *Komponentendarstellung*

$$\mathfrak{M} = a + jb$$

angegeben werden. Zwischen den beiden Schreibungen bestehen die folgenden Beziehungen für die Umrechnung:

$$|\mathfrak{M}| = M = \sqrt{a^2 + b^2} \qquad a = M \cdot \cos\varphi$$

$$\tan\varphi = \frac{b}{a} \qquad b = M \cdot \sin\varphi\,.$$

Für die wichtigsten Rechenoperationen ergeben sich damit die folgenden Formeln, wobei jeweils von der am besten geeigneten Schreibung Gebrauch gemacht wird:

a) Gleichsetzung

$$\mathfrak{M}_1 = \mathfrak{M}_2;\; M_1 = M_2;\; \varphi_1 = \varphi_2;\; a_1 = a_2;\; b_1 = b_2;$$

b) Addition und Subtraktion in der Komponentenschreibung

$$\mathfrak{M}_1 \pm \mathfrak{M}_2 = (a_1 \pm a_2) + j\,(b_1 \pm b_2);$$

c) Multiplikation und Division in der Polarform

$$\mathfrak{M}_1 \cdot \mathfrak{M}_2 = M_1 \cdot M_2 \cdot \varepsilon^{j(\varphi_1 + \varphi_2)}$$

$$\frac{\mathfrak{M}_1}{\mathfrak{M}_2} = \frac{M_1}{M_2} \cdot \varepsilon^{j(\varphi_1 - \varphi_2)}.$$

Da diese Operationen häufig auch bei vorliegender Komponentenform durchzuführen sind, seien für sie die Berechnungsformeln abgeleitet:

$$\begin{aligned}\mathfrak{M}_1 \cdot \mathfrak{M}_2 &= (a_1 + j\,b_1)(a_2 + j\,b_2)\\ &= (a_1 a_2 - b_1 b_2) + j\,(a_1 b_2 + a_2 b_1)\end{aligned}$$

$$\frac{\mathfrak{M}_1}{\mathfrak{M}_2} = \frac{a_1 + j\,b_1}{a_2 + j\,b_2} = \frac{(a_1 + j\,b_1)(a_2 - j\,b_2)}{(a_2 + j\,b_2)(a_2 - j\,b_2)}$$

$$= \frac{(a_1 a_2 + b_1 b_2) + j\,(a_2 b_1 - a_1 b_2)}{a_2^2 + b_2^2}$$

Um die insbesondere bei der Division immer wieder auftretende Schreibung mit einer komplexen Größe im Nenner in die Komponentenform zu überführen, ergibt sich aus der letzten Formel die folgende Regel:

> Komplexe Komponenten im Nenner eines Bruches werden dadurch eliminiert, daß der Nenner mit der konjugiert komplexen Größe (gleicher Realteil, Imaginärteil mit entgegengesetzten Vorzeichen) multipliziert wird. Die gleiche Multiplikation ist, damit der Bruch unverändert bleibt, im Zähler erforderlich.

Für den besonders häufigen Fall der Bildung des Reziprokwertes ergibt sich in der Polarform:

$$\mathfrak{M} = M \cdot \varepsilon^{j\varphi}; \quad \frac{1}{\mathfrak{M}} = \frac{1}{M} \cdot \varepsilon^{-j\varphi}.$$

Die Komponentenschreibung führt zu den Gleichungen:

$$\mathfrak{M} = a + j\,b; \quad \frac{1}{\mathfrak{M}} = \frac{1}{a + j\,b} = \frac{a - j\,b}{a^2 + b^2} = \frac{a - j\,b}{M^2}.$$

d) Differentiation und Integration können bei der Darstellung zeitveränderlicher Größen in der komplexen Ebene ausgeführt werden. Ein Vektor, der eine harmonische Wechselgröße darstellt, wird in der komplexen Ebene geschrieben:

$$\mathfrak{M} = M \cdot \varepsilon^{j\varphi} \cdot \varepsilon^{j\omega t}.$$

Wird dieser Vektor nach der Zeit differenziert, so ergibt sich:

$$\frac{d\,\mathfrak{M}}{d\,t} = j\,\omega\,M \cdot \varepsilon^{j\varphi} \cdot \varepsilon^{j\omega t} = j\,\omega\,\mathfrak{M}.$$

Eine Integration der durch die Vektorgröße und die Zeitachse gebildeten Fläche ergibt:

$$\int \mathfrak{M} \cdot d\,t = -\frac{j}{\omega}\,M \cdot \varepsilon^{j\varphi} \cdot \varepsilon^{j\omega t} = -\frac{j}{\omega}\,\mathfrak{M}.$$

Durch Differentiation bzw. Integration wird ein Zeitvektor in der komplexen Ebene wiederum in einen Zeitvektor überführt, wobei eine Streckung um ω^{+1} bzw. ω^{-1} und eine Drehung um $\pm\,90°$ ausgeführt wird.

9. Wirk-, Blind- und Scheinleistung bei Wechselstrom

Berechnet man die elektrisch umgesetzte Leistung in einem passiven Zweipol, an dem Wechselspannung und Wechselstrom mit einer Phasenverschiebung φ liegen, so gelten für die Augenblickswerte von Strom und Spannung sowie für den Momentanwert der umgesetzten Leistung N_{mom} folgende Gleichungen:

$$u = U_0 \cdot \sin\omega\,t; \quad i = J_0 \cdot \sin(\omega\,t \pm \varphi);$$

$$N_{mom} = u \cdot i = U_0 \cdot J_0 \cdot \sin\omega\,t \cdot \sin(\omega\,t \pm \varphi).$$

Für den Fall der durch eine gemischte, aus Induktivität und

Ohmschen Widerstand bestehende Belastung verursachten Phasenverschiebung ($\varphi < 0$) sind die Verläufe dieser Größen neben dem zugehörigen Vektordiagramm von Strom und Spannung im oberen Teil des Bildes 48 dargestellt. An einem rein Ohmschen Verbraucher (siehe untere Darstellung in Bild 48) wird die Phasenverschiebung zwischen Strom und Spannung Null, und die Momentanleistung ändert sich nach der folgenden Gleichung:

$$N_{mom} = U_0 \cdot J_0 \cdot \sin^2 \omega t .$$

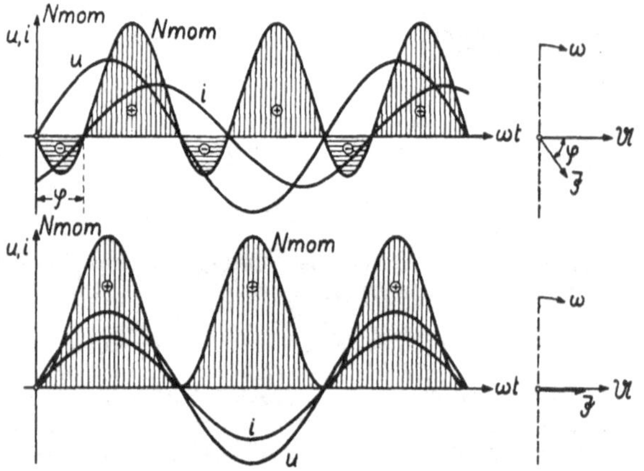

Bild 48. Strom, Spannung und Leistung bei Wechselstrom

Der zeitliche Verlauf der Leistung bei harmonischen Wechselgrößen setzt sich stets aus 2 Anteilen zusammen. Der erste Anteil ist zeitlich konstant und ist gleich der übertragenen Wirkleistung. Er errechnet sich als Mittelwert der Momentanleistung über eine volle Periode 2π:

$$N = \frac{1}{2\pi} \int_0^{2\pi} U_0 \cdot J_0 \cdot \sin \omega t \cdot \sin (\omega t \pm \varphi) \cdot d\omega t = \frac{U_0 \cdot J_0}{2} \cdot \cos \varphi$$
$$= U_{eff} \cdot J_{eff} \cdot \cos \varphi .$$

Diesem überlagert sich eine Leistungspulsation mit der doppelten Frequenz des speisenden Netzes, die bei Ohmscher Belastung in den Nulldurchgängen von Strom und Spannung den Augenblickswert der übertragenen Leistung gleichfalls gerade Null werden läßt, während bei einer Phasenverschiebung zwischen Strom und Spannung 4 Nulldurchgänge der Leistung und 2 Bereiche der Leistungsrücklieferung auftreten, die in Bild 48 oben durch waagerechte Schraffur und eingezeichnete Minuszeichen gekennzeichnet sind.

Für die Berechnung der mittleren Leistung N kann in der Formel

$$N = U_{eff} \cdot (J_{eff} \cdot \cos\varphi) = J_{eff} \cdot (U_{eff} \cdot \cos\varphi)$$

gemäß Bild 49 davon ausgegangen werden, daß die Wirkleistung allein durch die Projektion des Stromvektors auf den

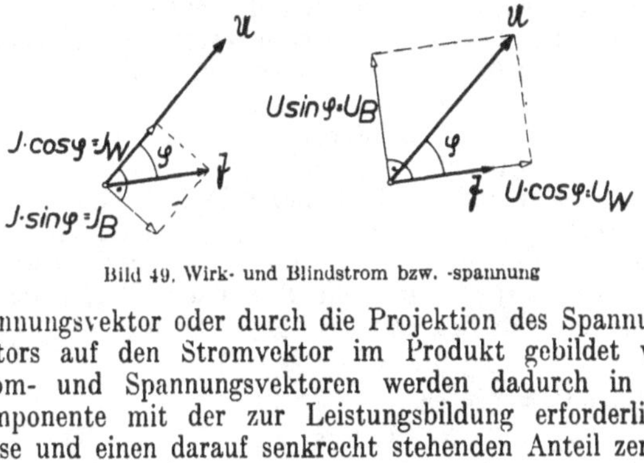

Bild 49. Wirk- und Blindstrom bzw. -spannung

Spannungsvektor oder durch die Projektion des Spannungsvektors auf den Stromvektor im Produkt gebildet wird. Strom- und Spannungsvektoren werden dadurch in eine Komponente mit der zur Leistungsbildung erforderlichen Phase und einen darauf senkrecht stehenden Anteil zerlegt, für die die folgenden Beziehungen gelten:

$$\left.\begin{aligned} J_W &= J \cdot \cos\varphi \\ J_B &= J \cdot \sin\varphi \end{aligned}\right\} J = \sqrt{J_W^2 + J_B^2}; \quad \left.\begin{aligned} U_W &= U \cdot \cos\varphi \\ U_B &= U \cdot \sin\varphi \end{aligned}\right\} U = \sqrt{U_W^2 + U_B^2}.$$

Da zur Leistungsübertragung im System allein die miteinander in Phase liegenden Komponeten der Größen beitragen, werden sie durch den Zusatz „Wirk" als *Wirkstrom*, *Wirkspannung* und *Wirkleistung* gemäß der Tafel IX gekennzeichnet. Ihre Größe bezeichnet das Maß der Leistungsübertragung vom Generator zum betrachteten Verbraucher und damit den Umfang, in dem die Aufgabe der Übertragung elektrischer Energie nutzvoll erfüllt wird. Die zur Leistungsübertragung nicht beitragenden Komponenten werden als Blindgrößen (*Blindstrom*, *Blindspannung*, *Blindleistung*) bezeichnet. Sie geben elektrische Strom- und Spannungskomponenten an, die nur Leistungspendelungen zwischen Generator und Verbraucher entstehen lassen, deren Übermittlung zwar in den Strombahnen Verluste entstehen läßt, die selbst aber zur nutzbaren Übertragung der Energie nichts beitragen. Das Produkt von Strom und Spannung $U_{eff} \cdot J_{eff}$ wird als *Scheinleistung* bezeichnet. Es kennzeichnet den Höchstwert der Wirkleistungsübertragung, der für eine Phasenverschiebung $\varphi = 0$ auftritt, und ist gleichzeitig ein Maß für den technischen Aufwand, der im Generator und den übertragenden Leitungen getrieben werden muß; denn die Übertragungsspannung bedingt den Aufwand für Isolation, der Strom die Querschnitte der Leiter.

Die für Ströme und Spannungen ausgeführte Komponentenzerlegung in Wirk- und Blindgrößen ist bei den Widerstands- und Leitwertoperationen direkt durch die Real- und Imaginärkomponente gegeben. Der Wirkleistungsumsatz im Widerstand $\mathfrak{Z}$ kann direkt aus $N_W = J^2 \cdot Re(\mathfrak{Z})$ berechnet werden, wobei der Realteil durch die Schreibung $Re(\mathfrak{Z})$ gekennzeichnet ist. Für den Leitwert $\mathfrak{Y}$ gilt analog:

$$N_W = U^2 \cdot Re(\mathfrak{Y}).$$

Die Blindleistungen ergeben sich zu:

$$N_B = J^2 \cdot Im(\mathfrak{Z}) \text{ bzw. } N_B = U^2 \cdot Im(\mathfrak{Y})$$

mit den entsprechenden Imaginärkomponenten $Im(\mathfrak{Z})$ bzw. $Im(\mathfrak{Y})$. Die Scheinleistungen lassen sich aus den Beträgen der Operatoren mit Strom- und Spannungsquadrat bestimmen:

$$N_S = J^2 \cdot |\mathfrak{Z}|, \quad N_S = U^2 \cdot |\mathfrak{Y}|.$$

Die Blindkomponenten von Strom und Spannung sind Größen, die auf der zweiten zur Leistungsbildung beitragenden elektrischen Größe als Vektoren senkrecht stehen. Mit Hilfe der Strom- oder Spannungswerte sind sie aus den Blindkomponenten der Widerstands- und Leitwertoperatoren zu berechnen, die in der Komponentenschreibung durch den Faktor $\pm j$ gekennzeichnet sind. Die Betrachtungen über die ideale Selbstinduktion und ideale Kapazität haben gezeigt, daß man zu jeder derartigen Blindkomponente, an der Strom

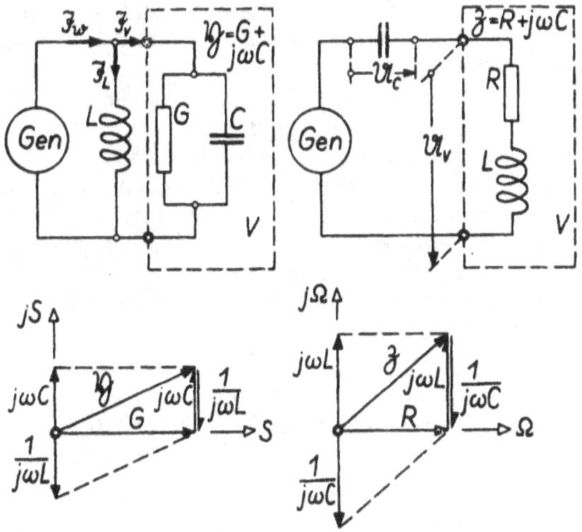

Bild 50. Kompensation von Blindgrößen in Reihen- und Parallelschaltung

und Spannung aufeinander senkrecht stehen, eine zweite Blindkomponente entgegengesetzten Vorzeichens und solcher Größe finden kann, daß bei gleichen Strom- oder Spannungswerten eine zur ursprünglichen um 180° versetzte Phasenverschiebung auftritt. Da der technische Mehraufwand, der durch den Mehrwert der Scheinleistung gegenüber der nutzbar übertragenen Wirkleistung gekennzeichnet ist, möglichst klein gehalten werden sollte, wird man versuchen, die Blindleistungen durch derartige Schaltungen in geeigneter Form zu kompensieren. Dadurch werden Anordnungen geschaffen, denen reine Wirkleistungen zugeführt werden, obwohl in ihnen Verbraucher mit erheblichen Blindkomponenten versorgt werden. Die Leistungspulsationen beim speisenden Generator werden nach Bild 48 unten damit soweit wie möglich heruntergesetzt, d. h. es wird die durch den Energieinhalt von Kapazitäten oder Induktivitäten bedingte zweimalige Umkehr der Leistungsrichtung je Periode gerade so weit reduziert, daß die momentane Leistung nur wie beim rein Ohmschen Wirkverbraucher zwischen Null und dem Maximalwert schwankt.

Bild 50 zeigt zwei Beispiele für die Kompensation von Blindgrößen. In der linken Schaltung ist ein Verbraucher V als ein komplexer Leitwert $\mathfrak{Y}$ mit den Komponenten G und $j\omega C$ angesetzt, der durch Parallelschaltung eines Ohmschen Widerstandes und einer Kapazität (positive Imaginärkomponente) verifiziert ist. Die Imaginärkomponente des Leitwertes entspricht dabei dem kapazitiven Blindstrom den dieser Verbraucher aufnimmt. Durch Parallelschaltung einer Induktivität mit dem Leitwert

$$\mathfrak{Y}_L = \frac{1}{j\omega L}$$

entsteht eine Parallelschaltung der Leitwerte G, $j\omega C$ und $\frac{1}{j\omega L}$

$$\mathfrak{Y}_{\text{ges}} = \frac{1}{j\omega L} + G + j\omega C = G + j\left(\omega C - \frac{1}{\omega L}\right),$$

bei der im Gesamtleitwert die Blindkomponente dann wegfällt, wenn man gerade

$$\omega C = \frac{1}{\omega L}$$

macht. Dadurch wird die Blindkomponente des Stromes $\mathfrak{J}_V$, den der Verbraucher V aufnimmt bzw. dessen Blindleitwert $j\omega C$ durch einen vektoriell entgegengesetzt gerichteten Blindstrom $\mathfrak{J}_L$ bzw. den Leitwert $\frac{1}{j\omega L}$ der zusätzlich eingeschalteten Induktivität L gerade ausgeglichen (siehe das

Leitwertdiagramm unter dem Schaltbild). Der Gesamtanordnung wird in dieser Schaltung vom Generator *Gen* zur Übertragung der gleichen Wirkleistung ein im Verhältnis des Wirkleitwertes zum Gesamtleitwert des ursprünglichen Verbrauchers

$$\frac{\mathfrak{J}_W}{\mathfrak{J}_V} = \frac{G}{G + j\omega C}$$

verkleinerter Strom $\mathfrak{J}_W$ zugeführt. Das Verfahren wird *Parallelkompensation* genannt. Sein Kennzeichen ist die Verkleinerung des Stromes, der für gleiche Wirk-, Blind- und Scheinleistungsumsätze im Verbraucher der Parallelschaltung, bestehend aus dem Verbraucher und dem Kompensationselement, zugeführt werden muß.

In der Schaltung Bild 50 rechts ist zu einem Verbraucher V mit dem Widerstand

$$\mathfrak{Z} = R + j\omega L$$

ein Zusatzkondensator C in Reihe geschaltet. Aus dem Vektordiagramm der Widerstandsoperatoren ersieht man, daß die induktive Widerstandskomponente des Verbrauchers V wegkompensiert wird, da damit der Verbraucherwiderstand $\mathfrak{Z}$ auf den Gesamtwiderstand

$$\mathfrak{Z}_{\text{ges}} = R + j\left(\omega L - \frac{1}{\omega C}\right) = R \quad \text{für } \omega L = \frac{1}{\omega C}$$

vermindert wird. Die der Gesamtanordnung zuzuführende Spannung wird zur Erzielung des gleichen Stromes im Verhältnis der Beträge des Gesamtwiderstandes zum ursprünglichen Verbraucherwiderstand

$$\frac{\mathfrak{U}_C + \mathfrak{U}_V}{\mathfrak{U}_V} = \frac{R}{R + j\omega L} \quad \text{für } \frac{1}{\omega C} = \omega L$$

bei gleicher Wirkleistungsübertragung kleiner. Das Verfahren wird *Reihenkompensation* genannt und ist durch die Verkleinerung der Speisespannung gekennzeichnet, die bei gleichen Strom- und Spannungswerten am Verbraucher der Reihenschaltung desselben mit dem zusätzlichen Kompensationsglied zugeführt werden muß.

Beide Kompensationsverfahren benötigen bei induktiver Blindlast im Verbraucher zum Ausgleich Kapazitäten, bei kapazitiver Blindlast zum Ausgleich Induktivitäten. Im Bereich der Aufgaben der elektrischen Energieübertragung für technische Zwecke treten in den Verbrauchern selbst meist induktive Blindkomponenten auf, da überwiegend magnetische Felder für die Umformung und Übertragung der Energie benutzt werden. Die Kompensation der induktiven Blindlast wird daher in den Netzen zur Energieübertragung sehr häufig durch Parallelkondensatoren, bei gewissen Sonderaufgaben auch durch Reihenkondensatoren vorgenommen.

VII. Wichtige Schaltungen der Elektrotechnik

Schaltungen oder Netzwerke, die in allgemeiner Form bereits im Abschnitt I, bei den Kirchhoffschen Gesetzen erörtert wurden, sind aus aktiven und passiven Zweipolen aufgebaut. Die dort abgeleiteten Gesetze können für Wechselgrößen direkt weiterverwendet werden, wenn man nun Ströme, Spannungen, Widerstände und Leitwerte als komplexe Größen, d. h. mit Aussagen über Betrag und Richtung in die Berechnungsformeln einsetzt.

In vielen elektrischen Anordnungen interessiert das Verhalten eines vielmaschigen Netzwerkes nur hinsichtlich elektrischer Größen an 2 Anschlußpunkten. Zur Vereinfachung der Untersuchung bedient sich die Elektrotechnik in diesem Fall des sogenannten *Ersatzschaltbildes*, d. h. einer Schaltungsanordnung, die mit möglichst wenigen, einfachen Elementen das Verhalten des komplizierten Netzes in dem betrachteten Bereich, d. h. insbesondere an den beiden Anschlußpunkten vollständig wiedergibt. Die Darstellungsweise des Ersatzschaltbildes wird auch für nichtelektrische Vorgänge und Größen angewendet, die entweder funktionell den Erscheinungen in elektrischen Kreisen zugeordnet sind oder mit den von der Elektrotechnik für derartige Systeme geschaffenen Berechnungs- und Darstellungsmitteln besonders vorteilhaft und anschaulich behandelt werden können.

1. Das Ersatzschaltbild des Generators

Bei den Betrachtungen in Abschnitt I, war von einem Generator ausgegangen worden, der in der Lage ist, seinen beiden Polen elektrische Ladungen dauernd so zuzuführen, daß zwischen den Polen die Spannung auch bei veränderlicher Stromentnahme konstant gehalten wird. Einen solchen Generator nennt man eine *Konstantspannungsquelle*, in der durch Zufuhr bzw. Umwandlung mechanischer, chemischer oder thermischer Energie eine Trennung der Ladungen entgegengesetzten Vorzeichens so vorgenommen wird, daß die Anordnung Träger einer von Größe, Richtung und zeitlichem Verlauf des entnommenen Stromes unabhängigen, konstanten Spannung ist, die man auch als elektromotorische Kraft (EMK) bezeichnet und zum Unterschied von der an den Polen oder Klemmen gemessenen Spannung U häufig auch mit dem Buchstaben E benennt. Sofern nicht mit zusätzlichen Regeleinrichtungen auf den die Spannung im Generator erzeugenden Mechanismus eingewirkt wird, ist eine von der Stromentnahme vollkommen unabhängige Spannungsquelle technisch nicht realisierbar, schon allein deswegen, weil die Strombahnen in der Spannungsquelle selbst immer mindestens einen Ohmschen Widerstand besitzen. Sind die Pole des Generators oder der Quelle offen, dann ist im *Leerlauf* die Klemmspannung U gleich der EMK E. Wird dem Generator ein Strom entnommen, so geht man, wenn nicht ausdrücklich anders gesagt, bei Erörterung der elektrotechnischen Verhältnisse davon aus, daß die EMK E im Innern des Generators in alter Höhe erhalten bleibt. Durch den Widerstand R_i der Leitungen für den Strom im Generator selbst tritt jedoch innerhalb derselben ein Spannungsabfall $J \cdot R_i$ auf, so daß die Klemmenspannung auf den Wert

$$U = E - J \cdot R_i$$

absinkt. Die Klemmenspannung U in Abhängigkeit vom Strom bei der hier betrachteten Schaltung ist in Bild 51 neben dem zugehörigen Schaltbild dargestellt. Der Generator wird hier als eine ideale widerstandslose Spannungsquelle mit der EMK E angesehen, deren Innenwiderstand R_i durch einen in Reihe geschalteten Widerstand gekennzeichnet ist. Der vom Generator gespeiste äußere Widerstand R_a ist (durch den eingezeichneten Pfeil) als veränderlich dargestellt und kann alle Werte zwischen unendlich und Null annehmen. Die Kennlinie der Klemmenspannung U über dem vom Generator gelieferten Strom J ist eine Gerade, deren Neigung durch die Größe des Innenwiderstandes festgelegt ist. Diese schneidet die J-Achse beim Wert des *Kurzschlußstromes* J_k, der auftritt, wenn der Generator auf den äußeren Widerstand $R_a = 0$ arbeitet.

Die Annahme, daß die Trennung der Ladungen entgegengesetzten Vorzeichens durch Zuführung äußerer Energie im Generator unabhängig von dem entstehenden Strom immer so erfolgt, daß die EMK konstant ist, war willkürlich getroffen.

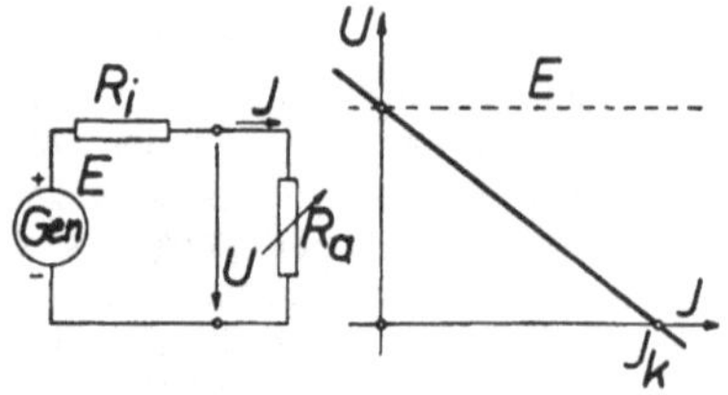

Bild 51. Schaltung und Kennlinie eines Konstantspannungs-Generators mit definiertem Innenwiderstand bei veränderlicher Belastung

Betrachtet man einen Generator, bei dem die zugeführte mechanische, thermische oder chemische Energie dauernd eine konstante Anzahl von Ladungen trennt und den Polen zuleitet, so erhalten wir damit eine *Konstantstromquelle*, die durch den von ihr dauernd gelieferten Strom J_k gekennzeichnet ist. Im Leerlauf würde die Klemmenspannung eines solchen Generators theoretisch auf den Wert unendlich ansteigen.

Denkt man sich einen Konstantstromgenerator mit dem Strom J_k, wie in Bild 52 dargestellt, in seinem Inneren über einen fest eingebauten Widerstand R_i vorbelastet, so kann man auch mit dieser Anordnung bei einem veränderlichen

Außenwiderstand R_a die gleiche Strom-Spannungs-Kennlinie erhalten, die der Konstantspannungsgenerator mit dem reihengeschalteten Innenwiderstand R_i ergeben hat. In beiden Schaltungen ergeben sich elektrotechnisch und numerisch gleiche Werte, wenn der Quotient der EMK E des Konstantspannungsgenerators (gleich der Leerlaufspannung) und des Stromes J_k des Konstantstromgenerators (Kurzschlußstrom) gleich dem den beiden Anordnungen gemeinsamen Wert für den inneren Widerstand R_i (in Reihen- oder Parallelschaltung) ist. Für eine gegebene Kennlinie einer Anordnung sind also beide Formen des Ersatzschaltbildes äquivalent verwendbar. Der Generator muß in jedem Fall einerseits durch seinen Innenwiderstand, andererseits durch Leerlaufspannung oder Kurzschlußstrom gekennzeichnet sein.

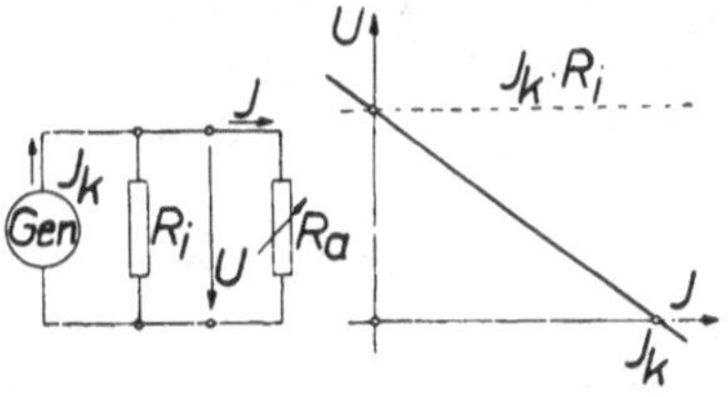

Bild 52. Ersatzschaltbild eines Konstantstrom-Generators

Vergleichend sei zum Schluß noch darauf hingewiesen, daß zur angenäherten Erzielung des Konstantspannungsverhaltens bei einem gegebenen Generator entweder der Innenwiderstand R_i im Vergleich zum Belastungswiderstand R_a oder die Änderungen des Belastungsstromes selbst klein gehalten werden müssen. Die Kennlinie des idealen Konstantspannungsgenerators ist eine Waagerechte im Diagramm der Klemmenspannung U über dem Strom J. Der Konstantstromgenerator muß als eine Quelle mit extrem hohem Innenwiderstand angesehen werden. Die Idealform seiner Kennlinie ist im Diagramm der Klemmenspannung U über dem Belastungsstrom J eine Senkrechte parallel zur Spannungsachse, und läßt sich am besten bei kleinen Belastungswiderständen im Vergleich zum Innenwiderstand oder bei kleinen Änderungen der Klemmenspannung annähern.

2. Reihen- und Parallelschaltung

Werden mehrere aktive und passive Zweipole in einer einzigen Masche von dem gleichen Strom durchflossen, dann ist dieser Strom, wie bereits erläutert, die allen elektrischen Elementen gemeinsame gleiche Größe. Ihm sind alle Spannungsabfälle an den Einzelwiderständen proportional. Statt unter Anwendung der 2. Kirchhoffschen Regel die einzelnen Spannungsabfälle $J \cdot R_1, J \cdot R_2, J \cdot R_3$ ... zu berechnen, kann

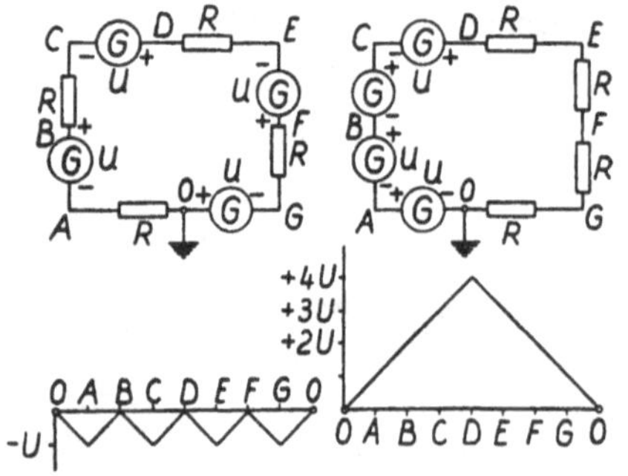

Bild 53. Potentialverhältnisse bei der Reihenschaltung

man bei der *Reihenschaltung* die Summe der Widerstände $R_1 + R_2 + ...$ bilden und entweder durch die Summe der wirksamen Spannungen den Gesamtstrom oder aus dem Strom die an dieser Reihenschaltung liegende Gesamtspannung berechnen. In direkter Anwendung der 2. Kirchhoffschen Regel für den aus der Reihenschaltung mehrerer Widerstände bestehenden Teil einer Masche ergibt sich:

$$R_{ges} = \sum_{1}^{n} R_\nu = R_1 + R_2 + ... + R_n .$$

Bild 53 zeigt zwei für eine Berechnung dieser Art gleichwertige Reihenschaltungen mit 4 Generatoren G, von denen jeder die gleiche Spannung U liefert, und 4 Belastungswiderständen R. Für eine auch zur technischen Beurteilung vollständige Betrachtung solcher Anordnungen ist es aber wichtig, neben der Anwendung der Gesetze des Strömungsfeldes auf die vorliegende Schaltung bei hohen Spannungswerten auch die entstehenden elektrostatischen Verhältnisse zu berücksichtigen. Diese treten am sichtbarsten in Erscheinung, wenn man die Potentiale oder Spannungen einzelner Schaltungspunkte gegen Erde betrachtet, wobei, wie in den beiden Schaltungen in Bild 53 als Beispiel gezeichnet, zur besseren Übersicht ein Punkt des Kreises, hier der Punkt 0, mit dem Erdpotential verbunden ist. Da alle elektrisch zum Stromkreis gehörigen Teile an den verschiedenen Punkten der Schaltung gegen Erde abgestützt und dort isoliert werden müssen, gibt eine solche Betrachtung auch den Hinweis, welcher Isolationsaufwand an einzelnen Stellen zu treiben ist. In den unter den beiden Schaltbildern in Bild 53 gezeichneten Kurvenzügen sind hierzu über den Punkten 0 (Verbindungspunkt zu Erde), A, B ... F, G und 0 die Potentiale in Vielfachen der Spannung U eines Generators schematisch dargestellt. In den beiden Schaltungen sind diese Potentiale gegen Erde trotz der für die Stromberechnung vollkommenen Gleichwertigkeit an den einzelnen Punkten nach Richtung und Größe ganz verschieden, und man erkennt deutlich, daß sich in der Anordnung nach Bild 53 links durch die abwechselnde Reihenschaltung von aktiven und passiven Zweipolen immer wieder ein Abbau der Potentiale gegen Erde ergibt, während in Bild 53 rechts am Punkt D die Spannung $4\,U$ gegen Erde auftritt.

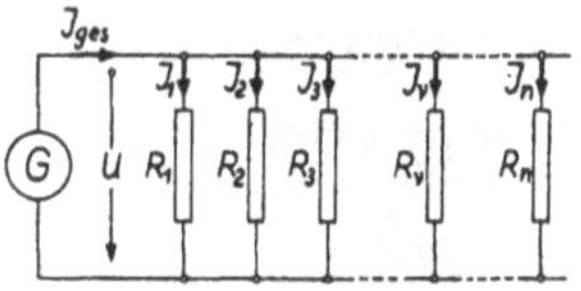

Bild 54. Parallelschaltung

Werden in einer Schaltung nach Bild 54 für eine Reihe passiver Zweipole die Anschlußpunkte in 2 großen Verzweigungsstellen zusammengefaßt, dann spricht man von der *Parallelschaltung* (für Wechselstromwiderstände siehe auch

S. 98). Allen parallel geschalteten Widerständen ist die Spannung U gemeinsam. Statt in dieser Anordnung durch Division der Spannung U durch die jeweiligen Einzelwiderstände $R_1..R_n$ die Einzelströme $J_1..J_n$ zu berechnen, um sie zur Ermittlung des vom Generator G zu liefernden Gesamtstromes J_{ges} zu summieren, kann man bei der Parallelschaltung so vorgehen, daß man die Reziprokwerte der Widerstände, also die Leit-

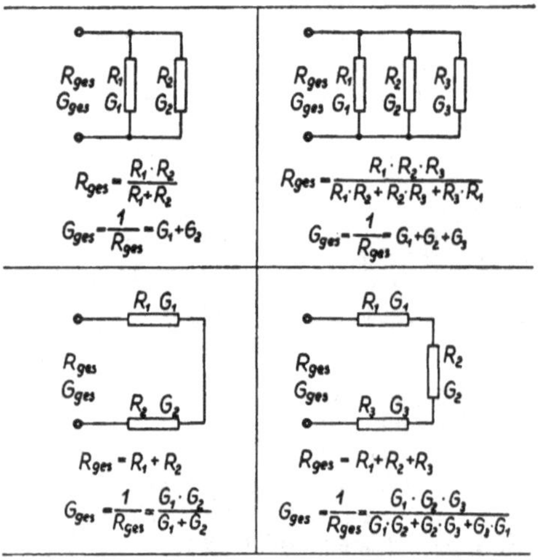

Bild 55. Reihen- und Parallelschaltungen von Widerständen bzw. Leitwerten

werte, (analog wie bei der Reihenschaltung die Widerstände) addiert und die Rechnung so weiterführt, als sei nur der resultierende Leitwert G_{ges} für den Generator vorhanden:

$$G_{\text{ges}} = \sum_1^n G_\nu = \sum_1^n \frac{1}{R_\nu}.$$

Die Aussagen für Reihen- und Parallelschaltung gehen zusammengefaßt davon aus, daß die Widerstände R passiver Zweipole gleich den Spannungen in V beim Strom von 1 A und die Leitwerte G gleich dem Strom in A bei einer Klemmenspannung von 1 V sind. Entsprechend den Kirchhoffschen Gesetzen addieren sich dann in Reihenschaltungen die Widerstände, in Parallelschaltungen die Leitwerte.

Da häufig von passiven Zweipolen entweder die Widerstände oder die Leitwerte bekannt sind, wurden in Bild 55 noch für Parallel- und Reihenschaltung von 2 bzw. 3 Widerständen R_1, R_2, R_3 und von 2 bzw. 3 Leitwerten G_1, G_2, G_3 die Formeln mit den zugehörigen Schaltungen angegeben. Sie lassen sich unter Anwendung der Kirchhoffschen Gesetze sofort ableiten. Die für die Parallelschaltung zweier Widerstände bzw. die Reihenschaltung zweier Leitwerte entstehende Formel ergibt für 2 komplexe Operatoren $\mathfrak{M}_1$ und $\mathfrak{M}_2$ mit den Komponenten a_1, a_2 und $j\,b_1$, $j\,b_2$ bereits den komplizierten Ausdruck:

$$\mathfrak{M}_{\text{ges}} = \frac{\mathfrak{M}_1 \cdot \mathfrak{M}_2}{\mathfrak{M}_1 + \mathfrak{M}_2} = \frac{(a_1 + j\,b_1)\cdot(a_2 + j\,b_2)}{(a_1 + a_2) + j\,(b_1 + b_2)}$$

$$= \frac{a_1^2\,a_2 + a_1\,a_2^2 + a_1\,b_2^2 + a_2\,b_1^2}{a_1^2 + a_2^2 + 2\,a_1 a_2 + b_1^2 + b_2^2 + 2\,b_1 b_2}$$

$$+ j\,\frac{a_1^2\,b_2 + a_2^2\,b_1 + b_1^2\,b_2 + b_1\,b_2^2}{a_1^2 + a_2^2 + 2\,a_1 a_2 + b_1^2 + b_2^2 + 2\,b_1 b_2}\,;$$

Der Leistungsumsatz in einem Verbraucher:

$$N = U \cdot J = \frac{U^2}{R} = J^2 \cdot R$$

wird zu Null, wenn

entweder die zugeführte Spannung $U = 0$,

oder der zugeführte Strom $J = 0$,

oder bei konstanter Spannung der Widerstand R im Verbraucher auf $R \to \infty$ erhöht,

oder bei konstanten Strom der Widerstand R im Verbraucher auf $R \to 0$ verkleinert wird.

Die letztgenannten beiden Maßnahmen sind vorzusehen, wenn ein Generator zur Versorgung mehrerer voneinander unabhängiger Verbraucher dient. Grundschaltung hierfür kann eine Parallelschaltung nach Bild 56 links oder eine Reihenschaltung (Bild 56 rechts) sein.

In der Parallelschaltung ist für die Energiezufuhr zu dem einzelnen, jeweils über einen Schalter abtrennbaren Verbraucher der einzelne Verbraucherwiderstand und die allen Verbrauchern zugeführte konstante Spannung maßgebend.

Durch den Schalter kann der Widerstand des einzelnen Abzweiges durch Auftrennung der Strombahn auf einen sehr großen Wert erhöht und damit der Leistungsumsatz zu Null gemacht werden. Der Generator ist als Konstantspannungsquelle auszubilden. Der von ihm gelieferte Strom stellt sich nach Maßgabe der Zahl und der Leistungsaufnahme der Verbraucher ein. Ein sehr hoher, die Anlage gefährdender Leistungsumsatz tritt bei einem Verbraucher extrem niedrigen

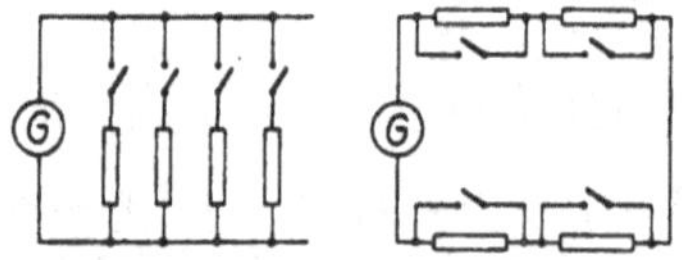

Bild 56. Konstantspannungs- und Konstantstrom-System

Widerstandes, d. h. bei einem Kurzschluß zwischen den Zuleitungen auf.

Bei der Reihenschaltung hält ein Konstantstromgenerator den allen Verbrauchern gemeinsamen Strom unter allen Verhältnissen aufrecht. Der einzelne Verbraucher wird durch einen parallel liegenden, möglichst widerstandsarm ausgebildeten Kurzschließer überbrückt ($R \to 0$), wenn man den Leistungsumsatz zu Null machen will. Wenn kein Verbraucher Leistung aufnimmt, liefert der Generator seinen Nennstrom bei der Klemmenspannung 0. Ein extrem hoher Leistungsumsatz tritt bei einem hohen Widerstand im Kreis, d. h. bei einer durch eine Störung verursachten oder absichtlich versuchten Unterbrechung der Strombahn auf. Die an der Unterbrechungsstelle zu sehr hohen Werten ansteigende Spannung erzwingt praktisch meist ein Weiterfließen des Stromes über einen sich bildenden Lichtbogen.

Das Konstantspannungssystem mit Parallelschaltung aller Verbraucher wird in der überwiegenden Anzahl aller Fälle bei der Verteilung elektrischer Energie angewandt. Bei geringer Leistungsaufnahme in den Verbrauchern werden hier auch die Verluste in den Verteilungsleitungen gering. Die eine der beiden Sammelleitungen kann mit Erde verbunden und damit die höchste, am Einzelverbraucher auftretende Spannung auf die Verteilungsspannung begrenzt werden. Beim Konstantstromsystem mit Reihenschaltung aller Verbraucher sind die belastungsunabhängigen Verluste in den Verbindungsleitungen und die mit der Belastung und ihrer Verteilung wechselnden Potentialverhältnisse im Kreis nachteilig. Es wird nur für Sonderaufgaben eingesetzt.

3. Die Widerstandsanpassung

Wird die elektrische Energie zur Leistungsübertragung verwendet, dann muß man bestrebt sein, die im Generator erzeugte Leistung mit möglichst geringen Verlusten dem Verbraucher, d. h. einem Außenwiderstand R_a zuzuführen. Das Verhältnis von R_a zur Summe von $R_a + R_i$ gibt den Wirkungsgrad η für eine Schaltung nach Bild 51 links, da sich die umgesetzten Leistungen N_{ges} und N_a, die als N_{ges} im Generator G elektrisch erzeugt und als N_a im Verbraucher ausgenutzt werden, in dieser einfachen Reihenschaltung wie die Widerstände verhalten:

$$\frac{N_{ges}}{N_a} = \frac{J^2 \cdot R_{ges}}{J^2 \cdot R_a} = \frac{R_i + R_a}{R_a};$$

$$\eta = \frac{N_a}{N_{ges}} = \frac{J^2 \cdot R_a}{J^2 \cdot R_{ges}} = \frac{R_a}{R_i + R_a}.$$

Wird der elektrische Strom dagegen als Mittel zur Übertragung von Signalen oder Nachrichten verwendet, dann soll nicht etwa die im Generator erzeugte Leistung mit möglichst geringen Verlusten dem Außenwiderstand zugeführt werden, sondern man ist bestrebt, aus dem nun einmal vorhandenen Generator dem äußeren oder Nutzwiderstand R_a das Maximum an im Generator erzeugbarer Leistung bei konstanter Leerlaufspannung E bzw. konstantem Kurzschlußstrom J_k zuzuführen, selbstverständlich unter der Voraussetzung, daß diese Leistungsentnahme keine sekundären Schäden am Generator verursacht. Für den Leistungsumsatz N_a im äußeren Widerstand R_a der in Bild 51 gezeichneten Schaltung bzw. der Schaltung nach Bild 52, bei der man besser mit den Leitwerten G_a und G_i als Reziprokwerten der Widerstände arbeitet, erhält man:

$$N_a = \frac{U^2}{R_a} = E^2 \cdot \frac{R_a}{(R_i + R_a)^2}$$

$$\text{bzw. } N_a = \frac{J^2}{G_a} = J_k{}^2 \cdot \frac{G_a}{(G_i + G_a)^2}.$$

Durch geeignete Differentiation und Nullsetzung ergibt sich, daß die maximale Leistung im Außenwiderstand bzw. in dem diesem Bauteil eigenen Leitwert umgesetzt wird, wenn dieser gleich dem inneren Widerstand bzw. Leitwert des Generators ist. Für einen Wechselstromkreis muß der Außenwiderstand $\mathfrak{R}_a = R \cdot \varepsilon^{j\varphi a}$ gleich dem konjugiert komplexen Wert des Innenwiderstandes $\mathfrak{R}_i = R \cdot \varepsilon^{-j\varphi a}$ sein. Diese Forderung bedeutet gleich große Wirkwiderstände zur Erzielung optimaler Leistungsausbeute und entgegengesetzt gleich große Blindwiderstände, deren Gesamtsumme im Kreis dann Null wird.

Die Starkstromtechnik setzt die elektrische Energie in erster Linie für die Aufgabe der Leistungsübertragung und zur Umsetzung elektrischer Arbeit beim Verbraucher ein. Sie ist daher an hohen Übertragungs-Wirkungsgraden interessiert. In den meist verwendeten Konstantspannungskreisen sind die Außenwiderstände um ein Vielfaches höher als die Innenwiderstände der Generatoren. Im Kurzschlußfall wird der Gesamtwiderstand des Stromkreises sehr niedrig. Deshalb müssen die Anlagen gegen die Auswirkung der extrem hohen Kurzschlußströme durch schnelle Abschaltung geschützt werden.

In der Nachrichtentechnik ist der elektrische Strom der Träger von Nachrichten, Signalen oder Befehlen. Es kommt nicht auf den Wirkungsgrad der Leistungsübertragung, sondern auf die Erzielung einer möglichst hohen Leistungsausbeute am Empfangsort an. Für die elektrische Nachrichtentechnik ist daher das wichtigste Dimensionierungsgesetz das der *Widerstandsanpassung*. Eine ideale Widerstandsanpassung $R_a = R_i$ führt bei direkter Zusammenschaltung von Sender (Generator) und Empfänger (Verbraucher) zu einem Wirkungsgrad von gerade 50%. In dem Diagramm Bild 57 sind zur Verdeutlichung der Verhältnisse über dem Logarithmus des Widerstandsverhältnisses $R_a/R_i = \lambda$ der Wirkungsgrad nach der oben gegebenen Definition gemäß der Formel:

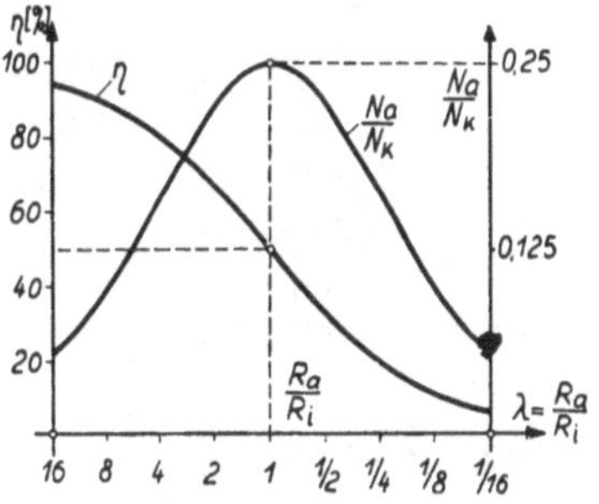

Bild 57. Wirkungsgrad und Leistungsausbeute bei Widerstandsanpassung

$$\eta = \frac{N_a}{N_{\text{ges}}} = \frac{\lambda}{1 + \lambda}$$

und die Ausgangsleistung N_a bezogen auf die Kurzschlußleistung des Konstantspannungsgenerators N_K:

$$N_k = \frac{E^2}{R_i}$$

nach der Formel:

$$\frac{N_a}{N_k} = \frac{\lambda}{(1 + \lambda)^2}$$

aufgetragen. Während sich der Wirkungsgrad in der Nähe des optimalen Anpassungspunktes sehr erheblich ändert, ist die relative Leistungsausbeute auch noch bei kleinen „Fehlanpassungen“ recht gut.

4. Das Superpositionsgesetz

Die Berechnung vielteiliger Netzwerke mit zahlreichen aktiven und passiven Zweipolen mit Hilfe der Kirchhoffschen Gesetze ist besonders bei starker Vermaschung sehr zeitraubend. Sofern sich alle im Netzwerk wirksamen Generatoren wie ideale Konstantspannungs- bzw. Konstantstromquellen mit einem belastungsunabhängigen Innenwiderstand (in Reihe oder parallel geschaltet) verhalten und sofern die Widerstandswerte aller passiven Zweipole konstant sind, d.h. also die Ströme den an den passiven Zweipolen liegenden Spannungen

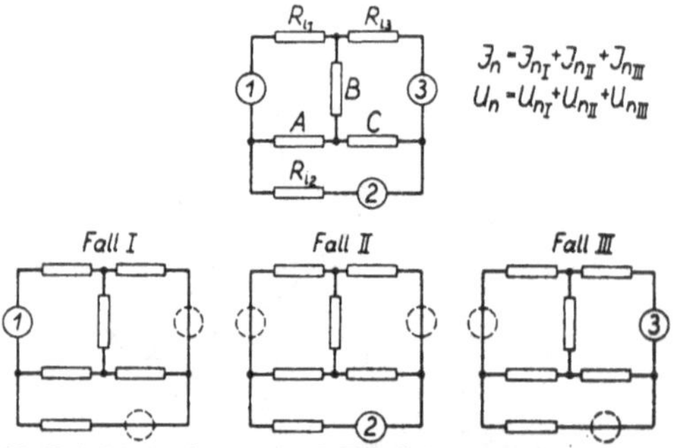

Bild 58. Zwischenberechnungen und Teilschaltungen zur Anwendung des Superpositionsgesetzes

streng proportional zugeordnet bleiben, läßt sich das von Hermann von Helmholtz (1821–1894) entdeckte *Superpositionsprinzip* anwenden. Hierbei wird jeweils nur ein Generator im Netzwerk als wirksam betrachtet, während die übrigen Generatoren, sofern sie Konstantspannungsquellen sind, durch widerstandlsose Verbindungen ersetzt werden. Konstantstromquellen sind abgetrennt anzusetzen, wobei in beiden Fällen die Innenwiderstände der Generatoren in der Schaltung verbleiben. Für die verschiedenen durch aufeinanderfolgende Anwendung dieses Verfahrens auf alle aktiven Zweipole sich ergebenden Ersatznetzwerke (mit jeweils einem wirksamen Generator) berechnet man die Strom- und Spannungsverteilungen. Um zur tatsächlichen Strom- und Spannungsverteilung in dem Netzwerk zu gelangen, werden die für jeden Einzelwiderstand ermittelten Ströme und Spannungen überlagert, d.h. man addiert die sich bei den Einzelberechnungen in den Ersatznetzwerken ergebenden Werte unter Beachtung der Vorzeichen.

Für ein Netzwerk mit den Konstantspannungsgeneratoren 1, 2, 3 ist dieses Verfahren durch die Darstellung der Ersatzschaltbilder für 3 Fälle I, II, III in Bild 58 gekennzeichnet, wobei der jeweils wirksame Generator als ausgezogener Kreis eingezeichnet und beziffert ist, während die bei der betrachte-

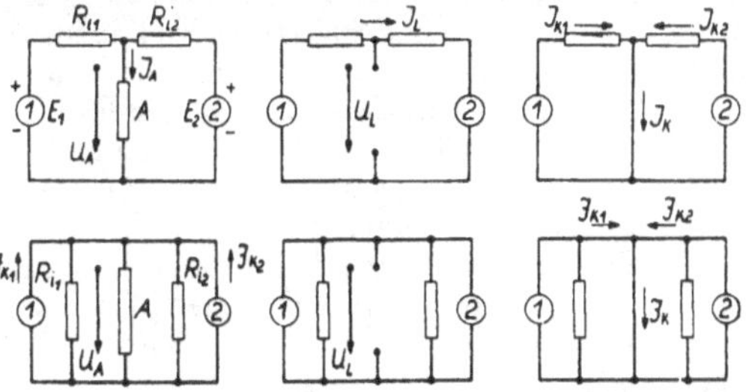

Bild 59. Das Superpositionsgesetz beim passivem Zweipol, Anwendung der Ersatzstromquelle

ten Einzelberechnung unwirksamen Generatoren nur als gestrichelte Kreise angedeutet wurden.

Aus dem Superpositionsgesetz folgt weiterhin die Möglichkeit, ein Netzwerk hinsichtlich der Anschlußpunkte eines Zweipols ersatzweise als eine mit Innenwiderstand behaftete Konstantspannungs- oder Konstantstromquelle zu betrachten. Bild 59 zeigt als Beispiel in der oberen Skizzenreihe links eine Schaltung, bei der der Widerstand A von 2 Generatoren mit den beiden elektromotorischen Kräften E_1 und E_2 und den Innenwiderständen R_{i1} und R_{i2} parallel gespeist wird. Nach Bild 59 oben Mitte bzw. rechts berechnet man die Leerlaufspannung U_L und den Kurzschlußstrom J_K, woraus sich der Ersatzinnenwiderstand R_{iges} der Schaltung bezüglich der Anschlußpunkte von A ergibt:

$$R_{i\,ges} = \frac{U_L}{J_K} = \frac{R_{i1} \cdot R_{i2}}{R_{i1} + R_{i2}}.$$

Der in der Schaltung nach Bild 59 oben links in A fließende Strom J_A und die Spannung U_A errechnen sich dann nach den folgenden Formeln:

$$J_A = \frac{U_L}{A + R_{i\,ges}}\,; \quad U_A = J_A \cdot A = U_L \cdot \frac{A}{A + R_{i\,ges}}\,.$$

In Anwendung der in Abschnitt VII, Seite 111/112 gezeigten Gleichwertigkeit von Konstantspannungs- und Konstantstromgenerator mit gleichem Innenwiderstand läßt sich die in Bild 59 oben links gezeigte Schaltung mit Konstantspannungsquellen äquivalent durch die Schaltung in Bild 59 unten links mit Konstantstromquellen ersetzen. Die erforderlichen Schaltungen zur Bestimmung von U_L und J_K sind in Bild 59 unten Mitte und rechts dargestellt. In diesem speziellen Fall wäre die Berechnung von J_K und U_L gar nicht erforderlich, um dann über den Ersatzinnenwiderstand auf U_A und J_A zu kommen; denn U_A ergibt sich bereits aus dem Produkt des Summenstromes $J_{K1} + J_{K2}$ und dem resultierenden Widerstand, der von den parallel geschalteten Einzelwiderständen R_{i1}, R_{i2} und A gebildet wird.

Selbstverständlich stimmen diese Ergebnisse mit denen überein, die sich bei dem Ansatz mit Konstantspannungsgeneratoren ergaben. Man kann sich leicht davon überzeugen, indem man berücksichtigt, daß $J_{K1} = E_1/R_{i1}$ und $J_{K2} = E_2/R_{i2}$ ist.

Als Ergebnis folgt aus diesen Betrachtungen, daß die für zwei Anschlußpunkte eines in allen Einzelheiten unbekannten und unzugänglichen Netzwerkes charakteristischen Größen U_L, J_K und R_{iges} durch Leerlauf- und Kurzschlußversuch auch meßtechnisch eindeutig bestimmt werden können. Selbstverständlich ist bei der Durchführung praktischer Messungen zu berücksichtigen, inwieweit das Netzwerk den reinen Leerlauf und den satten Kurzschluß technisch ohne Schädigung zu ertragen vermag.

Will man nun die anderen Ströme und Spannungen in dem Netzwerk berechnen, z.B. in Bild 59 oben links J_1 und J_2, wenn Strom und Spannung eines Widerstandes (hier also von A) bekannt sind, so kann man jetzt das Superpositionsprinzip in einer anderen Variante anwenden: Man betrachtet den Widerstand mit den bekannten Daten (A) als einen Generator, der im Sinne des Superpositionsprinzips (während also die beiden Generatoren 1 und 2 unwirksam sind), mit der Spannung $-U_A$ in das Netzwerk den Strom J_A einspeist. Der Strom J_A verzweigt sich dann auf R_{i1} und R_{i2} im umgekehrten Verhältnis der Widerstandswerte. Bei dem weiteren Rechnungsgang, wenn der Widerstand A als Konstantstromgenerator unwirksam ist, muß A aber völlig aus der Schaltung herausgenommen werden, so daß der Fall des Leerlaufs (Bild 59 oben Mitte) entsteht. Um also die von den Generatoren zu liefernden Ströme J_1 und J_2 zu erhalten, überlagert man den bereits ermittelten Leerlaufstrom J_L den oben berechneten Verzweigungsströmen. Dieses Verfahren läßt sich besonders bei nicht abgeglichenen Brückenschaltungen erfolgreich anwenden.

5. Stromeinsteller, Spannungsteiler, Brückenschaltungen

Soll die von einem Konstantspannungsgenerator gelieferte Spannung U einem Verbraucher V elektrischer Energie so zugeführt werden, daß man den eingespeisten Strom J beliebig einstellen kann, dann wird in der Schaltung Bild 60 links *in Reihe* mit dem Verbraucher *ein verstellbarer Wider-*

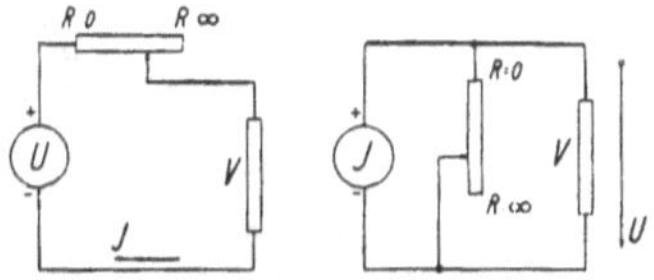

Bild 60. Reihen- und Parallelwiderstand

stand (dargestellt durch einen auf dem Widerstandskörper beliebig verschiebbaren Abnahmekontakt) geschaltet, der zwischen den Werten Unendlich und Null veränderlich sein muß, wenn man für den Verbraucher alle Stromwerte zwischen 0 und $J = \frac{U}{R_V}$ einstellen will. Soll der gleiche Verbraucher aus einer Konstantstromquelle J mit beliebig einstellbarer Spannung zwischen 0 und $U = J \cdot R_V$ gespeist werden, dann legt man, in Bild 60 rechts gezeichnet, einen zwischen Null und Unendlich *veränderlichen Widerstand parallel* zum Verbraucher an die Anschlußpunkte der Stromquelle.

Bei vielen Verbrauchern sind Strom und Spannung einander nicht fest zugeordnet, vielmehr hängt ihr Quotient von äußeren physikalischen Bedingungen (Druck, Temperatur), bei Energieumformern von mechanischen Größen (abgegebenen Drehmomenten, Drehzahlen) oder schließlich willkürlich von Schaltvorgängen (z. B. bei einer Großzahl parallel oder in Reihe betriebenen Einzelverbraucher) ab. Will man einem solchen Verbraucher aus einer Konstantspannungsquelle eine zwischen Null und dem vollen Wert veränderliche Spannung zuführen, dann benutzt man als Kombination von Reihen- und Parallelwiderstand nach Bild 60 die in Bild 61 dargestellte Schaltung des sogenannten *Spannungsteilers* (Potentiometer). Soll die am Spannungsteiler abgegriffene Spannung unabhängig von dem vom Verbraucher aufgenommenen Strom sein, dann muß man außer dem Innenwiderstand des speisenden Generators vor allem den des Spannungsteilers klein gegenüber dem Verbraucherwiderstand machen. Das hat

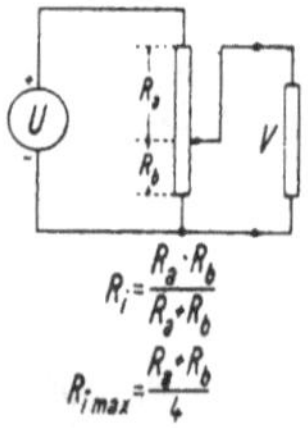

Bild 61. Spannungsteiler

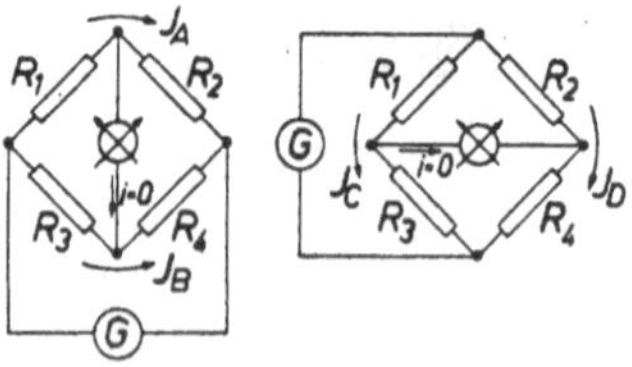

Bild 62. Die Wheatstonesche Brücke

zur Folge, daß in dem Spannungsteiler selbst eine im Verhältnis zum Verbraucher hohe Leistung umgesetzt wird. Die Formel für den Ersatzinnenwiderstand R_i der Schaltung nach Bild 61 bezüglich der Anschlußpunkte des Verbrauchers V ist für den Fall, daß der Generator U selbst keinen Innenwiderstand besitzt, unter dem Schaltbild angegeben. R_i erreicht seinen Höchstwert $R_{i\,max}$ für die Einstellung $R_a = R_b$.

Als die wichtigsten Grundschaltungen sind in Abschnitt 2 Reihen- und Parallelschaltung behandelt. Bei den praktischen Anwendungen in der Elektrotechnik werden sie in den verschiedensten Kombinationen eingesetzt. Eine der wichtigsten

Anordnungen dieser Art ist die von dem Engländer Sir Charles Wheatstone (1802—1875) angegebene *Brückenschaltung*, die in einfachster Form in Bild 62 links dargestellt ist. Vier Widerstände R_1 bis R_4 sind zu einem geschlossenen Viereck zusammengeschaltet, an zwei diagonal gegenüberliegenden Punkten wird diese Brückenschaltung von einem beliebigen Generator gespeist, zwischen den anderen beiden Endpunkten liegt ein Meßinstrument. Ist die Spannung an den Klemmen dieses Meßinstrumentes Null, dann gelten mit den Strömen J_A und J_B über die beiden aus R_1 und R_2 bzw. R_3 und R_4 gebildeten Brückenzweige die Gleichungen:

$$J_A \cdot R_1 = J_B \cdot R_3 \,; \quad J_A \cdot R_2 = J_B \cdot R_4$$

und damit die folgende Proportionalität bzw. Determinante für die 4 Brückenwiderstände:

$$\frac{R_1}{R_2} = \frac{R_3}{R_4} \,; \quad R_1 \cdot R_4 = R_2 \cdot R_3 \,; \quad \begin{vmatrix} R_1 & R_2 \\ R_3 & R_4 \end{vmatrix} = 0.$$

Sind von diesen Widerständen 3 bekannt, dann kann der vierte berechnet werden, sofern die Abgleichbedingung, daß an den Klemmen des Instrumentes keine Spannung liegt, erfüllt ist. In diesem abgeglichenen Zustand können, wie sich aus den mathematischen Ableitungen sofort ergibt und in Bild 62 rechts dargestellt ist, die Anschlüsse für die Brückenspeisung und das Instrument miteinander vertauscht werden, wobei die Brücke abgeglichen bleibt:

$$J_C \cdot R_1 = J_D \cdot R_2 \,; \quad J_C \cdot R_3 = J_D \cdot R_4 \,;$$

$$\frac{R_1}{R_3} = \frac{R_2}{R_4} \,; \quad \begin{vmatrix} R_1 & R_3 \\ R_2 & R_4 \end{vmatrix} = 0.$$

VIII. Physikalische Erscheinungen bei der Stromleitung in Festkörpern und Flüssigkeiten

1. Elektrizitätsleitung in festen Körpern mit Elektronenleitung

Der Mechanismus der Elektronenbewegung im Kristallgitter eines festen Körpers hängt weitgehend von dem Aufbau dieses Kristallgitters ab (Kennzeichen dafür sind die spezifischen Widerstände der Materialien). Die thermischen Bewegungen der Atome und Elektronen und die Abstandsänderungen durch die Ausdehnung der Materialien mit der Temperatur sind aber außerdem von erheblichem Einfluß. Die Abhängigkeit des spezifischen Widerstandes eines metallischen Leiters ϱ von der Temperatur ϑ läßt sich mit guter Annäherung durch die folgende Formel darstellen, wenn für eine Widerstandsbestimmung bei 20° C der Bezugswert ϱ_{20} verwendet wird:

$$\varrho_\vartheta = \varrho_{20} \cdot (1 + \alpha \cdot (\vartheta - 20) + \beta \cdot (\vartheta - 20)^2)\,.$$

Bei den meisten Materialien ist das Glied β mit dem quadratischen Temperatureinfluß innerhalb kleinerer Temperaturbereiche zu vernachlässigen. Nach Bild 63 kann damit der Gang des Widerstandes über der Temperatur durch eine Gerade wiedergegeben werden, die bei einem Temperatur-

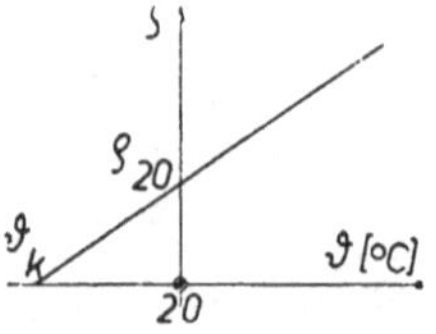

Bild 63. Temperaturgang des Widerstandes (angenähert)

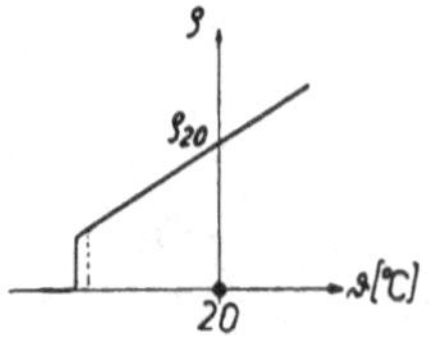

Bild 64. Widerstandsverlauf bei Eintritt von Supraleitung

wert ϑ_K den Widerstandswert Null kennzeichnet. Zur Berechnung beliebiger Widerstandswerte innerhalb der technisch verwendbaren Temperaturgrenzen genügt bei dieser Vereinfachung die Angabe des Temperaturwertes ϑ_K und des Koeffizienten α, der für die meisten metallischen Werkstoffe bei etwa 4‰ je Grad Celsius liegt. In der Tafel III sind spezifische Widerstände und Temperaturkoeffizienten einer Reihe von Metallen und Legierungen, die für technische Widerstände bedeutungsvoll sind, zusammengestellt.

Die Darstellung der Temperaturabhängigkeit des Widerstandes durch eine Gerade ist für Temperaturbereiche außerhalb von etwa ± 200° um den Gefrierpunkt nicht mehr zulässig. Aber auch bei Berücksichtigung des quadratischen Temperaturgliedes werden die Widerstände der Metalle nicht bei den Temperaturen zu Null, die sich durch Extrapolation aus dem Temperaturgang nach der vollständigen Gleichung ausgehend von den Meßwerten bei Zimmertemperatur ergeben. Auch durch Einfügung weiterer höherer Potenzglieder in die Temperaturgleichung lassen sich die tatsächlichen Verhältnisse nicht befriedigend wiedergeben. Bei Temperaturen mehr oder minder nahe dem absoluten Nullpunkt hat die Temperaturkurve des Widerstandes bei einer Reihe von Materialien keinen stetigen Verlauf, sondern es fällt, wie Bild 61 schematisch zeigt, an einem bestimmten Punkt der Widerstand des Leiters plötzlich auf einen nicht mehr meßbaren Wert ab. Dieser Sprungpunkt, bei dem die sogenannte *Supraleitung* eintritt, liegt bei den meisten Metallen im Temperaturbereich zwischen 0° *K* und 10° *K*. Man kann sich den Mechanismus der Supraleitung so vorstellen, daß für gewisse Bereiche des Kristallgitters des Leiters schon oberhalb des absoluten Nullpunktes die Brownsche Bewegung aufhört. In diesem Zustand berühren sich dann die Elektronenschalen der Atome und ermöglichen den Leitungselektronen einen verlustlosen Übergang von Atom zu Atom.

In die Meßschaltungen für elektrische Größen (siehe Abschnitt XIII, Seite 226) gehen Widerstände häufig genauigkeitsbestimmend ein. Hier müssen für den technischen Aufbau dieser Widerstände Materialien verwendet werden, deren Temperaturkoeffizient möglichst klein ist. Die wichtigsten beiden, für derartige Aufgaben geeigneten Legierungen sind *Konstantan* und *Manganin*. Konstantan hat den Vorteil, daß es mit anderen Leiterwerkstoffen, vorzugsweise Kupfer und Messing, durch Weichlötung gut verbunden werden kann. Sein Nachteil ist aber der, daß es gegen Kupfer eine erhebliche *Thermokraft* besitzt (siehe Seite 213 dieses Abschnitts), infolgedessen sollte Konstantan als Widerstandswerkstoff nur in Meßkreisen eingesetzt werden, in denen die Größe der eventuell durch Erwärmung des Gerätes entstehenden Thermokräfte gegenüber den im Kreis wirksamen Spannungen keine nennenswerte Rolle spielt. Die Thermokraft des Manganins gegen Kupfer und Messing ist in allen vorkommenden Fällen vernachlässigbar klein, dafür hat das Material den Nachteil, daß es sich mit Kupfer und Messing nur hart verlöten läßt.

Die bei der Erwärmung von Metallen auftretenden Umwandlungen im Kristallgitter lassen oberhalb dieser Umwandlungspunkte kristallin anders aufgebaute Stoffe in der Strombahn mit demzufolge abweichenden Werten des spezifischen Widerstandes entstehen. Diese Tatsache wird bei schwach kohlenstoffhaltigem Eisen ausgenutzt, wo eine solche Umwandlung beim Übergang von der α- auf die γ-Modifikation bei etwa 720° (Curiepunkt) einsetzt. Die Strom-Spannungs-Kennlinie eines derartigen *Eisenwasserstoffwiderstandes*, bei dem man den Leiter zum Schutz gegen Oxydationsvorgänge und zur Verbesserung der Wärmeableitung in eine Wasserstoff-Atmosphäre bringt, zeigt schematisch das Bild 65.

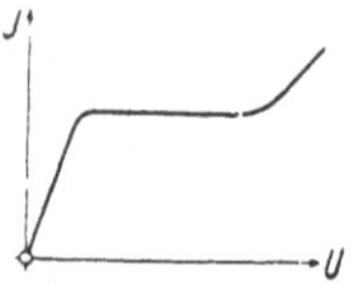

Bild 65. Kennlinie eines Eisenwasserstoffwiderstandes

2. Ionenleitung in Festkörpern

Beim Kohlenstoff und anderen im atomaren Aufbau verwandten Stoffen ist eine Elektrizitätsleitung einmal durch Elektronen möglich, das andere Mal aber auch mit der Bewegung und Wanderung von Ionen verknüpft. Ionen, d. h. Atome oder Atomgruppen mit Ladungen, die nicht über chemische Bindungen ausgeglichen sind, treten insbesondere an Störstellen im Gitter auf, werden aber außerdem vor allem mit steigender Temperatur durch die Zunahme der Wärmebewegung und Dissoziation in zunehmendem Maße verfügbar. Elektrizitätsleitung durch Ionenbewegung in Festkörpern tritt aber besonders auch bei Verbindungen, insbesondere bei Metalloxyden und ähnlichen Stoffen in Erscheinung. Jede Unregelmäßigkeit im kristallinen Gitteraufbau derartiger Systeme bedingt das Vorhandensein mehr oder minder beweglicher Einzelladungen, die dann bei meist hohen spezifischen Widerständen, d. h. einer im ganzen relativ kleinen Zahl und geringen Beweglichkeit der Ladungsträger die Elektrizitätsleitung repräsentieren.

Während der Mechanismus der Elektronenleitung bei den Metallen, wie im vorhergehenden Abschnitt beschrieben, mit steigender Temperatur erschwert wird und damit einen positiven Wert des Temperaturkoeffizienten α des Widerstandes ergibt, wächst bei Ionenleitung durch die zunehmende chemische Dissoziation die Zahl und Beweglichkeit der Ladungsträger mit der Temperatur erheblich. Darüber hinaus werden aber bei steigender Temperatur aus den molekularen Bindungen vor allem auch Elektronen frei, die ihrerseits ohne Massenbewegungen den Elektrizitätstransport bewirken und in diesen, bei niedrigen oder besonders tiefen Temperaturen nichtleitenden Substanzen einen mehr oder minder starken Abfall des spezifischen Widerstandes mit steigender Temperatur, also einen negativen Wert von α auftreten lassen.

Der Kohlenstoff, der heute in sogenannten Schichtwiderständen in großem Umfang als Widerstandswerkstoff benutzt wird (dünne Kohlenstoffschichten auf einem hochwertigen keramischen Isolator als Träger), kann je nach der vorliegenden Modifikation ein mehr oder minder großes Maß von Elektronen- oder Ionenleitung besitzen. Infolgedessen ist auch je nach der durch Herstellungs- und Alterungsprozeß bedingten vorliegenden Modifikation ein positiver oder negativer Temperaturkoeffizient möglich. Andere Werkstoffe, wie beispielsweise Siliziumkarbid, Eisenoxyd, Titanverbindungen besitzen einen sehr starken negativen Temperaturkoeffizienten. Da diese Werkstoffe auch bei hohen Betriebstemperaturen beständig sind, kann die temperaturbedingte Änderung des Widerstandes dieser Materialien in elektrischen Kreisen bewußt ausgenutzt worden, z. B. in den sogenannten *Urdox-Widerständen*, durch deren großen Kaltwiderstand die manchmal recht hohen Einschaltströme von Heizkreisen begrenzt werden, während nach Eintritt der Erwärmung die Verluste in einem solchen Vorwiderstand auf recht geringe Werte zurückgehen. Das Widerstands-Zeit-Verhalten eines solchen Körpers ist in Bild 66 dargestellt.

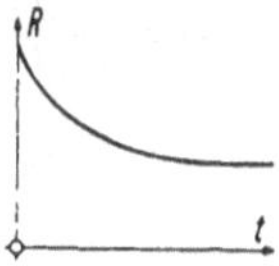

Bild 66. Anheizvorgang eines Urdox-Widerstandes (Heißleiter)

8. Halbleiter, Grenzschichten

Die charakteristischste Form der sogenannten Halbleiter wird durch die Stoffe repräsentiert, die chemisch sehr rein und bei tiefen Temperaturen Isolatoren sind, deren Leitfähigkeit allerdings evtl. schon bei den üblichen Temperaturen durch beweglich gewordene Elektronen aus den Gitterbindungen eine nennenswerte Größe besitzt. Bei den für die technischen Anwendungen besonders wichtigen *Störstellenhalbleitern* kann der Gitteraufbau durch Einbau von minimalen Verunreinigungen so verändert werden, daß die Leitfähigkeit in erheblichen Grenzen variiert wird. Stoffe dieser Art sind auf die Eigentümlichkeiten ihrer Elektrizitätsleitung in den vergangenen Jahren physikalisch und chemisch besonders weitgehend untersucht worden. Die in den Kristallgittern dieser Stoffe auftretenden Leitfähigkeiten sind durch Überschußelektronen oder durch das Fehlen von Elektronen (Defektelektronen) bedingt und damit, wie schon gesagt, entscheidend durch eingebaute minimale Mengen von zusätzlichen Atomen anderer Substanzen bestimmt.

An der Grenze zwischen zwei, hinsichtlich des Leitungsmechanismus voneinander abweichenden Materialien wirken sich die Unterschiede in Beweglichkeit und Zahl der Ladungsträger dadurch aus, daß sich je nach Richtung der Ströme in der Nähe der Grenze Ladungskonzentrationen, d. h. Gebiete mit Raumladungen*) ausbilden. Dadurch entsteht eine Abhängigkeit des Leiterwiderstandes von der Stromrichtung, die man besonders dann *Gleichrichtereffekt* nennt, wenn die Anordnung darauf gezüchtet ist, elektrische Ströme wechselnder Richtung nur in einer Richtung durchzulassen. In besonders entwickelten Bauformen, die sich des *Germaniums* und seiner Eigenschaften bedienen, kann man durch Einführung eines Stromes über eine zusätzliche Hilfselektrode in die Halbleiterbahn die Raumladungen an den Grenzflächen und mit ihnen den im Leiter fließenden Strom steuern. Derartige Anordnungen bezeichnet man als *Transistoren*.

*) siehe auch Abschnitt IX, S. 145

Ein ideal gleichrichtendes System soll den elektrischen Strom in der einen Richtung, z. B. bei positiven Spannungs- und Stromwerten, mit möglichst kleinem Widerstand durchlassen, in der anderen Richtung, bei negativen Werten von Strom und Spannung, möglichst vollkommen sperren. In einem Diagramm der Ströme über den Spannungen nach Bild 67 ist die ideale Kennlinie eines Gleichrichters ein rechter Winkel, in dem für die Flußrichtung die Kennlinie durch die positive Stromachse, für die Sperrichtung durch die negative Spannungsachse gebildet wird. Diesem Ideal kommt die Kennlinie eines Gleichrichterelementes, das Germanium als Halbleiter verwendet, außerordentlich nahe. Stärkere Abweichungen zeigen sich bei der Kennlinie des Selengleichrichters, der in der Flußrichtung erst bei endlichen Spannungswerten durchlässig wird und in der Sperrichtung bei negativen Spannungen einen angenähert exponentiellen Anstieg des Stromes zeigt, den man in diesem Bereich als *Rückstrom* bezeichnet.

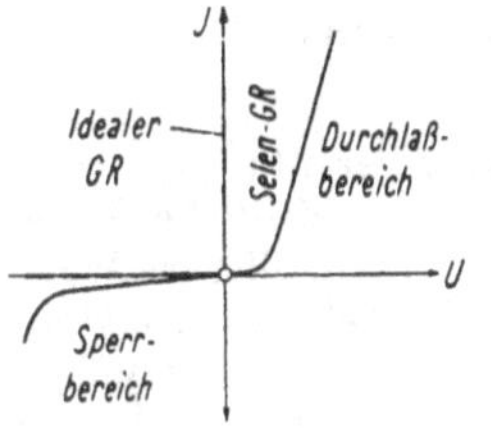

Bild 67. Gleichrichter-Kennlinie

Die Kennlinien dieser Trockengleichrichter können durch geeignete Paarungen des Halbleiters mit seinem Gegenkontakt, durch Formierungsvorgänge an der Grenzschicht usw. in weiten Grenzen verändert werden. Der Sperrmechanismus wird jedoch bei beinahe allen Bauformen durch steigende Temperaturen stark gestört, so daß diese Elemente nur bei Betriebstemperaturen bis in der Regel maximal 70°C benutzt werden können. Um das Verhalten der Elemente zu verdeutlichen, werden meist in den Kennliniendarstellungen, wie z. B. Bild 67 in Fluß- und Sperrichtung verschiedene Maßstäbe für Spannungen und Ströme gewählt. Die Grenzschichten müssen für hohe Betriebsstromstärken mit großen Flächen ausgeführt werden, wozu z. B. Selen in dünner Schicht auf Aluminiumplatten als Träger und Kühlelement aufgebracht wird. Für die Erwärmung ist die Summe der in Fluß- und Sperrichtung auftretenden Verluste an einer solchen Platte maßgebend.

4. Die Thermospannung

Die Beweglichkeit der Elektronen in metallischen Leitern ist nicht nur in einzelnen Stoffen verschieden, auch die Energie der thermischen Bewegung der Elektronen nimmt in verschiedenen Metallen mit steigender Temperatur verschieden stark zu. Verbindet man, z. B. durch Hartlötung, zwei verschiedene metallische Leiter an ihren Enden zu einem sogenannten *Thermoelement*, so wirkt sich eine Temperaturdifferenz an diesen beiden Verbindungsstellen in einer *Thermospannung* aus, die durch Einfügen eines geeigneten Meßgerätes in den einen der beiden Leiter gemessen werden kann. Dieser Effekt wird sehr weitgehend für Temperaturmessungen ausgenutzt. Für einige praktische, besonders gut verwendbare Paarungen von Metallen sind in Tafel X, Seite 252 die Thermospannungen in Abhängigkeit von der Temperaturdifferenz der beiden Lötstellen angegeben.

5. Elektrizitätsleitung in Flüssigkeiten

Flüssigkeiten, bei denen die Atome im einzelnen Molekül sehr fest gebunden sind, wie z. B. reines destilliertes Wasser, Benzol, Xylol, Öle und andere sind recht gute Isolatoren. Beim Wasser vollzieht sich jedoch bereits bei geringfügigen Verunreinigungen eine Aufspaltung eines Teiles der Moleküle in selbständige massebehaftete Ladungsträger. Je nach dem Prozentsatz und der Art der fremden Bestandteile spaltet sich ein mehr oder minder großer Teil der Wassermoleküle (H_2O) in positive H-Ionen (H^+) und negative OH-Ionen (OH^-) auf:

$$H_2O \rightarrow \quad H^+ + OH^-.$$

Säuren, Basen und Salze trennen sich ebenfalls bei der Lösung in Flüssigkeiten, meist dem Wasser, bis zu einem bestimmten Grad in positiv und negativ geladene Molekülgruppen bzw. Atome (Ionen). Diese Erscheinung bezeichnet man als *Dissoziation.*

Wird an zwei geeignete metallische, meist plattenförmige, in die Flüssigkeit tauchende Elektroden eine Spannung angelegt, dann wird dadurch in der Flüssigkeit (*Elektrolyt*) ein elektrisches Feld aufgebaut, das auf die dort befindlichen Ionen elektrische Kräfte ausübt. Die positiv geladenen Ionen, die sogenannten *Kationen*, wandern dann in Richtung auf die negativ geladene Elektrode, die Kathode. Negativ geladene Ionen, *Anionen*, werden durch die Feldkräfte in Richtung zur positiv geladenen Elektrode, zur Anode, getrieben. An den Elektroden selbst erfolgt dann ein Ladungsausgleich zwischen deren Ladungen und denen der Ionen in der Flüssigkeit. Die Bewegung der Ionen ist in der Form zweier Ionenreihen entgegengesetzten Vorzeichens in Bild 68 schematisch dargestellt. Den beschriebenen Vorgang nennt man *Elektrolyse.*

In grundlegenden Versuchen erkannten die englischen Physiker Faraday und Sir Humphry Davy (1778—1829) bei diesem Prozeß die Zuordnung der elektrischen Ladung zur Masse der von den entladenen Ionen, d. h. Atomen bzw. Molekülen repräsentierten Substanz. In der als Grammatom zahlenmäßig gleich dem Atomgewicht in Gramm festgelegten Substanzmenge ist für alle Stoffe die gleiche definierte Anzahl von Atomen enthalten. Für ein Grammatom eines einwertigen, d. h. einfach geladenen Ions wird nach genauen Messungen zur Abscheidung bei einem elektrolytischen Vorgang, wie er oben beschrieben wurde, eine Ladung von 96500 Cb oder As benötigt. Diese Ladung muß aus einer äußeren Quelle einer Anordnung, wie sie schematisch in Bild 68 dargestellt ist, zugeführt werden, wenn ein Grammatom der Ionen an der entsprechenden Elektrode durch Zufuhr einer gleichen Zahl entgegengesetzter elektrischer Ladungen wieder in Atome verwandelt, d. h. elektrisch neutral gemacht wird. Bei n-wertigen Ionen, die entweder von n-wertigen Atomen oder Molekülgruppen gebildet werden, die also n positive oder negative Ladungen tragen, ist die zur Abscheidung eines Grammatoms erforderliche Elektrizitätsmenge n-mal so groß wie bei einwertigen Ionen. Mit der Ladung von 96500 As können also etwa 1 g atomarer Wasserstoff oder (wegen der chemischen Zweiwertigkeit) 16/2 = 8 g Sauerstoff abgeschieden werden.

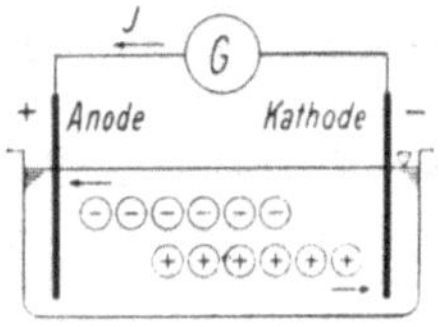

Bild 68. Ionenwanderung im Elektrolyten

Bei sehr vielen elektrolytischen Vorgängen treten an den Elektroden sekundäre Vorgänge auf, da die Ionen nach ihrer Entladung die Substanz in statu nascendi, d. h. in chemisch hochaktiver Form darstellen. Aus den chemischen Formeln, die im folgenden für die Dissoziation der Schwefelsäure und die Ladungsvorgänge an Kathode und Anode angegeben sind, ersieht man sofort, daß in der Lösung der Schwefelsäure in Wasser jene zwar als Ladungsträger fungiert, durch die Sekundäreffekte aber zu einer elektrolytischen Trennung des Wassers in Sauerstoff und Wasserstoff an den Elektroden führt:

1. Dissoziationsvorgang, unabhängig von der Elektrolyse:
   $2\,H_2\,SO_4 + 2\,H_2O \rightarrow 2\,H_2O + 2\,H_2^{++} + 2\,SO_4^{--}$,
2. Elektrolytische Abscheidung an der *Kathode*, die Elektronen abgibt:

   $2\,H_2^{++} \rightarrow 2\,H_2$,
3. Elektrolytische Abscheidung an der *Anode*, die Elektronen aufnimmt:

   $2\,H_2O + 2\,SO_4^{--} \rightarrow 2\,H_2SO_4 + O_2^{--} \rightarrow 2\,H_2SO_4 + O_2$.

Für den Mechanismus der Elektrizitätsleitung in Elektrolyten sind Zahl und Beweglichkeit der beteiligten Ladungsträger bestimmend. Die Leitfähigkeit steigt daher mit der Konzentration der Ionen bildenden Substanzen und deren Dissoziationsgrad. Mit steigender Temperatur nehmen die Dissoziation und über die Wärmebewegung auch die Beweglichkeit zu. Ordnet man dem Elektrolyten einen Ohmschen Widerstand zu, so ist also sein Temperaturkoeffizient negativ.

Der am Beispiel der Schwefelsäure erläuterte Vorgang der wässrigen Elektrolyse vollzieht sich auch in nicht wässerigen Lösungsmitteln und vor allem auch in Schmelzflüssen in vollkommen analoger Art. Auf der Schmelzflußelektrolyse beruht z. B. das Verfahren der Reinherstellung des Aluminiums, dessen Oxyd (Tonerde) in Aluminium- und Sauerstoffionen dissoziiert, von denen die Kationen (Al^{+++}) metallisch abgeschieden werden, während die Anionen (O^{--}) mit der positiven, aus Kohle bestehenden Elektrode reagieren und diese zu Kohlendioxyd verbrennen:

1. Dissoziation: $Al_2O_3 \rightarrow 2\,Al^{+++} + 3\,O^{--}$,
2. Kathode: $2\,Al^{+++} \rightarrow 2\,Al$ metallisch, Abscheidung,
3. Anode (bestehend aus C): $3\,O^{--} \rightarrow 3/2\,O_2$,
   Reaktion $C + O_2 \rightarrow CO_2$, entweicht.

Bei den bisher geschilderten Vorgängen wurde ein Teil der am Bad liegenden Spannung zur Überwindung der Ohmschen Spannungsabfälle in allen Teilen der Strombahn benötigt. Ein anderer Teil leistete im Produkt mit dem Strom die Arbeit, die zur Trennung der Ladungsträger in der dissoziierten Flüssigkeit und zur Abscheidung an den Elektroden erforderlich ist. Bei den folgenden Anordnungen entfällt eine Arbeitsleistung durch die Abscheidungspotentiale, weil die Vorgänge an beiden Elektroden derartige Spannungsdifferenzen in gleicher Größe, aber in entgegengesetzter Richtung liefern. Bestehen beispielsweise in der Darstellung Bild 69 die beiden Elektroden aus Kupfer und der Elektrolyt aus einer wässerigen Lösung von Kupfersulfat, dann werden bei Durchgang des Stromes die Kupferionen an der Kathode entladen und niedergeschlagen, während an der Anode die SO_4-Ionen das Kupfer lösen:

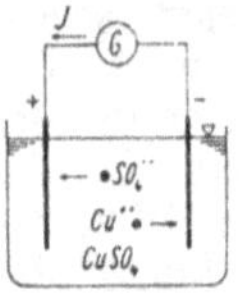

Bild 69. Elektrolyse von Kupfersulfatlösung

1. Dissoziation: $H_2O + CuSO_4 \rightarrow H_2O + Cu^{++} + SO_4^{--}$,
2. Kathode: $Cu^{++} \rightarrow Cu$, metallisch, Abscheidung,
3. Kupferanode: $Cu + SO_4^{--} \rightarrow Cu + SO_4 \rightarrow CuSO_4$ in Lösung.

Dieser Vorgang wird zur elektrolytischen Raffination des Kupfers verwendet. Das im metallurgischen Prozeß gewonnene, aber noch Verunreinigungen enthaltende Kupfer wird als Anode eingeführt und die entstehende Cu-Kathode als sogenanntes *Elektrolytkupfer* hoher Reinheit wegen der damit erzielten guten elektrischen Leitfähigkeit vorzugsweise für die Aufgaben der Elektrotechnik verwendet. In ähnlicher Weise können auf leitenden oder leitend gemachten Körpern als Kathode Kupfer- und auch andere metallische Überzüge niedergeschlagen werden (verkupfern, vernickeln, Galvanostegie). Auch formgetreue Abdrücke von komplizierten Oberflächen (Schallplattenmatrizen, Druckstöcke) lassen sich auf diese Weise herstellen, wenn man durch geeignete Führung des Prozesses dafür sorgt, daß der metallurgische Überzug von der Grundlage wieder mechanisch getrennt werden kann (Galvanoplastik).

6. Elektrolytische Oxydation

Bei der Zersetzung wässeriger Elektrolyte scheidet sich der Sauerstoff an der Anode in statu nascendi, d. h. in chemisch sehr hoch aktiver Form ab. Bei Aluminium, Tantal, Niob, Wolfram entstehen dadurch auf der Elektrode Oxydüberzüge, die hervorragend isolierend und sehr dicht sind. Bei Aluminium und Tantal werden sie als Dielektrikum für Kondensatoren ausgenutzt, deren Beläge aus dem Trägermetall und dem Elektrolyten bestehen. An derartigen *Elektrolytkondensatoren* darf die Spannung nicht umgepolt werden, da dies zu einem Abbau der Oxydschichten führt. An diesen außerordentlich dünnen Schichten herrschen bei Nennspannung Feldstärken von etwa 10^7 V/cm, unter deren Einfluß das Kristallgitter der Oxydschicht in das der Elektrode eindringt. Diesen Prozeß nennt man die Formierung. Die nutzbare Kondensatorfläche derartiger Anordnungen kann durch Ätzung der Oberfläche oder durch entsprechenden mechanischen Aufbau der Trägerelektrode erheblich vergrößert werden.

Mit geeigneten Elektrolyten und entsprechenden Bedingungen beim Formierungsvorgang kann die Oxydschicht bis zu erheblichen Dicken gesteigert und in gewissem Umfang porös gemacht werden, so daß sie Farbstoffe als Träger hervorragend annimmt (Eloxalverfahren zur Oberflächenveredlung).

7. Galvanische Elemente

Der Stoffabscheidung durch Ionenentladung an den Elektroden entspricht als umgekehrter Vorgang die Lösung des Elektrodenstoffes in einem Elektrolyten definierter Konzentration. Je nach der verwendeten Paarung Elektrolyt-Elektrodenmaterial und nach dem von der Ionenkonzentration abhängigen Lösungsbestreben (Lösungsdruck) der Elektrode nimmt diese gegenüber dem Elektrolyten eine Spannung an. In der Tafel XI, S. 253 sind die Potentiale einer Reihe von Substanzen gegen eine Normalelektrode von Wasserstoff in einer Lösung mit einem Mol Wasserstoffionen je Liter angegeben.

Die auf die Entdeckungen und Arbeiten des italienischen Physikers Luigi Galvani (1737—1798) zurückgehenden chemischen Stromerzeuger werden auch *Primärelemente* genannt. Von der großen Zahl der auf Grund der Potentialreihe möglichen Paarungen für die beiden Elektroden ist nur eine beschränkte Zahl verwendbar, da ein für beide Elektrodenmaterialien geeigneter Elektrolyt vorzusehen ist. Außerdem muß darauf Rücksicht genommen werden, daß dieser, wenn kein Strom im Außenkreis fließt, die Elektroden möglichst wenig angreift, dabei aber gut leitend sein soll. Weiterhin dürfen aber die an den Elektroden entstehenden Umsetzungsprodukte keinesfalls durch zusätzliche Effekte, wie z. B. durch Bildung von Gasschichten die gebildete Spannungskette stören. Die beim chemischen Lösungsvorgang einer der beiden Elektroden frei werdende Energie tritt je nach dem Maß der praktischen Erfüllung dieser theoretischen Forderungen ganz oder teilweise als die dem äußeren Stromkreis zugeführte elektrische Arbeit in Erscheinung.

Nach diesen Grundsätzen aufgebaute Primärelemente werden mit einem, teilweise aber auch mit zwei durch verschiedenes spezifisches Gewicht oder ein Diaphragma (poröse Scheidewand) getrennten Elektrolyten ausgeführt.

a) Das Léclanché-Element hat Elektroden aus Kohle und Zink und Chlorammonium (Salmiak, NH_4Cl) in wässeriger

Lösung als Elektrolyt, der dissoziiert zu den folgenden Reaktionen an den Elektroden führt:

1. Dissoziation: $H_2O + NH_4Cl \rightarrow H_2O + NH_4^+ + Cl^-$,
2. Kathode $Zn + 2\,Cl^- \rightarrow ZnCl_2$,
3. Anode $2\,(NH_4^+) \rightarrow 2\,NH_3 + H_2$,
   Reaktion $H_2 + MnO_2 \rightarrow H_2O + MnO$.

Die Bewegungsrichtung der Ionen zu den Polen der Anordnung ist im Element als Generator gegenüber den Vorgängen in der von einer äußeren Stromquelle gespeisten elektrolytischen Zelle umgekehrt. Da sich die Elektrodenbezeichnungen (Anode, Kathode) auf die Polarität beziehen, bewegen sich im elektrochemischen Element die negativ geladenen Ionen zur Kathode, die positiv geladenen zur Anode. Im Léclanché-Element geht bei der Entladung an der Kathode das Zink in einer „chemischen Verbrennung" zu Zinkchlorid in Lösung und liefert dabei im wesentlichen die elektrische Energie. An der Anode geht das Komplex-Ion in Ammoniak und Wasserstoff über. Durch die Belegung der Kohleelektrode mit dem entstehenden Wasserstoff (Polarisation) würde nach kurzer Zeit ein Element mit Wasserstoff und Zink als Elektroden auftauchen, von denen die erste nichtleitend ist. Der Wasserstoff muß daher von Braunstein (MnO_2), das die Kohleelektrode in einem Beutel umgibt, aufgenommen werden.

b) Daniell- und Krüger-Elemente benutzen Zink und Kupfer als Elektroden und deren Sulfate als Elektrolyten, die im Daniell-Element durch ein Diaphragma, im Krüger-Element durch verschiedenes spezifisches Gewicht getrennt gehalten werden. Die Zinkelektrode geht als Zinksulfat in Lösung, an der Kupferelektrode wird aus der gesättigten Kupfersulfatlösung Kupfer abgeschieden.

c) Das Weston-Normalelement, genannt nach dem amerikanischen Physiker Edward Weston (geb. 1850), ist ein ziemlich kompliziert aufgebautes Element, das auf höchste Konstanz der Klemmenspannung gezüchtet und international als Spannungsnormal anerkannt ist. Dem Weston-Element dürfen aber nur ganz geringe Ströme entnommen werden, damit seine Spannungskonstanz auch über Jahre hinaus gewahrt bleibt. Seine Leerlaufspannung ist etwa 1 V und ändert sich, wie in der Tafel VIII, S. 251 gezeigt, im Temperaturbereich zwischen 10 und 24° C nur um Bruchteile eines mV.

8. Sekundärelemente (Akkumulatoren)

Bei den sogenannten Sekundärelementen verlaufen die meisten Vorgänge an den Elektroden und im Elektrolyten in dem Sinne reversibel, daß bei Einleitung eines Stromes von außen gegen die Spannung zwischen den Elektroden diese so verändert werden, daß sie ein galvanisches Element bilden, das bei Anschluß eines Verbrauchers an die Klemmen wiederum Strom nach außen abzugeben vermag. Die bei der Ladung einem solchen Akkumulator elektrisch zugeführte Arbeit wird in Form chemischer Energie gespeichert und bei der Entladung wieder abgegeben. Da die einzelne Zelle dabei nur Spannungen von etwa 2,0 bzw. 1,3 V zu liefern vermag, müssen für höhere geforderte Spannungen durch Reihenschaltung mehrere Zellen zu Batterien zusammengestellt werden. Zahl und Größe der in der einzelnen Zelle parallel geschalteten Elektrodenplatten bestimmen die beim Lade- bzw. Entladevorgang maximal zulässige Stromstärke. Die wichtigsten Bauarten von Akkumulatoren sind:

a) Der *Bleiakkumulator*, dessen beide Elektroden im Zustand der Entladung aus $PbSO_4$ als aktivem Material und dessen Elektrolyt aus verdünnter Schwefelsäure bestehen. Bei der Ladung wird die negative Elektrode zu Blei reduziert, die positive in Bleioxyd verwandelt. Bei der Entladung vollziehen sich die umgekehrten Vorgänge. Wie aus der folgenden zusammenfassenden Gleichung zu ersehen ist, nimmt bei der Ladung die Säurekonzentration zu:

$$\underset{(+\text{-Pol})}{PbO_2} + \underset{(-\text{-Pol})}{Pb} + 2\,H_2SO_4 \;\underset{\text{Entladung}}{\overset{\text{Ladung}}{\rightleftarrows}}\; \underset{(+\text{-Pol})}{PbSO_4} + \underset{(-\text{-Pol})}{PbSO_4} + 2\,H_2O$$

b) Der *Nickel-Eisen-Akkumulator*, von Thomas Edison (1847 bis 1931) erfunden, benutzt Kalilauge als Elektrolyt und Elektroden aus Nickel- und Eisenhydroxyd im entladenen Zustand, aus Eisen und Nickeloxyd im geladenen Zustand:

$$\underset{\text{(+-Pol) (--Pol)}}{Ni_2O_3 + Fe + 3\,H_2O} \underset{\text{Entladung}}{\overset{\text{Ladung}}{\rightleftarrows}} \underset{\text{(+-Pol)}}{2\,Ni\,(OH)_2} + \underset{\text{(--Pol)}}{Fe\,(OH)_2}.$$

IX. Die Elektrizitätsleitung im Hochvakuum und in Gasen

1. Voraussetzungen und Grundbegriffe

Ein vollkommen von Gasmolekülen freier Raum, d. h. ein im physikalischen Sinne ideales Hochvakuum, läßt sich technisch nicht herstellen. Im Inneren eines soweit irgend möglich evakuierten Gefäßes, das zur galvanischen Zuführung elektrischer Ströme und Spannungen mit zwei plattenförmigen Elektroden nach Bild 70 versehen ist, existiert also immer noch eine große Zahl von Restmolekülen. Trotzdem kann man z. B. den zwischen den Elektroden befindlichen Raum als frei von Gasmolekülen ansprechen, wenn ein über diese Strecke bewegtes, elektrisch geladenes oder ungeladenes Gasteilchen oder ein Elektron mit großer Wahrscheinlichkeit auf diesem Wege mit keinem Gasmolekül zusammentrifft. Der Reziprokwert der Wahrscheinlichkeit für einen Zusammenstoß zwischen einem über die betrachtete Strecke bewegten Teilchen und den Restmolekülen des Füllgases ergibt die *mittlere freie Weglänge* und definiert damit die Entfernung, die im Mittel zwischen zwei Zusammenstößen liegt, wenn sich ein Testkörperchen über eine beliebig lange Strecke in dem betrachteten evakuierten Raum bewegt. Die mittlere freie Weglänge ist in allen Gasen dem absoluten Druck umgekehrt proportional. In einem evakuierten Gefäß kann man von Hochvakuum sprechen, wenn die mittlere freie Weglänge groß gegenüber den Dimensionen des betrach-

Bild 70. Entladungsstrecke mit Elektroden

teten Raumes oder den Wegen von Elektronen, Gasatomen oder Gasmolekülen ist.

Für das Zustandekommen eines Stromes zwischen den beiden Elektroden A (Anode, Pluspol der in das Gefäß einspeisenden äußeren Stromquelle) und *K* (Kathode, Minuspol) in einer Anordnung nach Bild 70 muß sich an einer der beiden Elektroden einer der folgenden Vorgänge abspielen können:

a) Positive Ladungen, also Ionen, müßten aus der Anode austreten können. Sie würden aber nach der Entladung an der Kathode neutrale Atome bilden und damit den Raum mit einem Gas füllen oder zumindest einen nennswerten Dampfdruck der nach der Entladung durch sie gebildeten Substanz entstehen lassen. Ein solcher Mechanismus scheidet also für die Betrachtungen bei Hochvakuum grundsätzlich aus.

b) Aus der meist metallischen Kathodenoberfläche müssen die dort als negative Ladungen vorhandenen Elektronen austreten können. Dazu müssen die recht erheblichen Bindungskräfte der Elektronen an den Gitterverband des Metalls überwunden werden, die die positiven Ladungen der Gesamtheit der benachbarten Atomkerne auf das austretende Elektron ausüben.

Der Austritt von Elektronen aus einer Metalloberfläche wird *Emission* genannt und kann bewerkstelligt werden:

1. Durch Bereitstellung einer hohen thermischen Energie im gesamten Molekülverband der Kathode. Die einzelnen Energien bzw. Geschwindigkeiten der Elektronen im Kathodenmaterial sind dann über alle möglichen Werte nach einer Wahrscheinlichkeitskurve verteilt. Für einen damit berechenbaren Anteil ist der Energieinhalt des einzelnen Elektrons so hoch, daß es den Kathodenverband verlassen kann. Dieser Vorgang wird *Glühemission* oder *Thermoemission* genannt.
2. Durch Übertragung einzelner Quanten hohen Energieniveaus, wie sie in der Strahlung des Lichtes, insbesondere im ultravioletten Gebiet oder im Gebiet der Röntgenstrahlen und in Partikelchen des Atomzerfalls und der Höhenstrahlung gegeben sind. Zur Erzielung dieses *Foto-*

emission genannten Effektes wird die für die Emission der Elektronen erforderliche Austrittsarbeit durch geeigneten Aufbau der Kathodenoberfläche möglichst klein gehalten. An Stelle von Lichtquanten können zur Freisetzung von Elektronen aus derartig ausgebildeten Oberflächen auch andere Elektronen benutzt werden, die man mit entsprechend hoher Geschwindigkeit auf die Emissionsfläche auftreffen läßt. Da in diesem Fall primäre Elektronen zur Freisetzung neuer, sekundärer Elektronen, verwendet werden, nennt man das letztgenannte Verfahren *Sekundäremission.* Ein geeigneter Aufbau der Kathode ist hier besonders wichtig, um eine ausreichende Ausbeute zu erhalten, d. h. sicherzustellen, daß nach der Wahrscheinlichkeitskurve im Mittel ein primäres Elektron mindestens 1, in Sonderfällen bis zu 10 und mehr sekundäre Elektronen auslöst.

3. Gibt man der Kathode eine äußere Gestalt, die bei der zwischen ihr und Anode liegenden Spannung an einigen Stellen extrem hohe Feldstärken entstehen läßt, dann werden Elektronen direkt unter der Wirkung der elektrischen Feldkräfte aus der Metalloberfläche der Kathode freigesetzt. Dieser Effekt der sogenannten *Feldemission* tritt z. B. bei feinen Spitzen an der Kathodenoberfläche oder auch bei geeigneten Ladungskonfigurationen in nächster Nähe derselben auf.

Für den Vorgang der Glühemission haben die amerikanischen Physiker Owen Williams Richardson (geb. 1879) und Paul Dushman (geb. 1883) eine Gleichung abgeleitet, die die maximale Emissionsstromdichte (Sättigungsstromdichte) i in A je cm² Kathodenoberfläche in Abhängigkeit von der absoluten Temperatur T und der sogenannten *Austrittsarbeit* ψ der Elektronen aus der Kathodenoberfläche angibt *(Sättigungsstromgesetz):*

$$i = A^* \cdot T^2 \cdot \varepsilon^{-\frac{e \cdot \psi}{k \cdot T}} \; [\mathrm{A/cm^2}].$$

Die Konstante A^* hat dabei für metallisch reine Oberflächen einen Wert von 60 $\mathrm{A \cdot cm^{-2} \cdot (^\circ K)^{-2}}$ der insbesondere durch filmartige Bedeckungen des Kathodenmetalls mit Fremdbestandteilen bis auf Werte von 10^{-3} A · cm^{-2} · $(°K)^{-2}$ abfallen kann (Kathodenvergiftung). T ist die absolute Temperatur in °K; mit ε wird hier wieder die Basis der natürlichen Logarithmen bezeichnet. Im Exponenten zu ε bedeutet e die Ladung des Elektrons von 1,59 · 10^{-19} As und k die Boltzmannsche Konstante von 1,37 · 10^{-23} Ws/°K. Die Austrittsarbeit ψ drückt dabei in Volt die Spannung aus, die multipliziert mit der Ladung e des Elektrons die Energie (Dimension Ws) kennzeichnet, die diesem als Ladungsträger längs einer beliebigen Bahn zwischen zwei Punkten mit der Potentialdifferenz ψ zugeführt werden müßte (hier jedoch thermisch zur Verfügung gestellt wird), damit das Elektron die Metalloberfläche verlassen kann. Zahlen für die Austrittsarbeit aus verschiedenen Grundmetallen und aus einigen wichtigen Bauformen solcher Glühkathoden sind in der Tafel XII, S. 253 angegeben.

Die Emissionsfähigkeit der Kathode ist eine Voraussetzung für einen elektrischen Strom in einer Hochvakuumstrecke. Die Größe des Stromes zwischen einer emissionsfähigen Kathode und einer Anode wird bestimmt durch die Bewegungsgesetze der Elektronen, auf die das durch die räumliche Elektrodenanordnung und die Spannung zwischen Anode und Kathode (Anodenspannung) gegebene elektrische Feld genau so wirkt wie die Gravitationskräfte auf einen massebehafteten Körper. Gegenüber dem Mechanismus der Stromleitung in Festkörpern oder Flüssigkeiten besteht aber ein entscheidender Unterschied darin, daß sich in dem betrachteten Raum der elektrischen Strömung zwischen Anode und Kathode nur Ladungsträger einer Polarität befinden, während z. B. im Metall zwischen den wandernden Elektronen auch die positiven Ladungen der Kerne wirksam sind. Bei der Hochvakuumentladung ist das zwischen Anode und Kathode befindliche Gebiet durch die wandernden Elektronen von einer negativen *Raumladung* erfüllt, die die Feldverteilung gegenüber dem Zustand ohne die Anwesenheit der Raumladungswolke entscheidend verändert. Die von der Anode angezogenen Elektronen stehen in deren Nähe unter dem direkten Einfluß der Ladungen der Elektrode, während bei weiter entfernten Elektronen die Feldwirkung der Anode durch die dazwischen liegenden negativen Raumladungsschichten abgeschirmt wird. Von Walter Schottky, (geb. 1886) ist das Gesetz der Stromdichte i je cm^2 Querschnittsfläche senkrecht zur Strömungsrichtung in Abhängigkeit von der Spannung U zwischen zwei als planparallele Flächen ausgebildeten Elektroden im Abstand d für einen solchen mit Raumladungen erfüllten Bereich wie folgt berechnet worden (*Raumladungsgesetz*):

$$i = 2{,}33 \cdot \frac{U^{3/2}}{d^2} \cdot 10^{-10} \left[\frac{\mathrm{A}}{\mathrm{cm}^2}\right].$$

Diesem Gesetz gehorcht die Anordnung so lange, als der durch die Raumladung bedingte Strom kleiner als die Emissionsfähigkeit (Sättigungsstrom) der Kathode ist. Die Elektronen erreichen unter der Wirkung der anliegenden Spannung U eine Geschwindigkeit v, da sich die elektrisch zugeführte Arbeit $e \cdot U$ in kinetische Energie $\frac{m}{2} \cdot v^2$ umsetzt:

$$v = 594 \cdot \sqrt{U} \left[\frac{\mathrm{km}}{\mathrm{sek}}\right].$$

Diese Gesetzmäßigkeit gilt aber nur, solange die nach der Relativitätstheorie zu erwartenden Änderungen der Elektronenmasse vernachlässigbar klein sind, d. h. solange die Elektronengeschwindigkeiten sich noch nicht der Lichtgeschwindigkeit nähern. Die Elektronen setzen beim Auftreffen auf die Anode ihre Energie zum größten Teil in Wärme und zu einem sehr kleinen Teil in Röntgenstrahlen um.

2. Bauformen und Eigenschaften von Hochvakuumröhren

In den praktischen Ausführungen der Röhren, die die Eigenschaften der Stromleitung im Hochvakuum ausnutzen, wird die Elektronenemission meist mit einer elektrisch beheizten Kathode bewerkstelligt. Der vom Heizstrom durchflossene Leiter kann dabei gleichzeitig emittierende Kathode (direkte Heizung) oder von dieser elektrisch isoliert, aber thermisch gut leitend mit der Emissionsfläche verbunden sein (indirekt geheizte Kathode). Das symbolische Schaltbild einer Röhre mit einer Anode und einer direkt geheizten Kathode zeigt Bild 71 links. Nach der Zahl der bei dieser Anordnung an der Hochvakuumentladung beteiligten Elektroden (Anode und Kathode) bezeichnet man diese Röhre als *Diode* (Zweielektrodenröhre). Ihr elektrisches Verhalten wird durch die in Bild 71 rechts neben dem Schaltbild dargestellte Kennlinie beschrieben, die im wesentlichen das Verhalten eines Gleichrichters darstellt, der durch einen Rückstrom Null und durch das $U^{3/2}$-Gesetz für Strom und Spannung in der Flußrichtung gekennzeichnet ist.

Die beiden Physiker Robert von Lieben (1878—1913) und Lee de Forest (geb. 1873) haben, unabhängig voneinander,

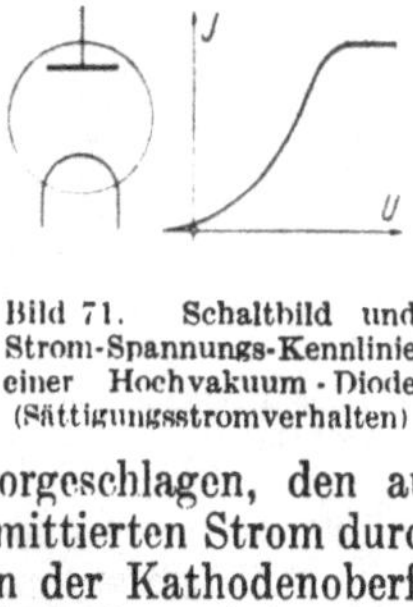

Bild 71. Schaltbild und Strom-Spannungs-Kennlinie einer Hochvakuum-Diode (Sättigungsstromverhalten)

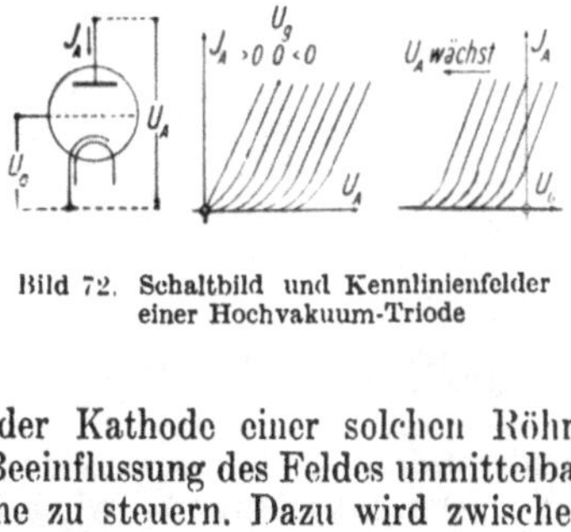

Bild 72. Schaltbild und Kennlinienfelder einer Hochvakuum-Triode

vorgeschlagen, den aus der Kathode einer solchen Röhre emittierten Strom durch Beeinflussung des Feldes unmittelbar an der Kathodenoberfläche zu steuern. Dazu wird zwischen Kathode und Anode ein metallisches, nicht emissionsfähiges Netz oder eine große Zahl parallel gespannter elektrisch miteinander verbundener Drähte als sogenanntes *Steuergitter* angebracht. Bereits in geringem Abstand von den Einzeldrähten wirkt diese Anordnung mit den ihr aufgedrückten Ladungen wie eine Äquipotentialfläche, die z. B. bei negativer Spannung gegen die Kathode den Austritt von Elektronen aus dieser auf der ganzen Oberfläche weitgehend unterbinden kann. Reicht dagegen die Aufladung der Gitterstäbe, besonders auch gegen hohe positive Spannungen an der Anode nicht dazu aus, den Strom zu sperren, dann kann die Mehrzahl der

Elektronen zwischen den Gitterdrähten zur Anode durchtreten, nur eine sehr kleine Zahl strömt in das Gittersystem als Elektrode ein. Dieser Gitterstrom wird allerdings sofort wesentlich größer, wenn die Gitterstäbe bei positiver Ladung die Elektronen direkt anziehen.

Diese durch die 3 auf die Hochvakuumentladung einwirkenden Elektroden (Kathode, Gitter, Anode) gekennzeichnete Röhrenbauform der sogenannten *Triode* wird heute als Verstärkerröhre in außerordentlich großem Umfang eingesetzt. Ihr Verhalten, zu dessen Kennzeichnung im Schaltbild in Bild 72 links, die gegen die hier indirekt geheizte Kathode gemessenen Spannungen von Gitter U_G und von Anode U_A eingetragen sind, wird entweder durch ein Diagramm der

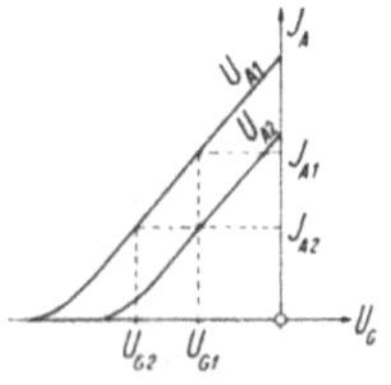

Bild 73. Steuerkennlinienfeld der Triode, Ausschnitt

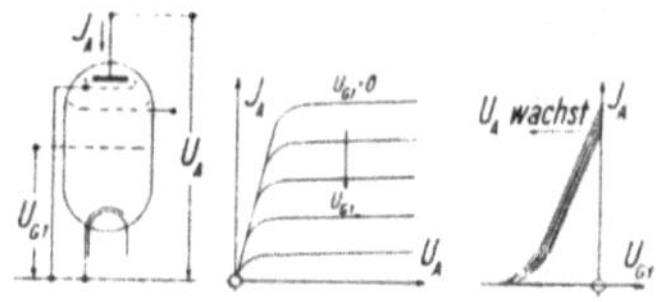

Bild 74. Schaltbild und Kennlinienfelder einer Pentode

Anodenströme J_A über den Anodenspannungen für verschiedene Gitterspannungswerte, wie in Bild 72, Mitte gezeichnet, dargestellt oder als sogenanntes Steuerkennlinienfeld durch Auftragung des Anodenstromes in Abhängigkeit von der Gitterspannung für definierte Werte der Anodenspannung beschrieben (Bild 72 rechts). Bei der praktischen Verwendung dieser Röhren strebt man dabei aus den bereits erläuterten Gründen ein Arbeiten mit negativen Gitterspannungswerten gegenüber Kathode an, da dann wegen des Fehlens von Gitterströmen von oder zu der Kathode die Steuerung des Anodenstromes allein mit den minimalen Ladungen erfolgt, die zur Aufladung des Gitters auf die gewünschte Spannung notwendig sind. In den praktischen Bauformen derartiger

Röhren sind die 3 Elektroden meist in Form konzentrischer Zylinder angeordnet.

Aus dem Steuerkennlinienfeld für die Triode Bild 72 rechts, das in Bild 73 im Ausschnitt vergrößert dargestellt ist, können 3 für die Arbeitsweise der Röhre kennzeichnende Größen als Differenzenquotienten direkt entnommen werden, die sich in analoger Form auch für Mehrgitterröhren entwickeln lassen.

1. Als *Durchgriff D* bezeichnet man das Verhältnis der negativen Gitterspannungsänderung zur positiven Anodenspannungsänderung, die für konstanten Anodenstrom, d. h. im Diagramm an zwei übereinander liegenden Punkten einander zugeordnet sind. Der Durchgriff, meist ausgedrückt in Prozent, gibt an, wie groß eine Gitterspannungsänderung sein muß, um bei konstantem Anodenstrom den Einfluß einer Anodenspannungsänderung auszugleichen. Beide Änderungen haben dabei entgegengesetztes Vorzeichen.
2. Die *Steilheit S* nennt man das Verhältnis der Anodenstromänderung zur Gitterspannungsänderung bei konstanter Anodenspannung. Die Steilheit ist durch die Neigung der Kennlinien im Diagramm der Anodenströme über den Gitterspannungen bei konstanter Anodenspannung gekennzeichnet.
3. Der *innere Widerstand R_i* ist das Verhältnis von Anodenspannungs- zu Anodenstromänderung bei konstanter Gitterspannung.

Das Produkt dieser 3 Kenngrößen ergibt, wie die geometrische Darstellung in dem Kennlinienfeld Bild 73 zeigt, den Wert 1. Die mathematischen Formeln für die Definitionen der Kenngrößen D, S und R_i lauten:

$$D = \frac{-(U_{G2} - U_{G1})}{U_{A1} - U_{A2}} = \left(\frac{\partial U_G}{\partial U_A}\right)_{I_A = \text{konst}}$$

$$S = \frac{I_{A1} - I_{A2}}{-(U_{G2} - U_{G1})} = \left(\frac{\partial I_A}{\partial U_G}\right)_{U_A = \text{konst}}$$

$$R_i = \frac{U_{A1} - U_{A2}}{I_{A1} - I_{A2}} = \left(\frac{\partial U_A}{\partial I_A}\right)_{U_G = \text{konst}}$$

Die technische Bedeutung der Hochvakuum-Triode liegt zunächst in den außerordentlichen Verstärkungswerten, die als die Verhältnisse der Strom-, Spannungs- oder Leistungsänderungen im Ausgang, d. h. im Anodenkreis zu den hierfür erforderlichen Strom-, Spannungs- oder Leistungsänderungen im Gitterkreis definiert sind. (Strom-, Spannungs- oder Leistungsverstärkung). Da weiterhin am Mechanismus in der Röhre nur die Elektronen als die leichtesten, uns bekannten Teilchen und diese allein als Träger des elektrischen Stromes beteiligt sind, erfolgen die Steuereinflüsse in der Röhre außerordentlich schnell, der Verstärker ist praktisch trägheitsfrei. Ein Nachteil der Dreielektrodenröhre liegt in der Tatsache begründet, daß von außen gesehen die Entladung zwischen Anode und Kathode mit einem hohen Ohmschen Widerstand behaftet ist, der sich überdies durch den Eingriff des Gitters in weiten Grenzen ändert, so daß immer in der Röhre ein erheblicher innerer Leistungsverlust auftritt, der im wesentlichen als Wärme von der Anode abgeführt werden muß.

Neben der Triode werden auch in großem Umfang Röhrensysteme mit mehreren Gittern verwendet, die dann bei 2 Gittern Tetroden und bei 3 Gittern *Pentoden* genannt werden. Für die letztgenannte Type sind Schaltbild und Kennlinienfelder in Bild 74 aufgezeichnet. Röhrenanordnungen mit mehreren Gittern können benutzt werden, um unabhängig voneinander verschiedene steuernde Spannungen auf den Entladungsstrom wirken zu lassen. In den Schaltungen, in denen die Pentode meist verwendet wird und bei denen man dem vor der Anode liegenden Gitter ein definiertes Potential aufdrückt, wird erreicht, daß die Rückwirkungen der Spannungsänderungen an der Anode gegenüber der Kathode weitgehend ausgeschaltet werden. Der innere Widerstand R_i wird damit sehr hoch. Da dieses Gitter die Rückwirkungen durch die Potentialänderungen der Anode abschirmt, wird es auch *Schirmgitter* genannt.

3. Der Mechanismus der Elektrizitätsleitung in Gasen

Die verschiedenen Formen des Emissionsmechanismus an der Kathodenoberfläche werden durch die Anwesenheit von Gasmolekülen in der Bahn der Entladung grundsätzlich nicht entscheidend gestört, sofern nicht das Gas selbst in physikalische oder chemische Wechselwirkungen mit der Kathode tritt. Für die unter der Wirkung der Anodenspannung von der Kathode wegfliegenden Elektronen treten so lange keine wesentlichen neuen Effekte in Erscheinung, als die mittlere freie Weglänge, die durch den Gasdruck gegeben ist, groß oder zumindest größer als die Strecke zwischen Kathode und Anode ist. Sobald jedoch Zusammenstöße zwischen Elektronen und Atomen oder Molekülen auf dieser Strecke wahrscheinlich werden, entstehen sogenannte *Gasentladungen*. Die folgenden beiden Effekte spielen dabei eine wichtige Rolle:

1. Ein mit einer gewissen kinetischen Energie mit einem neutralen Atom oder Molekül zusammenstoßendes Elektron teilt einen mehr oder minder großen Teil seiner Energie einem Elektron der äußeren Schale des Atoms mit und hebt dieses dadurch auf eine Bahn erhöhten Energieniveaus, die aber nicht stabil ist. Das ursprüngliche Elektron fliegt nach dem Zusammenstoß mit verminderter Geschwindigkeit in geänderter Richtung weiter und wird durch die Feldkräfte erneut beschleunigt. Das im angestoßenen Atom auf eine unstabile Bahn vergrößerten Energieniveaus angehobene Elektron kehrt innerhalb sehr kurzer Zeit auf seine alte Bahn zurück. Die dabei frei werdende Energie wird als Lichtquant mit einer für dieses Atom und den Energiezustand der Bahnen charakteristischen Frequenz als monochromatisches Licht abgestrahlt. Bei einem Zusammenstoß zwischen Elektron und Atom der hier geschilderten Art spricht man von einem *Anregungsvorgang*. Die Spannungen als Maß für die kinetische Energie, die ein Elektron hierfür bei verschiedenen Gasen haben muß, sind in der Tafel XIII, S. 253 für 5 wichtige Gase und Dämpfe zusammengestellt.

2. Liegt die kinetische Energie eines Elektrons oder der Stoßwirkungsgrad beim Zusammentreffen mit einem neutralen Atom höher als beim Anregungsvorgang, dann kann damit einem auf einer Außenschale befindlichen Elektron des Atoms eine so hohe Energie zugeführt werden, daß dieses den Verband seines Atoms vollkommen verläßt. Nach dem Stoß befinden sich in der Umgebung der Stoßstelle dann zwei freie Elektronen und ein Gasion, das die Masse eines Gasatoms und die umgekehrte, d. h. positive Ladung eines Elektrons besitzt. Die Stoßenergie, ausgedrückt in Volt, die ein Elektron für diesen Vorgang haben muß, ist als *Ionisierungsspannung* gleichfalls in Tafel XIII, S. 253 für 5 Gase und Dämpfe angegeben.

Neben diesen beiden wichtigsten Wechselwirkungen zwischen Elektronen und Gasatomen in Gasentladungen gibt es noch eine Reihe anderer Erscheinungen, die von den Energien der beteiligten Partikel und von den zufälligen Stoßbedingungen abhängen. Sie sollen hier aber im einzelnen nicht erörtert werden.

4. Einige Formen und Eigenschaften von Gasentladungsröhren

In einer gasgefüllten Zweielektrodenröhre (*Gasdiode*) vollziehen sich zwischen Kathode und Anode die in Abschnitt 3. beschriebenen Vorgänge. Der Anregungsvorgang tritt durch das für das Gas charakteristische Leuchten optisch in Erscheinung. Im Schaltbild einer solchen Gasentladungsröhre (Bild 75 links), die hier mit indirekt geheizter Kathode dargestellt wurde, wird die Gasfüllung entweder durch Schraffur oder durch einen Punkt neben der Kathode gekennzeichnet. Hinsichtlich der äußeren Kennlinie (Bild 75 rechts) wird bei geeignetem Gasdruck selbst bei erheblichen Strömen die zwischen Anode und Kathode liegende Spannung nur wenig größer als die Ionisierungsspannung. Durch die Ionisierungsvorgänge werden in der Entladungsstrecke in einer gewissen Analogie zu den Verhältnissen im metallischen Leiter positive Ionen geschaffen, deren Dichte unter Umständen die negative Raumladung der Elektronenwolke ausgleicht, ja sie sogar stellenweise in eine positive Raumladung verwandeln kann. In einem solchen

Plasma wandern die Elektronen unter der Wirkung der Feldkräfte in großer Zahl und mit relativ großen mittleren Geschwindigkeiten zur Anode, während die Ionen wegen ihrer sehr viel größeren Masse sich nur langsam zur Kathode bewegen, auf dieser aber insbesondere bei nicht beheizten Kathoden oder bei Feldemission durchaus nennenswerte Energien durch Stoß umsetzen können, weil zwar die Geschwindigkeiten klein sind, die Masse des Einzelpartikelchens aber groß ist.

Die äußere Kennlinie einer solchen Entladung (Anodenstrom über der Anodenspannung) ist in Bild 75 rechts wiedergegeben, wobei im Vergleich zu einer ähnlich aufgebauten Hochvakuumstrecke wesentlich höhere Stromwerte bei kleineren Spannungen auftreten. Bis zum sogenannten *Zündpunkt*, wo sich die Ionisierungsvorgänge nach dem Erreichen genügender Elektronengeschwindigkeiten auszuwirken beginnen, ist die Strom-Spannungs-Kennlinie der einer Hochvakuumentladung sehr ähnlich. Die vor Erreichen des Zündpunktes auftretenden Vorentladungsströme sind sehr klein im Verhältnis zu den Strömen, die nach erfolgter Zündung infolge der Ionisierungsvorgänge fließen. Die Brennspannung ist dann vom Strom nahezu unabhängig und sinkt nur geringfügig mit zunehmendem Strom bis zu einem bestimmten Bereich (fallende Kennlinie), da die Zahl der Ladungsträger und damit die Ionisierungswahrscheinlichkeit größer wird. Die Verluste in einer solchen Gasentladung sind außerordentlich viel kleiner als in einer Hochvakuumstrecke und machen die Gasentladungsröhren daher besonders für die Aufgaben der Starkstromtechnik geeignet.

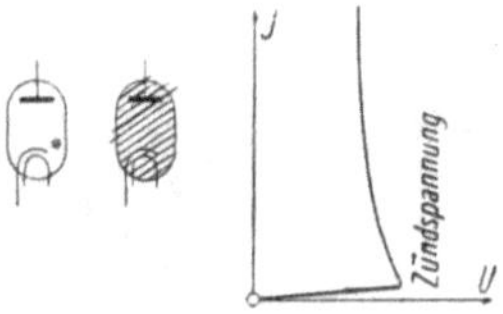

Bild 75. Schaltbilder und Strom-Spannungs-Kennlinie einer Gasdiode

Baut man in einer Entladungsstrecke dieser Art ähnlich zur Hochvakuum-Triode ein Steuergitter ein (*Gastriode*), dann kann man mit einem hohen negativen Potential an diesem den Austritt von Elektronen aus dem Raum um die

Kathode verhindern und damit das Entstehen einer Entladung bei positiver Anodenspannung unmöglich machen (siehe die schematische Darstellung in Bild 76 links). Wird aber nun bei positiver Spannung an der Anode das negative Gitterpotential erniedrigt, so sind schließlich die von der Anode ausgehenden elektrischen Feldkräfte, durch das Gitter durchgreifend, in der Lage, die aus der Kathode austretenden Elektronen zu beschleunigen und auch durch das Gitter durchtreten zu lassen. Im ganzen Entladungsraum baut sich dann innerhalb sehr kurzer Zeit das Plasma auf, und die Spannung zwischen Anode und Kathode sinkt auf den Wert

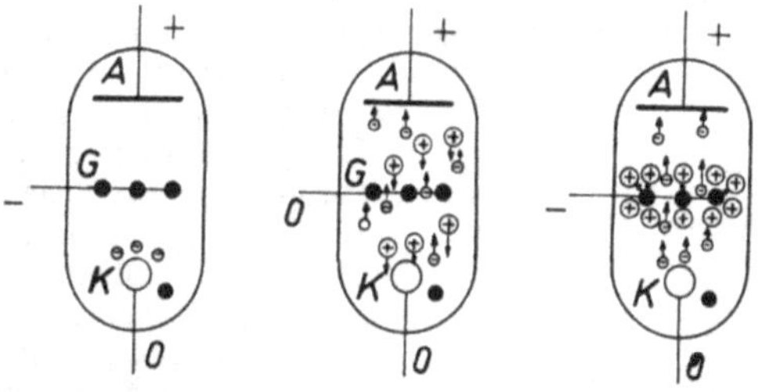

Bild 76. Steuer- und Entladungsvorgänge in der Gastriode

der Brennspannung der Entladung ab (Bild 76 Mitte). Versucht man, in diesem Zustand durch Erhöhung der negativen Spannung am Gitter den zwischen Anode und Kathode fließenden Strom wieder zu verkleinern (wie dies in der Hochvakuumröhre ohne weiteres möglich ist), dann erweist sich jetzt das Gitter als praktisch wirkungslos. Die sich nur langsam bewegenden positiven Ionen in der Entladungsstrecke werden von den einzelnen Stäben des Gitters angezogen und bilden um diese herum positive Raumladungen, die für die dazwischen liegenden Räume die Gitterladung vollkommen abschirmen (Bild 76 rechts). Erst wenn durch irgendwelche äußeren Einflüsse die Entladung zwischen Kathode und Anode erloschen ist, wird das Gitter wieder funktionsfähig. Die Gastriode ist also außer in Sonderfällen nur dazu geeignet, den Einsatz einer Entladung zu steuern.

5. Weitere Formen von Gasentladungen

Gasentladungen lassen sich insbesondere bei Verwendung hoher Spannungen auch in Entladungsstrecken herbeiführen, bei denen die Kathode nicht von sich aus emissionsfähig ist. Bei geeigneten Werten des Gasdrucks und bei passenden Elektrodenformen und -abständen finden bei relativ kleinen Strömen *Glimmentladungen* statt, die im Hauptgebiet des Entladungsraumes zwischen Anode und Kathode einen ganz ähnlichen Stromleitungsmechanismus besitzen, wie er in der Gasdiode besteht. Infolge des Plasmas in diesem Raum wird das Potential der Anode bis kurz vor die Kathode vorgetragen (Kathodenfall), so daß in deren Nähe hohe Feldstärken herrschen, die Anregungs- und Ionisierungsvorgänge bewirken.

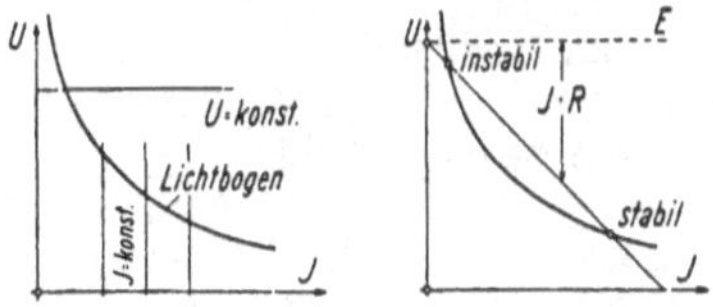

Bild 77. Lichtbogenkennlinien, Konstruktion der Betriebspunkte

Die aus der Entladungsstrecke in diese Gebiete gelangten oder die dort durch Stoßionisation neu gebildeten Teilchen setzen beim Aufprall auf die Kathodenoberfläche aus dieser Elektronen frei.

Wird der Strom in einer derartigen Glimmentladung durch Steigerung der angelegten Spannung (gegebenenfalls kurzzeitig) erheblich vergrößert, dann führt der Energieumsatz an der Kathode zusätzlich zu einer thermischen Emission. Die Glimmentladung schlägt in einen *Lichtbogen* um. Dieser kann bei Unterdruck, bei Atmosphärendruck und in modernen Anordnungen auch unter stark erhöhten Drücken betrieben werden.

Bei den beiden oben beschriebenen Formen von Gasentladungen werden in allen Fällen die für den Entladungsmechanismus erforderlichen Ladungsträger und die für die Ladungsträgerbewegungen entscheidenden Feld- und Temperaturverhältnisse durch den Entladungsvorgang selbst geschaffen. Es ist danach verständlich, daß unterhalb gewisser Stromgrenzen die Stabilitätsbedingungen für den Entladungsmechanismus nicht mehr erfüllt sind, d.h. mit fallendem Strom die an den Elektroden liegende Spannung ansteigt. Diese, in dem fallenden Teil der Entladungskennlinie (Brennspannung in Abhängigkeit vom Strom, Bild 77 links) zum Ausdruck kommende Eigenschaft hat schaltungstechnisch eine Reihe wichtiger Konsequenzen:

a) Aus einer Konstantspannungsquelle, deren Spannung dem Wert $U =$ konstant in Bild 77 links entspricht, kann der Lichtbogen nicht stabil betrieben werden. Links vom Schnittpunkt mit der Spannungsgeraden kommt kein Stromfluß zustande, weil die Bogenspannung höher als die der Quelle ist; rechts von diesem Punkt steigt der Strom immer weiter an, weil mit steigendem Strom die Differenzspannung zwischen Quelle und Bogen im Sinne einer Vergrößerung des Stromes wirkt.

b) An einer Konstantstromquelle, beispielsweise mit dem Strom $J =$ konstant nach Bild 77 links, brennt der Bogen stabil, außer wenn der Stromwert des Generators so klein ist, daß sich die Bogenkennlinie bei dieser Stromstärke bereits der Senkrechten nähert.

c) Bei der normalen Betriebsart eines Lichtbogens wird eine fallende Spannungskennlinie der speisenden Quelle, d. h. ein Generator mit endlichem Innenwiderstand oder praktisch meist ein zusätzlicher Vorwiderstand vor der Entladungsstrecke benutzt. Schneidet die Strom-Spannungs-Charakteristik des Generators, wie in Bild 77 rechts dargestellt, die fallende Kennlinie des Bogens an 2 Punkten, dann ist der obere dieser beiden theoretischen Arbeitspunkte instabil, da links davon der Strom auf Null abfällt, rechts davon bis zum nächsten Schnittpunkt zwischen Generator- und Bogenkennlinie ansteigt.

d) Ein direkter Parallelbetrieb zweier Entladungen mit fallender Kennlinie aus einem gemeinsamen Generator definierten Innenwiderstandes ist stabil nicht möglich, da die geringste Störung der Stromverteilung die Spannung an der einen Strecke bis zum Erlöschen ansteigen, an der anderen bis zur Übernahme des vollen Stromes abfallen läßt.

c) Ein mehr oder minder langes fallendes Kennlinienstück kann mathematisch als ein negativer Widerstand im Kreis gedeutet werden, solange Strom- und Spannungsänderungen auf den betrachteten Kennlinienbereich beschränkt bleiben. Ein solcher negativer Widerstand kann in geeigneten Schaltungen als ein Generator für Wechselspannungen und -ströme verwendet werden.

6. Zündvorgänge

Bei den im vorangegangenen Abschnitt beschriebenen Entladungsformen (Glimmentladung und Lichtbogen) ist der *Mechanismus der Zündung* von entscheidender Bedeutung. In der überwiegenden Zahl aller Fälle werden Zündvorgänge dadurch eingeleitet, daß sich durch Höhenstrahlung, Kernprozesse, Einwirkung von Röntgenstrahlen oder ultraviolettem Licht innerhalb eines größeren Raumes immer ganz unregelmäßig und zufällig verteilt eine kleine Zahl Ionen und freier Elektronen befindet. Außer für Gase gilt dieser Tatbestand auch für isolierende Flüssigkeiten und Festkörper, wobei in den letzteren Störstellen im Gitteraufbau zusätzlich ähnliche Wirkungen hervorbringen. In Gasen und isolierenden Flüssigkeiten lösen diese Ladungsträger beim Anlegen eines starken elektrischen Feldes durch die extremen Beschleunigungen, die auf sie wirken, in fortgesetzter Stoßionisierung eine *Ionisierungslawine* aus. Man bezeichnet einen solchen plötzlichen Aufbau einer Entladungsbahn in einer isolierenden Substanz, der bei Überschreitung eines gewissen Grenzwertes der elektrischen Feldstärke auftritt und meist die bekannte Form eines Funkens besitzt, als elektrischen *Durchschlag*. Der Grenzwert der elektrischen Feldstärke, bei der bei einer Mehrzahl von Proben des gleichen Materials Durchschläge auftreten, wird die elektrische Festigkeit eines Isolierstoffes genannt.*)

*) siehe auch Tafel IV, S. 252

Die für eine anschauliche Beschreibung des elektrischen Durchschlages benutzten Vorgänge der Stoßionisation spielen gegenüber den Gasen bereits bei Flüssigkeiten eine wesentlich verminderte, bei Festkörpern eine sehr untergeordnete Rolle. Sie kommen in den Flüssigkeiten wegen der dort gegebenen geringen mittleren freien Weglängen und in den Festkörpern wegen der festen Bindung der Ionen im Kristallgitter erst zur Wirkung, wenn, meist ausgehend von Punkten überhöhter elektrischer Beanspruchung durch effektive Zerstörung von Molekül- bzw. Gitterbindungen tatsächlich Ionen und Elektronen frei beweglich werden. Der Durchschlagsvorgang setzt sich dann lawinenartig im wesentlichen in Richtung der wirkenden Feldkräfte in bis dahin nicht betroffene Gebiete fort.

Eine äußere Einleitung von Zündprozessen bei Gasentladungen in geschlossenen Gefäßen ist z. B. zum Aufbau einer Glimmentladung oder einer ähnlichen Strombahn häufig dadurch möglich, daß man durch die Wand des Entladungsgefäßes kapazitiv unter Anwendung hoher Frequenzen elektrische Wechselfelder überträgt, die in kleinen Gebieten, insbesondere an den Gefäßrändern, eine erste Ionisierung hervorrufen. Andere Zündprozesse gehen davon aus, daß die Kathodenoberfläche häufig zuerst nur an einzelnen Punkten emissionsfähig gemacht wird, z. B. beim Lichtbogen in Luft dadurch, daß die meist aus Kohle bestehenden Elektroden vorher zur direkten Berührung gebracht und am Berührungspunkt durch Stromwärme bis zur Emissionstemperatur erhitzt werden. Auch bei dem technisch weitgehend verwendeten Lichtbogen in einer verdünnten Quecksilberdampfatmosphäre macht man die flüssige Quecksilberkathode durch einen Berührungskontakt mit einer beweglichen Hilfsanode emissionsfähig, indem man sie zuerst einmal an der Berührungsstelle durch den Strom über den bei der Berührung entstehenden Übergangswiderstand genügend aufheizt. Damit entsteht auf der Quecksilberoberfläche ein *Lichtbogenfußpunkt*, der bei einem Strom von mindestens 3—5 A dauernd auf der Quecksilberoberfläche brennt und diese dort zu einer außerordentlich ergiebigen Elektronenquelle macht. Unter der Wirkung eines gleichzeitig durch den elektrischen Energieumsatz entstehenden Quecksilberdampfstrahles führt der hell leuchtende Fußpunkt auf der Oberfläche des Quecksilbers dauernd schnelle, unregelmäßige Wanderungsbewegungen aus. Die im Fußpunkt auf dünnste Schichten unmittelbar über der Oberfläche zusammengedrängten Vorgänge sind zu einem Teil auch als Feldemission anzusehen.

Von dem amerikanischen Physiker Josef Slepian (geb. 1891) ist für die Erzeugung des Lichtbogenfußpunktes auf der Quecksilberoberfläche ein Verfahren angegeben, das gleichfalls von Feldvorgängen in mikroskopisch kleinen Bereichen Gebrauch macht. In das Quecksilber wird ein Stift aus einem vom Quecksilber nicht benetzbaren Stoff hohen spezifischen Widerstandes eingetaucht, an dem sich die Quecksilberoberfläche zu einem Meniskus ausbildet. Über den Stift als Pluspol wird ein Stromstoß in Richtung zur Quecksilberkathode geleitet, durch den sich an der Eintauchstelle dann ein zuerst mikroskopisch kleiner Kathodenfleck auf dem Quecksilber ausbildet, der bei positiver Spannung an der Anode Fußpunkt für einen Lichtbogen werden kann. Die Funktion dieses, wegen seines Zündvorgangs *Ignitron* genannten Entladungsgefäßes ist der der Gastriode außerordentlich ähnlich. Während dort die dauernd vorhandene Emissionsbereitschaft der Kathode durch das Gitter im Zündmoment für den Aufbau der Entladung freigegeben wird, entsteht im Ignitron durch den Zündvorgang die Emissionsbereitschaft der Kathode durch Bildung eines Lichtbogenfußpunktes.

X. Das Schalten elektrischer Stromkreise

1. Die physikalischen Grundlagen und Grunderscheinungen

In einem aus Generator *G* und Verbraucher *V* bestehenden Stromkreis nach Bild 78 wird als *Schalter S* ein Element bezeichnet, bei dem in der idealen Form je nach der Art des gegebenen Schaltbefehles die vom Strom durchflossene Bahn entweder einen extrem hohen, im Idealfall unendlichen Widerstand oder einen extrem hohen, im Idealfall unendlichen Leitwert besitzt. Der Übergang vom Widerstand Null zum Widerstand Unendlich kann sich dabei zeitlich beliebig vollziehen. Während der Schaltzeit, d. h. während des Übergangs zwischen den Schalterwiderständen Null oder nahe Null und Unendlich oder sehr groß und umgekehrt, tritt bei Gleich- und Wechselstrom im allgemeinen ein Leistungsumsatz auf, da der Strom im Gesamtkreis in jedem Augenblick durch die Summe von Schalter- und Verbraucherwiderstand gegeben ist. Bei Wechselstrom wäre theoretisch der Übergang zwischen den Grenzlagen über Blindwiderstände möglich, jedoch sind solche Bauformen technisch nicht ohne weiteres zu verwirklichen. Sieht man Generator-, Leitungs- und Verbraucherwiderstand als Innenwiderstand der Quelle, den veränderlichen Widerstand am Schalter beim Übergang vom geschlossenen zum geöffneten Zustand als Außenwiderstand der Schaltung an, dann erfolgt der maximale Leistungsumsatz im Schalter bei Widerstandsanpassung (siehe Abschnitt VII, Seite 119), d. h. dann, wenn der Quotient der Spannung durch den Strom am Schalter gleich der Summe der übrigen Widerstände im Kreis ist. Soll die im Schalter beim Schaltvorgang umgesetzte Arbeit möglichst klein sein, dann muß der Zeitraum, in dem eine Widerstandanpassung gegeben ist, möglichst kurz gehalten werden.

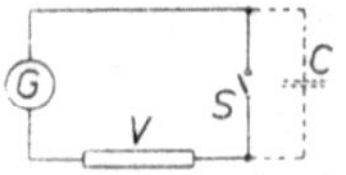

Bild 78. Der Schalter im Stromkreis

Allein ausgehend von den elektrischen Anforderungen an einen Schalter in seinen beiden Endlagen kann man den technischen Aufwand durch den vom geschlossenen Schalter geführten Strom und durch die am geöffneten Schalter liegende Spannung kennzeichnen, deren Produkt in dem einfachen Kreis nach Bild 78 gleich dem Leistungsumsatz im Verbraucher V ist. Wenn auch am Schalter selbst im Idealfall eine Leistung als physikalische Größe nicht auftritt, so spricht man doch zur Kennzeichnung der vom Schalter erfüllten Aufgabe unter Hinzunahme weiterer Festlegungen bei dem Produkt aus zu- oder abgeschaltetem Strom und vorher vorhandener oder danach „wiederkehrender" Spannung von der sogenannten „*Schaltleistung*".

Ein idealer Schalter ist auch bei Gleichstrom und bei Vernachlässigung aller Strom- und Spannungsänderungen im Kreis durch den eigentlichen Schaltvorgang nicht denkbar, weil die vom Strom durchflossenen Schalterelemente immer einen endlichen, wenn auch kleinen Widerstand aufweisen und weil im ausgeschalteten Zustand die Schalterpole über isolierende mechanische Trägerelemente miteinander verbunden sind, die einen hohen, aber doch nur endlichen Widerstand bilden, über den auch bei geöffnetem Schalter ein Leckstrom fließt. Bei Wechselstrom kommen Ströme und Spannungsabfälle hinzu, die durch die Induktivitäten in der Strombahn und die Kapazitäten zwischen den Schalterpolen bedingt sind.

Zum Trennen und Schließen von Stromkreisen werden bei praktisch allen Schalterausführungen punkt- oder flächenförmige Berührungskontakte zwischen meist metallischen, manchmal auch aus Kohle bestehenden Festkörpern hergestellt oder aufgehoben. Zur Erläuterung der physikalischen Vorgänge werden im folgenden der Mechanismus der Stromleitung zwischen 2 unter entsprechendem Auflagedruck liegenden metallischen Kontakten betrachtet und die Übergangsvorgänge erläutert, die auftreten, wenn die Kontaktstücke voneinander abgehoben oder aus einem gewissen Abstand heraus einander genähert, in Berührung gebracht und schließlich aufeinander gepreßt werden.

Zwei aufeinander aufliegende metallische Oberflächen nach Bild 79 links berühren sich auch bei großem Anpreßdruck P nur in einzelnen mehr oder minder großen Flächengebieten. Die im massiven Metall parallel laufenden Stromfäden ziehen sich an diesen Berührungsstellen, wie dargestellt, zusammen. Die Größenordnung der an einem solchen Kontakt liegenden Spannungswerte bei Strömen bis etwa 10^3 A beträgt, wie im Bild 79 angegeben, maximal etliche mV.

Nimmt der Anpreßdruck P der Kontaktstücke ab, dann verkleinern sich, wie in Bild 79 Mitte dargestellt, die einzelnen Berührungsflächen, manche verschwinden. Der Spannungs-

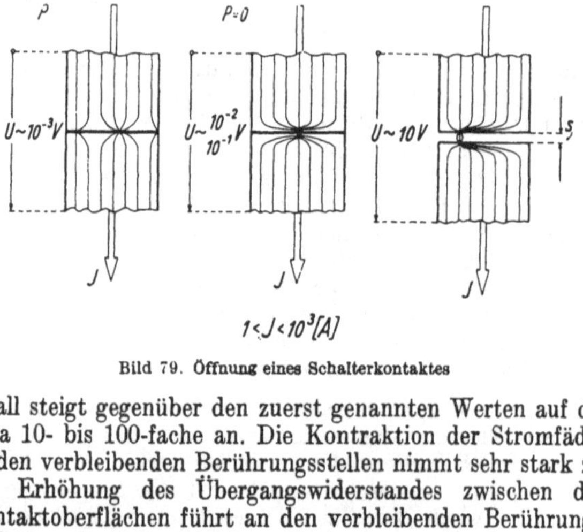

Bild 79. Öffnung eines Schalterkontaktes

abfall steigt gegenüber den zuerst genannten Werten auf das etwa 10- bis 100-fache an. Die Kontraktion der Stromfäden an den verbleibenden Berührungsstellen nimmt sehr stark zu. Die Erhöhung des Übergangswiderstandes zwischen den Kontaktoberflächen führt an den verbleibenden Berührungsstellen zu örtlichen starken Erhitzungen, die Oxydationsvorgänge einleiten oder sogar das Kontaktmaterial zum Schmelzen und damit zum Verschweißen bringen können. Der Kontakt „schmort".

Die beschriebenen Vorgänge bei Abnahme des Kontaktdruckes leiten ein zu den Erscheinungen bei der Kontakttrennung auf den Kontaktabstand s nach Bild 79 rechts.

Kann die Spannung zwischen den Kontakten (sei es durch die im Kreis dauernd wirksamen Spannungsquellen, sei es durch die in Induktivitäten durch die zeitlichen Änderungen des Stromes entstehenden Spannungen), evtl. auch nur für kurze Zeit auf mehr als etwa 10—15 V ansteigen, dann bildet sich bei Stromstärken oberhalb von etwa 0,5 A bei der Trennung der Kontakte ein *Lichtbogen* mit Spannungswerten von 10—15 V bei kleinen Kontaktabständen, die bei großen Lichtbogenlängen bis auf mehrere kV ansteigen können. Der mit dem Minuspol der Spannungsquelle verbundene Kontakt wird Kathode und der Kathodenfleck des Lichtbogens heizt die Kontaktoberfläche bis zum Schmelzen und Verdampfen auf. Auch am Gegenkontakt, der Anode, treten ebenso wie in der Gasstrecke starke Wärme- und Lichtwirkungen auf. Der Strom fließt im Kreis so lange weiter, bis der Lichtbogen auf Grund der gegebenen elektrischen oder physikalischen Bedingungen erlischt.

Ist bei der Trennung der Kontakte die an diesen auftretende Spannung kleiner als etwa 15 V, so kommt es meist nicht zur Bildung eines Lichtbogens. Aber selbst wenn dann an der Schaltstrecke nur geringe Leistungen umgesetzt werden, treten auch bei zu schaltenden Strömen in der Größenordnung von etwa 10^{-3} A an der letzten punktförmigen Berührungsstelle der Kontakte so hohe Stromdichten auf, daß ein Schmelzen des Materials möglich ist. Hierdurch wird unter gewissen Umständen eine *Wanderung des Kontaktmaterials* begünstigt, die bei großen Schalthäufigkeiten an der einen Elektrode kleine grübchenartige Vertiefungen, an der anderen entsprechende kegelförmige Aufsätze entstehen läßt.

Sind die Voraussetzungen für eine Lichtbogenbildung nicht gegeben oder der beim Schalten entstandene Lichtbogen erloschen, dann liegt an den geöffneten Kontakten die Spannung, die sich für die gegebene Schaltung unter Berücksichtigung des zeitlichen Ablaufs der sogenannten Ausgleichsvorgänge aus dem 2. Kirchhoffschen Gesetz ergibt. Berücksichtigt man die in Bild 78 gestrichelt dargestellte Kapazität zwischen den Kontaktelementen und den zugehörigen Zuleitungen oder vergrößert man dieselbe künstlich durch einen parallel geschalteten Kondensator, dann steigt z. B. in einem Gleichstromkreis die Spannung an den Kontakten nur in dem Maße an, wie der durch die Kontakte repräsentierte oder ihnen parallel geschaltete Kondensator über den Verbraucher als Widerstand aufgeladen wird.

Bei allmählicher Annäherung der Kontaktflächen tritt eine Stromführung erst ein, wenn die anliegende Spannung die Gasstrecke zu durchschlagen vermag. Die elektrische Arbeit, die durch die dann entstehende Entladung an den Kontaktoberflächen und in der dazwischenliegenden Gasstrecke in Form von Wärme frei wird, kann wiederum dadurch klein gehalten werden, daß die Dauer des Vorganges durch schnelles Zusammenführen der Kontakte auf ein Mindestmaß beschränkt wird. Aber selbst wenn die bei der Annäherung der Kontaktflächen im Durchschlag und in der Entladung umgesetzte Arbeit vernachlässigbar ist, müssen doch die außerordentlich hohen spezifischen Leistungen an den ersten Berührungspunkten bei der zuerst sehr starken Kontraktion der Stromfäden berücksichtigt werden. Wenn auf die beiden zur Berührung gebrachten Kontakte nicht in kurzer Zeit ein entsprechender Kontaktdruck ausgeübt wird oder wenn gar Prellerscheinungen auftreten, dann können die damit ausgelösten lokalen Schmelzvorgänge leicht in Verbindung mit der anschließenden Anpressung zur Verschweißung führen.

Von den geschilderten physikalischen Erscheinungen sind die folgenden, bei jedem praktischen Einsatz von Schaltern auftretenden Vorgänge besonders wichtig:

1. Bei der Trennung der Kontakte tritt eine vorübergehende weitere Aufrechterhaltung der Stromführung durch Lichtbogenbildung und durch den damit entstehenden Leistungsumsatz eine Veränderung oder Zerstörung der Kontaktoberflächen auf.

2. Bei der Schließung müssen die Kontaktoberflächen schnell zusammengebracht und möglichst bald unter den dem fließenden Strom entsprechenden Kontaktdruck gesetzt werden, um ein Zusammenschweißen zu verhindern.

2. Schaltvorgänge, Schalterentlastung und Schalterausführungen für Gleichstrom

Die Vorgänge bei der Trennung zweier Kontakte in einem Gleichstromkreis sind in Bild 80 in ihrem zeitlichen Verlauf unter Verwendung der bereits in Bild 79 benutzten Bezeichnungen für den Anpreßdruck P, den Kontaktabstand s sowie für die Augenblickswerte des Stromes i und der Spannung u schematisch in Abhängigkeit von der Zeit t dargestellt. Als erstes geht, beginnend mit dem Schaltbefehl „Öffnung",

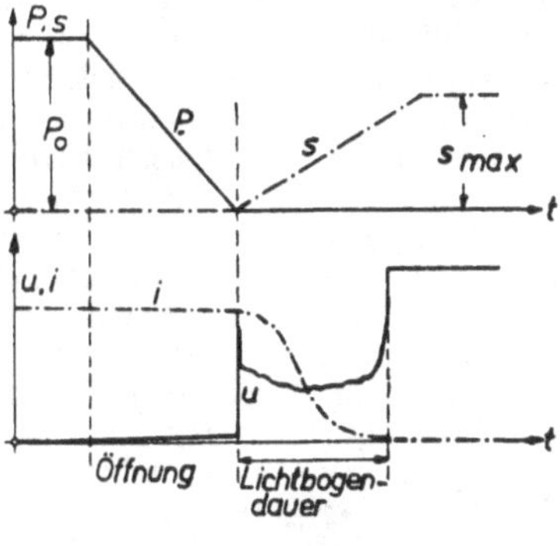

Bild 80. Abschalten eines Gleichstrom-Kreises

der Anpreßdruck P zwischen den Kontakten von seinem Anfangswert P_0 auf Null herunter, anschließend beginnt der Kontaktabstand s stetig zu wachsen. Im Stromkreis sei außer Ohmschen Widerständen in Übereinstimmung mit den meisten praktischen Fällen auch eine gewisse Selbstinduktion L enthalten. Diese verhindert bei der Trennung der Kontakte eine sofortige Stromänderung, unterstützt vor allem bei der beim Zündvorgang des Lichtbogens auftretenden Spannungsspitze die treibende Spannung des Generators im Kreis, besonders wenn diese niedrig ist, und verhindert schließlich alle plötzlichen Änderungen des Stromes, der während der Dauer des Lichtbogens allmählich auf Null abfällt. Die an der

Trennstelle zur Aufrechterhaltung des Lichtbogens entstehende Spannung ist durch unregelmäßige Bewegungen des Lichtbogens und seiner Fußpunkte fortlaufend plötzlichen Änderungen unterworfen und fällt zuerst schwach ab, weil durch die Wärmeentwicklung an den Fußpunkten und im Plasma die zur Aufrechterhaltung der Entladung erforderliche Leistung absinkt. Da während der gleichen Zeit der Strom im Kreise stark heruntergeht, wird das thermische Gleichgewicht der Entladung gestört und die Spannung steigt am Ende der Lichtbogenperiode wieder an, weil die Länge der Entladungssäule durch Kontakt- und Bogenbewegungen zunahm. Damit haben sich die Bedingungen für das Weiterbestehen des Lichtbogens verschlechtert. Das macht sich durch Vergrößerung der auftretenden Spannung bemerkbar. Schließlich reißt der Lichtbogen ab, weil der Entladungsmechanismus bei den gegebenen Strom- und Spannungswerten nicht mehr weiterbestehen kann, der Strom wird zu Null und die Spannung geht sprunghaft auf den Wert der Generatorspannung im Kreis über. In vielen Fällen ist zu diesem Zeitpunkt der Kontakthub noch nicht beendet, sondern der Abstand s steigt noch bis zu dem konstruktiv festgelegten vollen Kontakthub s_{max} an.

Bei kleineren Leistungen im Kreis kann man die Spannungsspitze im Augenblick der Kontakttrennung, die das Zünden des Lichtbogens erheblich begünstigt, dadurch abbauen, daß man der Schaltstrecke eine Kapazität parallel schaltet. Beim Einschalten eines solchen Kreises, der in der gestrichelten Anordnung in Bild 78 bereits skizziert wurde, erfolgt dann aber über die schließenden Kontakte die Entladung des Kondensators und damit evtl. eine Verschweißung in mikroskopischen Dimensionen. Deswegen wird in dieser Schaltung mit dem Kondensator üblicherweise ein Widerstand in Reihe geschaltet.

Eine Ausführungsform einer beliebten Hilfe zur Verringerung der Schaltleistung an den Kontakten ist in Bild 81 gekennzeichnet. Durch die Bewegung des Kontaktes C, der bei geschlossenem Schalter auf dem Gegenkontakt A aufliegt, dann beim Öffnen zuerst A und B berührt, und sich schließlich zuerst von A und dann auch von B trennt, wird hier in den

Stromkreis für kurze Zeit ein im Schalter eingebauter Widerstand R_z eingefügt. An der ersten Trennstelle A tritt dabei im wesentlichen die Spannung auf, die durch den fließenden Strom multipliziert mit R_z gegeben ist. Durch das Einschalten von R_z wird nach dem Erlöschen eines ersten Lichtbogens zwischen den Kontakten A und C der Strom im Kreis erheblich reduziert, so daß an der endgültigen Unterbrechungsstelle zwischen B und C nur eine wesentlich geringere Schaltleistung auftritt. Beim Einschalten verlaufen die Vorgänge in umgekehrter Reihenfolge, wobei es sich für manche Verbraucher günstig auswirkt, daß sie zuerst über den Vorwiderstand R_z eingeschaltet und erst mit einiger Verzögerung an die volle Generatorspannung gelegt werden.

Bei mittleren und hohen Leistungen richten sich die Bemühungen darauf, den Lichtbogen in die Länge zu ziehen und gleichzeitig intensiv zu kühlen. Mit einem Vorkontakt ähnlich Bild 81 schaltet man statt des dort gezeichneten Widerstandes häufig eine Spulenanordnung ein, deren Magnetfeld damit vom Hauptstrom selbst hervorgebracht wird und senkrecht zur Bahn des Lichtbogens so gerichtet ist, daß es dessen Fußpunkte aus dem Bereich der Kontakte heraus auf sogenannte Lichtbogenhörner bewegt. Durch die Verlängerung des Lichtbogens, die damit eingeleitete schnelle Wanderung der Fußpunkte auf kalten Metalloberflächen und evtl. zusätzlich durch das Einführen des Lichtbogens zwischen wärmeabführende metallische Flächen läßt sich eine intensive Kühlung und dadurch ein schnelles Erlöschen des Lichtbogens erreichen.

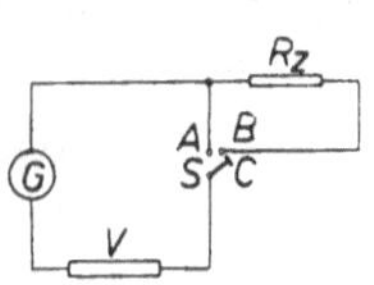

Bild 81. Schalten mit Schaltwiderstand

Die höchste funktionelle Leistungsfähigkeit wird von einem Schalter bei der Abschaltung eines Kurzschlusses verlangt. Der Strom im Kreis steigt dann durch die Überbrückung des Verbraucherwiderstandes auf das Vielfache des Betriebsstromes an. Außer dem Generator und den Übertragungsleitungen muß vor allem auch die Kurzschlußstelle selbst vor den Auswirkungen der außerordentlich hohen umgesetzten elektrischen Leistungen geschützt, d. h. der Kurzschluß schnell abgeschaltet werden. Dabei kann man auch in Gleichstromkreisen immer voraussetzen, daß die Induktivitäten im Kreis dem Strom nur eine häufig zwar sehr große, aber durchaus endliche maximale Stromanstiegsgeschwindigkeit gestatten, die in Grenzfällen bei etwa 10^6 A/s liegen kann. Um die Auswirkungen an der Kurzschlußstelle selbst (Wärmeentwicklung, Schmelzerscheinungen, Lichtbogenbildung) möglichst klein zu halten, setzt man sogenannte *Schnellschalter* ein, bei denen der Abschaltvorgang bereits durch die hohe Anstiegsgeschwindigkeit des Kurzschlußstromes, d. h. lange vor dem Erreichen des theoretischen stationären Endwertes des Stromes eingeleitet wird. Diese Aufgaben erfordern eine so schnelle mechanische Funktion des Schalters und der Lichtbogenlöschung, daß zwischen Eintritt des Kurzschlusses und Unterbrechung des Kreises nur Zeiten von höchstens einigen ms liegen.

3. Das Schalten von Wechselströmen

In den der Verteilung elektrischer Energie dienenden elektrischen Anlagen und Netzen müssen Wechselstromkreise teilweise im Bereich außerordentlich hoher Schaltleistungen vielfach häufiger als Gleichstromkreise geschaltet werden. Die grundsätzliche Vereinfachung beim Schalten eines Wechselstromkreises liegt darin, daß der Strom über die Schaltstrecke nach jeweils einer halben Periode von selbst durch Null geht.

In Bild 82 ist der zeitliche Verlauf bei der Unterbrechung eines Wechselstromkreises durch einen Schalter aufgezeichnet, wobei in Übereinstimmung mit der Mehrzahl der praktischen Fälle der Verbraucher einen Strom mit erheblicher induktiver Phasenverschiebung führt. Zum Zeitpunkt A wird der Schaltbefehl „Öffnung“ gegeben, zum Zeitpunkt B heben die Kontakte voneinander ab und der Lichtbogen setzt in einem durch den zufälligen Zeitpunkt der Schalterauslösung gegebenen Phasenpunkt der Stromkurve ein. Die Stromkurve selbst wird durch das Auftreten des Lichtbogens in ihrer Form zuerst nur unwesentlich beeinflußt. Die sich fortlaufend in ihrer Größe erheblich ändernde „unruhige" Lichtbogenspannung hat jeweils am Anfang und Ende der Halbwelle bei dem dort stark verminderten Strom hohe Spitzenwerte. Nach einer oder mehreren Halbwellen vermag die hinter dem Stromnulldurchgang auf den Momentanwert der Generatorspannungskurve anspringende Spannung an den Schalterkontakten den Lichtbogen nicht mehr neu zu zünden, und damit ist die Abschaltung dann ausgeführt. Das Anwachsen der Zünd- und Brennspannungen zwischen den Kontakten mit steigender Lichtbogenlänge ist in den einzelnen Halbwellen in Bild 82 bewußt vergrößert dargestellt.

Mit dem Ziele, ein schnelles Abschalten und eine Verkleinerung der im Schalterlichtbogen umgesetzten Arbeit zu erreichen, sucht man durch geeignete Schalterkonstruktion und

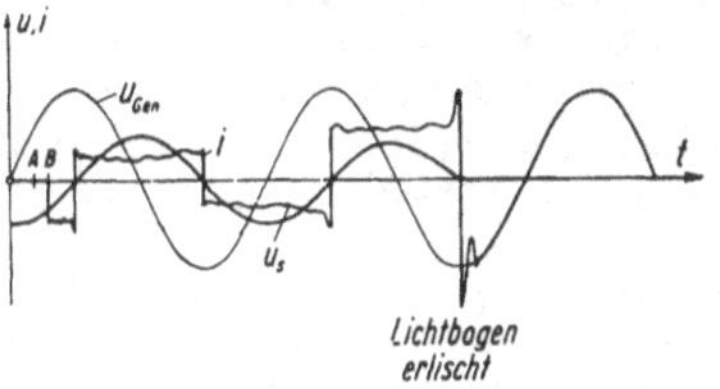

Bild 82. Abschalten eines Wechselstrom-Kreises

Lichtbogenführung dessen Wiederzündung nach jeder Stromhalbwelle zu erschweren und evtl. die erforderliche Brennspannung an der Strecke so anwachsen zu lassen, daß eine Stromhalbwelle zu irgendeinem Zeitpunkt abgeschnürt wird. Dieses Bemühen darf aber bei den praktischen Ausführungen solcher Schalter nicht gar zu weit getrieben werden. Relativ kleine Ströme mit starker induktiver Phasenverschiebung müssen von Hochspannungschaltern bewältigt werden, wenn leerlaufende Transformatoren abgeschaltet werden. Der in diesen fließende Strom ist, solange er noch besteht, der Träger einer magnetischen Energie, wie es bei der Darlegung der Verhältnisse an der Selbstinduktion beschrieben wurde. Ein kurzfristiges Abschnüren des Stromes bedeutet in einer solchen Anordnung, daß die ihr innewohnende magnetische

Energie schnell, d. h. mit dem Auftreten sehr hoher Spannungen abgebaut wird, die das Gerät und die Isolation anderer Anlagenteile gefährden. Aus diesem Grunde darf die stromreduzierende Wirkung der ansteigenden Lichtbogenspannung am Schalter nicht allzu weit getrieben werden. Ähnlich liegende Gefahren treten beim Wiederzünden eines Schalters durch die nach dem Erlöschen des Lichtbogens wiederkehrende Spannung auf, wenn der Schalter einen vorwiegend aus Kapazitäten bestehenden Kreis abzutrennen hat, z. B. bei der Abschaltung leerlaufender Hochspannungsfreileitungen und Kabelstrecken. Auf die Einzelheiten dieses für die Schaltung großer Kondensatorbatterien wichtigen Falles kann hier nicht eingegangen werden.

Schalter für Wechselströme werden für Betriebsstromstärken bis zu 10 000 A und darüber und für Kurzschlußströme bis etwa 100 000 A und mehr bei Betriebsspannungen bis zu mehreren 100 kV gebaut. Die Aufgabe der *Lichtbogenlöschung* ist bei der ganzen historischen Entwicklung für die konstruktive Gestaltung bestimmend gewesen. Bereits bei den ersten für hohe Spannungen gebauten Schaltern wurde der Schaltvorgang *unter Öl* vorgenommen, weil dessen höhere elektrische Festigkeit eine Verkleinerung der notwendigen Abstände erlaubte. Später wurde die für den Löschvorgang des Lichtbogens wichtige Tatsache erkannt, daß der Lichtbogen im Öl Gase bildet, deren Entstehung, Vorhandensein und vor allem Bewegung gegenüber der Entladungsbahn für den Mechanismus der Löschung sehr wichtig ist. Die ursprünglich in diesen Ölschaltern verwendeten großen Ölmengen sind insbesondere bei den deutschen Konstruktionen in den letzten Jahrzehnten mehr und mehr verschwunden (ölarme Schalter). Durch sorgfältige Ausbildung der sogenannten *Löschkammern*, in denen unter Öl der Lichtbogen entsteht und durch Gas, Flüssigkeit und Bewegung dann gekühlt und entionisiert wird, konnte zur Verminderung der Brandgefahr das Ölvolumen auf einen Bruchteil des früher üblichen reduziert werden.

Eine besonders wirksame Löschung des Lichtbogens ist durch eine plötzliche *Expansion* des durch den Lichtbogen erzeugten Gasvolumens möglich. Dieser Gedanke wird im sogenannten Expansionsschalter verwirklicht, den man grundsätzlich auch mit Wasser als Löschflüssigkeit betreiben könnte. Von der Verwendung von Wasser muß man aber wegen der Gefahr des Einfrierens bei Aufstellung der Schalter im Freien absehen. Statt dessen werden Spezialflüssigkeiten benutzt.

Eine intensive Kühlung und Entionisierung eines brennenden Lichtbogens ist durch *Beblasen mit Preßluft* möglich. Sorgt man dafür, daß bereits kurz nach Trennung der Kontakte die zugeführte Luft im ganzen Raum zwischen und um die Kontakte unter erhöhtem Druck steht, dann nutzt man gleichzeitig die mit dem Druck steigende Durchschlagsfestigkeit der Luft aus. Dazu werden im sogenannten Druckgasschalter die Kontakte aus einem direkt am Schalter liegenden Luftreservoir über geeignete Ventile entsprechend beblasen, so daß eine Unterbrechung des Stromkreises schon bei relativ geringen Kontaktabständen eintritt, die bei Atmosphärendruck noch keine Überschlagssicherheit gegenüber der anliegenden Spannung bieten würden. Der Kontaktabstand wächst aber dann nach der eigentlichen Abschaltung noch weiter, so daß die Schaltstrecke in der Ruhelage der Kontakte bei Atmosphärendruck eine ausreichende elektrische Festigkeit besitzt. Bei einer Sonderbauform dieser Schalter, den sogenannten Hartgasschaltern, wird das zum Beblasen der Strecke erforderliche Gas nicht aus einem Vorratsbehälter entnommen, sondern durch den Lichtbogen selbst chemisch aus der inneren Oberfläche eines den Bogen umgebenden Kunststoffrohres ausgelöst.

4. Die Betätigung von Schaltern

Eine sehr große Zahl von Schaltvorgängen in elektrischen Kreisen wird vom Menschen selbst durch direkte Handbetätigung der Schalter vorgenommen. Druckknöpfe und verwandte Betätigungselemente gehen dabei von sich aus nach Loslassen wieder in die Ruhelage zurück, Dreh- und Kippschalter müssen jeweils zur Änderung des Schaltzustandes betätigt werden. Bei kleinen Schaltleistungen können die schaltenden Kontakte direkt bewegt werden, sofern eine schleichende Kontaktgabe oder -öffnung bei den elektrischen Werten an der Schaltstrecke dort keine Störungen hervorruft. Bei höherer Leistung, bereits bei den üblichen Spannungen in den Verteilungsanlagen für elektrische Energie, ordnet man aber zwischen dem Betätigungselement und den Schalterkontakten ein Zwischengetriebe an, das unabhängig von dem zeitlichen Verlauf der Betätigung die Schalterkontakte, häufig vor allem in der Ausschaltrichtung, sprunghaft bewegt.

In den zentralen Anlagen für die Verteilung der elektrischen Energie unterscheidet man *Leistungs- und Trennschalter*. Die Leistungsschalter erfüllen bei ihrer Betätigung die Forderungen, die hinsichtlich des Schaltvorganges bei der Ein- und Ausschaltung, mit Grenzleistungen beim Kurzschluß bere.ts in den ersten beiden Abschnitten dieses Kapitels beschrieben wurden. Ihnen gegenüber sind Trennschalter Bauelemente, mit denen Anlagenteile, z. B. kurze Leitungen, Meßgeräte, Sammelschienenabschnitte etc. von spannungsführenden Quellen abgetrennt werden unter der Voraussetzung, daß kein Belastungsstrom fließt. Bei Trennschaltern entfallen damit die Forderungen, die mit Lichtbogenbildung, Lichtbogenlöschung und ähnlichem zusammenhängen.

Bei größeren Leistungen sind die zur Schalterbetätigung erforderlichen Kräfte und Leistungen bzw. die zum Laden von Energiespeichern zu leistenden Arbeiten vom Menschen nicht mehr aufzubringen. Die Erteilung von Schaltbefehlen muß außerdem häufig in Abhängigkeit irgendwelcher Vorgänge oder z. B. bei Kurzschlüssen und anderen Gefahrenzuständen automatisch erfolgen können. Außer Speichern (Federkraft, Druckluft) müssen Hilfsenergieträger (mechanisch, hydraulisch, pneumatisch und vor allem auch elektrisch) zur Schalterbetätigung im Bereich der „*elektrischen Steuerungstechnik*" eingesetzt werden.

Bei den hier allein zu erörternden Schaltern gibt es, analog zu den Möglichkeiten bei der direkten Handbetätigung, zwei in der Betätigungsfunktion zu unterscheidende Bauformen. *Verklinkte* Schalter sind Geräte, bei denen die Kontakte im offenen oder geschlossenen Zustand durch entsprechende mechanische Hilfsmittel festgehalten und die Bewegungen jeweils durch entsprechende Auslösebefehle veranlaßt werden. Die für die Betätigung großer Schalter erforderlichen Antriebsleistungen werden aus Speichern entnommen (Druckluftkessel, Feder- oder Gewichtsspeicher und ähnliche). Die Speicher werden außerhalb der Betätigungszeiten über Kompressoren bzw. Motorantriebe erneut aufgeladen und arbeitsbereit gemacht.

Unverklinkte Schalter sind Geräte, die ohne äußere Energiezufuhr (in Form von Druckluft oder elektrischem Strom) in eine Endlage, meistens die Ausschaltstellung, gehen, während zum Einschalten und für die Dauer der Einschaltung die Hilfsenergie dauernd zur Verfügung gestellt werden muß. Sie werden elektrisch meist über Hubmagnete betätigt und dann als *Schützen* oder *Relais* bezeichnet.

Der einfache Schaltkontakt, wie er in Bild 78 gezeichnet wurde, ist nur bei den wenigsten technischen Schaltgeräten für sich allein vorhanden. In der Mehrzahl der Fälle wird der Stromkreis in Hin- und Rückleitung oder bei Drehstrom in allen 3 Phasen unterbrochen, die Schalter also *mehrpolig* ausgeführt. Besonders in größeren Schaltanlagen werden Betätigungen, Verriegelungen und Rückmeldungen zu den Stellungen der Schalter über Hilfskontakte vermittelt, die mit den Hauptkontakten direkt, manchmal auch über Zwischenglieder gekuppelt sind. Bei allen Schalterkontakten unterscheidet man dabei nach Bild 83 *Arbeits-*, *Ruhe- und Umschaltkontakte.* Arbeitskontakte werden bei der Betätigung des Schalters geschlossen, Ruhekontakte geben bei Nichtbetätigung, d. h. in der Ruhelage, Durchgang für den Strom zwischen ihren Anschlußpunkten. Umschaltkontakte verbinden einen Anschlußpunkt in Ruhe- und Arbeitslage wechselnd mit 2 verschiedenen Gegenkontakten. Bei Um-

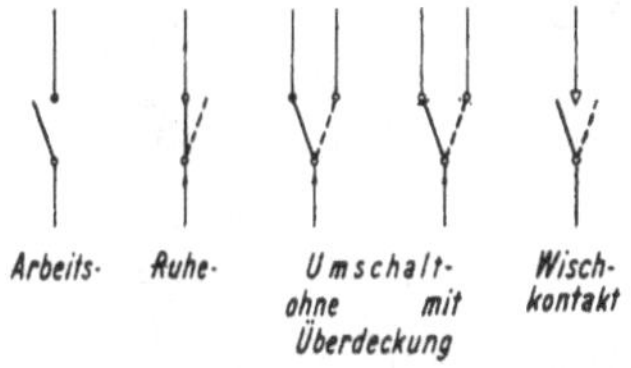

Bild 83. Darstellung von Hilfskontakten

schaltkontakten mit Überdeckung besteht bei der Umschaltung kurzzeitig die Verbindung zu beiden Ausgangspunkten und damit eine direkte Verbindung zwischen den letzteren. Eine Sonderbauform sind die Wischkontakte, die eine elektrische Verbindung nur für kurze Zeit während des Wechsels der Schaltstellung herstellen.

5. Schutzschalter und Sicherungen

Schaltgeräte werden im Bereich elektrischer Anlagen außer zur willkürlichen Ein- und Ausschaltung der Stromkreise auch zum Schutz der stromdurchflossenen Bauelemente benutzt. Meist dienen dieser Aufgabe verklinkte Schalter, die mechanisch direkt oder über Steuerkreise ausgelöst werden können, wenn eine Gefährdung des über den Schalter gespeisten Gerätes, z. B. durch Überbelastung, Defekt, übermäßige Erwärmung und ähnliches vorliegt. Die die Gefährdung anzeigenden Elemente wirken über einen elektrischen Steuerkreis oder durch direkten Eingriff in den mechanischen Verklinkungsmechanismus.

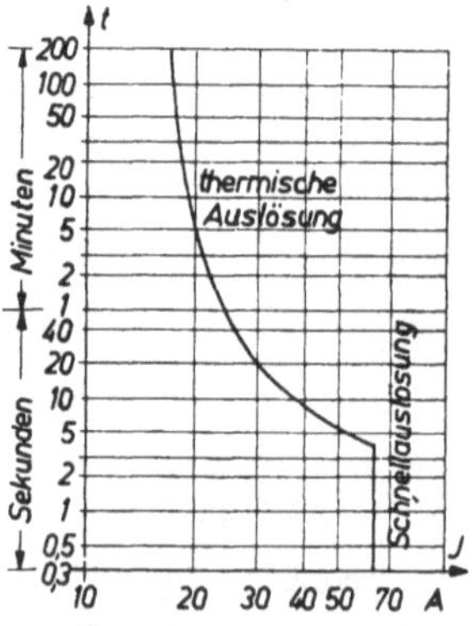

Bild 84. Beispiel einer Auslösekennlinie

In sehr vielen Fällen kann der über den Schalter fließende Strom zur Anzeige dafür benutzt werden, ob eine Gefährdung für die im Kreis liegenden Teile besteht (Überstromschalter). Als Extremfall benutzt man für die Auslösung bei Kurzschlüssen hinter dem Schalter sehr schnell arbeitende magnetische Auslöser (siehe die Darlegungen über Schnellschalter auf Seite 168). In größeren elektrischen Maschinen und Transformatoren, außerdem aber auch in Kabeln und ähnlichen Bauteilen ist eine Gefährdung bereits bei länger dauerndem Betrieb mit einer den Nennwert übersteigenden Stromstärke gegeben. Kurz dauernde Überlastungen innerhalb gewisser Grenzen bewirken wegen der den Änderungen des Betriebsstromes mit Verzögerung folgenden Übertemperaturen nur Beanspruchungen, die z. B. beim Motoranlauf zugelassen werden müssen. Für diese Aufgaben benutzt man thermische Abbilder der zu schützenden Geräte in der Form, daß der fließende Strom ein Auslösegerät aufheizt, dessen thermische Zeitkonstanten etwa denen des zu schützenden Apparates entsprechen. Bei dem üblicherweise mit solchen thermischen Auslösern direkt ausgerüsteten Schaltern für Motoren durchfließt der Strom einen Bimetallstreifen (2 Blechstreifen verschiedener Ausdehnungskoeffizienten, die aufeinander liegend durch Walzen unter hohem Druck in warmem Zustand innig miteinander verbunden sind), der sich bei zunehmender Erwärmung krümmt und eine Auslösung des Schalters bewirken kann. Für derartige Anordnungen ist die Zeit, nach der eine Auslösung erfolgt, etwa nach einer in Bild 84 schematisch dargestellten Kurve von dem über dieses Auslöseglied fließenden Strom abhängig, d. h. bei großen Strömen löst der Schalter in kurzer Zeit aus, bei geringen Überströmen erst nach verhältnismäßig langen Zeiträumen.

Eine gleiche Kennlinie wird auch bei den in den üblichen Versorgungsnetzen in großer Zahl eingesetzten *Sicherungen* angestrebt. Diese werden häufig als automatische Schalter ausgeführt, die meistens mit einer unverzögerten Auslösung durch ein magnetisches Glied und besonders in Maschinenstromkreisen zusätzlich mit einem thermischen verzögert wirkenden Schutz ausgerüstet sind, der gewisse kurzzeitige Überlastungen im Kreis erlaubt.

Die gleiche Aufgabe wird in einer großen Anzahl von Fällen durch die sogenannten *Schmelzsicherungen* erfüllt. Bei diesen ist in die Strombahn ein meist aus Silber bestehender Schmelzstreifen eingebaut, der durch den Betriebsstrom bereits relativ hoch erwärmt wird. Eine Überschreitung des Nennstromes oder gar der wesentlich höhere Kurzschlußstrom bringen den Streifen in kurzer Zeit zum Schmelzen und unterbrechen damit die Strombahn. Die entstehenden metallischen Dämpfe werden in den meisten Fällen durch Einbettung des Leiters in Quarzsand von diesem aufgenommen und durch das gleiche Mittel wird der beim Abschmelzen auftretende Lichtbogen durch intensive Kühlung an der großen Oberfläche der Sandkörner sehr schnell zum Erlöschen gebracht. Naturgemäß haben auch diese Sicherungselemente eine Auslösestrom-Zeit-Kennlinie, die durch geeignete thermische Gestaltung der gesamten Anordnung in relativ weiten Grenzen beeinflußt werden kann. Für Leistungsabschaltungen werden Schmelzsicherungen meist nur in Niederspannungskreisen verwendet, in Hochspannungskreisen dienen sie hauptsächlich zur Absicherung von Anlageteilen, die nur geringe Leistungen entnehmen, wie z. B. von Meßwandleranordnungen oder gelegentlich von kleinen Leistungstransformatoren.

XI. Die Bauformen von Ohmschen Widerständen, Induktivitäten und Kapazitäten

1. Die technischen Probleme bei Konstruktion und Aufbau von Ohmschen Widerständen

Im wesentlichen treten je nach dem Verwendungszweck bei Ohmschen Widerständen die folgenden Probleme auf:

a) Die Abführung der umgesetzten elektrischen Leistung in Form von Wärme;

b) die Isolation der einzelnen stromführenden Teile des Widerstandes gegeneinander;

c) Auswahl und Herstellung des Werkstoffes, der in der konstruktiv unterzubringenden Länge der Strombahn l mit dem technisch herstellbaren Querschnitt q den geforderten Widerstandswert ergibt*);

d) die Erfüllung der vorliegenden Anforderungen hinsichtlich des jeweils zugelassenen Temperaturgangs des Widerstandswertes;

e) die Herstellung phasenreiner Wirkwiderstände bei mittleren, hohen und höchsten Frequenzen, d. h. die Vermeidung kapazitiver Auswirkungen zwischen einzelnen Teilen der Strombahn und eine möglichst kleine Induktivität derselben.

*) siehe auch Tafel III, S. 243

Betriebsmäßig oder zum einmaligen Abgleich einstellbare Widerstände müssen außerdem mit einfachen Mitteln in ihrer Größe innerhalb der vorgesehenen Grenzen beliebig vergrößert und verkleinert werden können.

Sollen Baugröße und Baugewicht des Widerstandes auch bei erheblichem Leistungsumsatz gering gehalten werden, dann muß die Wärmeabgabe mit hohen Übertemperaturen an die Umgebung erfolgen, d. h. die in Frage kommenden Bauteile müssen aus temperaturbeständigen Materialien hergestellt und auch für die bei wechselnden elektrischen Belastungen auftretenden Erwärmungs- und Abkühlungsvorgänge aufeinander abgestimmt sein. Werden als Widerstandsmaterialien metallische Leiter verwendet, so muß man ihre Oberfläche gegen Fortschreiten der Oxydation an der Luft schützen. Die auf geeigneten Widerstandslegierungen bei Erhitzung in Luft oder einer ausgesuchten Gasatmosphäre entstehenden Oberflächenschichten schließen den Drahtkern gegen ein Fortschreiten der Oxydation ab und sind meist auch geeignet, die auf einem Träger nebeneinander liegenden Windungen gegeneinander zu isolieren.

Drahtwiderstände für geringe Leistungen werden auf keramische Träger (vorzugsweise Rohre) aufgewickelt. Bei höheren Leistungen wird der Widerstandsdraht in eine auf den Träger nachträglich aufgebrachte Glasur gasdicht eingebettet. Durch guten thermischen Kontakt mit dem Leitermaterial können auch die konstruktiv tragenden Elemente mit zur Wärmeaufnahme bei der Anheizperiode herangezogen werden, so daß erhebliche Überlastungen bei kurzen Einschaltdauern durch das Wärmespeicherungsvermögen des Gesamtaufbaues möglich sind. Bei hochbelasteten Widerständen spielt meist die Temperaturabhängigkeit des Widerstandsmaterials keine entscheidende Rolle.

Keramische Halter und Träger können aus Gewichts- und Festigkeitsgründen bei Widerständen für hohe Dauerleistungen, besonders bei gleichzeitig auftretender starker mechanischer Beanspruchung, z. B. auf Fahrzeugen, nicht immer voll befriedigen. Eine volle Ausnutzung der Abstrahlungsfläche des Leitermaterials erreicht man bei Drähten und

Bändern, wenn diese frei ausgespannt werden, wobei allerdings, besonders bei den letzteren, zum Ausgleich der thermischen Ausdehnung geeignete Spannvorrichtungen vorgesehen werden müssen. Für höhere Stromstärken werden flache, mäanderförmig gegossene Elemente verwendet, die meist an den gleichen Stellen einerseits über Glimmer- oder Keramikformteile von einem Tragrahmen abgefangen und andererseits an Nachbarelemente oder Anschlußstücke zur Stromführung fest angepreßt werden. Aus Preisgründen wird meist für alle diese Zwecke Eisen als Widerstandsmaterial verwendet. Bei manchen Widerständen ist der Fall der Dauerbelastung nie gegeben und infolgedessen die dauernde Abgabe der Verlustleistung an die Umgebung nicht erforderlich. Die oben gekennzeichneten Bauformen werden dann, z. B. bei Anlassern für Motoren unter Öl verwendet, um damit die Wärmekapazität der Anordnung bei nur gelegentlich stattfindenden Anlaßvorgängen zu vergrößern.

Für Drahtwiderstände kleiner Leistungen und Dimensionen ergeben sich bei hohen Widerstandswerten nicht mehr verarbeitbare Drahtstärken. Die für diese Widerstands- und Leistungsbereiche, besonders in der Fernmelde-, Meß-, Steuer- und Rundfunktechnik sehr wichtigen Widerstandselemente werden in Europa hauptsächlich als sogenannte *Schichtwiderstände* ausgeführt, bei denen der Widerstandswerkstoff meist als Kohle aus der Gasphase auf dem keramischen Träger niedergeschlagen wird und so auch in dünnsten Querschnitten hergestellt werden kann. Zur weiteren Erhöhung der Widerstandswerte können in die den keramischen Träger ursprünglich schlauchförmig umgebende Strombahn nachträglich spiralige Nuten eingefräst und dadurch gleichzeitig der Querschnitt verkleinert und die Strombahnlänge auf ein Vielfaches vergrößert werden. Der Anschluß der Kontaktdrähte, mit denen solche Widerstände meist direkt in die Schaltungen eingelötet werden, muß sehr sorgfältig erfolgen. Die Kohleschicht ist durch ausgesuchte Lacke gegen mechanische Beschädigungen und vor allem gegen Feuchtigkeitsaufnahme aus der Umgebung zu schützen. Der Temperaturkoeffizient solcher Schichtwiderstände kann durch geeignete Modifizierung der

Kohle beim Niederschlag recht klein gehalten werden. In den Vereinigten Staaten werden für diese Einsatzbereiche in großem Umfang sogenannte *Massewiderstände*, d. h. Massivkörper aus schlechtleitenden, meist gebrannten Oxyden, Karbiden, u. ä. hergestellt. Auch für höhere Leistungen, z. B. zur Beheizung von Öfen werden aus Graphit, Silizium-Karbid u. a. als Massivkörper hergestellte Widerstandsstäbe verwendet und mit hohen Temperaturen betrieben. Bei der Parallelschaltung solcher Heizleiter können manchmal wegen des negativen Temperaturkoeffizienten des Widerstandes dieser Werkstoffe Schwierigkeiten auftreten, denen man durch äußere Maßnahmen begegnen muß, weil die Stromverteilung bei Parallelschaltungen instabil wird.

Verstellbare Widerstände sind streng genommen Kombinationen von Widerstandselementen mit geeigneten Schaltgeräten. Bei kleineren Leistungen bildet der Widerstandskörper oder Teile desselben häufig den einen Kontakt des Schaltgerätes (siehe auch den vorhergehenden Abschnitt), gegen den an wählbarer Stelle ein Gegenkontakt, ein sogenannter Schleifer, gedrückt wird. Für kleine Leistungen sind Kohleschleifer auf Schichtwiderständen üblich. Bei größeren Strömen und Leistungen von einigen Watt an aufwärts verwendet man Drahtwiderstände, bei denen das Widerstandsmaterial längs der vorgesehenen Schleifbahn an der Oberfläche blank gemacht und von einem Kontakt überstrichen wird. Bei Stromstärken oberhalb von etwa 10 bis 20 A ist ein solcher Schleifkontakt häufig ein wenig befriedigendes Schaltelement. Für größere Ströme werden daher die Aufgaben der Schaltung von denen des eigentlichen Widerstandes getrennt.

Für sehr hohe Widerstandswerte bei kleinen Strömen sind für Laboratoriumszwecke *Flüssigkeitswiderstände* gut geeignet. Bei diesen taucht eine Elektrode in einen stark verdünnten Elektrolyten in einem Rohr verschieden tief ein. Die elektrolytischen Wirkungen bei Gleichstrom sind meist zu vernachlässigen. Für hohe Leistungen bei Wechselstrom können Flüssigkeitswiderstände deswegen gut eingesetzt werden, weil man im Umlaufverfahren oder durch Verdampfung die Wärme gut abführen kann. Derartige Widerstände, die durch Variation der Eintauchtiefe oder des Abstandes der Elektroden in der Flüssigkeit bzw. bei festen Elektrodenanordnungen durch Änderung des Flüssigkeitsstandes gegenüber den Elektrodenoberflächen in weiten Grenzen verstellbar sind, werden als Anlasser für große Maschinen bei Wechselstrom häufig benutzt.

Die Forderung nach Temperaturunabhängigkeit des Widerstandes und nach rein Ohmschem Verhalten, auch gegenüber hochfrequenten Wechselströmen und -spannungen, muß bei Meß- und Präzisionswiderständen erfüllt werden. Sie können aus Konstantan (60% Cu, 40% Ni) oder Manganin (86% Cu, 12% Mn, 2% Ni) hergestellt werden, 2 Legierungen, bei denen sich der Widerstand in einem Temperaturbereich z. B. zwischen etwa 0 und 100° um weniger als 1% ändert. Ein herstellungstechnisch wesentlicher Vorteil des Konstantans gegenüber dem Manganin liegt in seiner einfacheren Verarbeitbarkeit, da die Verbindungen zu Kupferleitungen, Messingkontakten und ähnlich leitenden Teilen durch Weichlötung hergestellt werden können. Nachteilig ist die relativ hohe Thermokraft des Konstantans gegen Kupfer, aus der die Notwendigkeit folgt, Konstantan nur in elektrischen Kreisen mit wirksamen Spannungen zu verwenden, die vielfach höher als die Thermospannungen liegen. Manganin hat demgegenüber zwar eine praktisch vernachlässigbare Thermokraft gegen Kupfer und Messing, es muß aber mit diesen Materialien hart verlötet werden. Aus ihm werden heute allein die sogenannten *Präzisionswiderstände* hergestellt. Manganindrähte und -bänder werden hierzu auf keramische Träger gewickelt und durch hitzebeständige Lacke fixiert. Ein wesentlicher Prozeß bei der Herstellung dieser Elemente ist die anschließend erforderliche Alterung, die durch längeren Betrieb mit überhöhter Temperatur herbeigeführt wird.

Gestreckte Leiter haben eine berechenbare Selbstinduktion, die in der gewickelten Form durch die Konzentration des magnetischen Feldes noch wesentlich erhöht wird. Besonders bei Messungen mit Wechselströmen höherer Frequenz würden gewickelte Widerstände außer ihrem Ohmschen Charakter auch noch die Eigenschaften einer Selbstinduktion aufweisen. In relativ primitiver Weise kann man diesen Effekt dadurch vermeiden, daß man Hin- und Rückleitung des Widerstandsdrahtes parallel legt und beide dann gemeinsam aufwickelt, wozu die Richtungsumkehr in die Mitte der Drahtlänge gelegt wird. Nachteilig wirkt sich bei dieser sogenannten *bifilaren Wicklung* die Tatsache aus, daß die Punkte größten Spannungsunterschiedes, nämlich Anfang und Ende der gesamten Leiterlänge, direkt nebeneinander liegen und infolgedessen dort eine manchmal erhebliche Drahtisolation erfordern. Die Formen der induktivitätsfreien Wicklung wurde durch Vorschläge von Chaperon, Wagner und Wertheimer noch wesentlich weiter ausgebildet. Hierfür werden die Wicklungen in spezieller Form unterteilt und die Leitungen so geführt, daß immer Wickelelemente entgegengesetzten Wickelsinnes auf dem gemeinsamen zylindrischen keramischen Träger nebeneinander liegen.

Extrem niedrigohmige Widerstände werden für die Strommessung (siehe Abschnitt XIII, S. 226) verwendet. Da hierbei die Größe des Widerstandswertes zwischen 2 Punkten des Gerätes entscheidend ist, die genauigkeitsbestimmend in die Schaltung eingeht, erhalten solche Shunte oder Nebenwiderstände außer den beiden konstruktiv den hohen Belastungsströmen angepaßten Hauptanschlüssen an 2 genau festgelegten Punkten sogenannte Meßanschlüsse, zwischen denen genau der für das Gerät vorgeschriebene Widerstandswert vorliegt (siehe Bild 126, S. 227). Beim Einbau dieser Widerstände in den Zug der stromführenden Leitungen ist auf die Erwärmungsverhältnisse besonders Rücksicht zu nehmen, um Thermospannungen so weit möglich zu vermeiden.

2. Die Bauformen der Induktivitäten

Sie sind weitgehend durch die Werkstoffe und Elemente bestimmt, die der Führung des magnetischen Flusses dienen.

Bei *Luftinduktivitäten* wird der magnetische Fluß vorwiegend in Luft geführt. Die Träger für die aus fein unterteilten Kupferdrähten (Litzen) gewickelten Spulen bestehen aus nichtmagnetischen und nichtleitenden Werkstoffen.

Derartige Spulen werden vorzugsweise in Leistungskreisen der Hoch- und Höchstfrequenztechnik benutzt und als Zylinder- oder Flachspulen auf geeignete Träger (Hartpapierrohre oder Keramikstützen) gewickelt. Die gegenseitige Koppelung zweier solcher Spulen durch das magnetische Feld hat bei koaxialer Anordnung ihr Maximum. Das gleiche gilt auch für die Selbstinduktivität bei Reihen- oder Parallelschaltung der Spulen (siehe Bild 85). Schwenkt man die Achsrichtungen der beiden Spulen gegeneinander, dann kann man den Grad der gegenseitigen Kopplung und damit die Induktivität in weiten Grenzen stetig verändern (Bild 86, *Variometer*). Im Gegensatz zum Widerstand kann hier der Induktivitätswert ohne die Bewegung stromführender Kon-

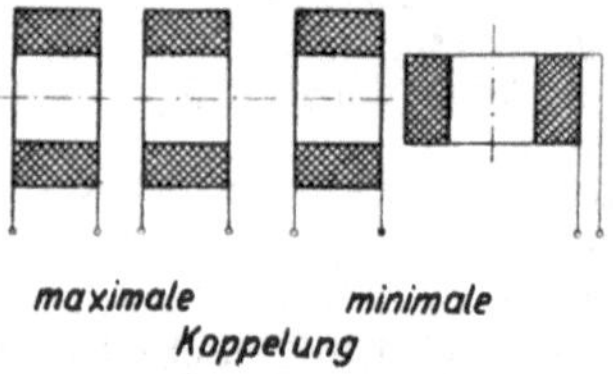

Bild 85. Veränderliche Gegeninduktivität

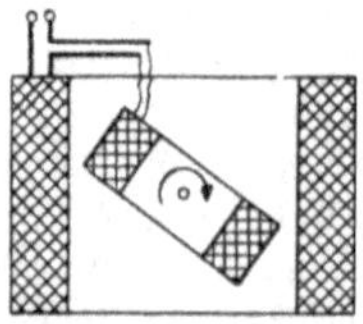

Bild 86. Variometer

taktflächen gegeneinander verstellt werden. Die gleiche konstruktive Bauform ist bei elektrischer Trennung der beiden Spulen auch als veränderliche Gegeninduktivität verwendbar, deren Gegeninduktivitätskoeffizient auf alle Werte zwischen M, O und $-M$ eingestellt werden kann.

In der Mittel- und Niederfrequenztechnik, bei kleinen Leistungen auch in der Hochfrequenztechnik, werden Induktivitäten zur Verkleinerung des Bauvolumens und technischen Aufwands weitgehend mit Kernen ausgeführt, die den magnetischen Fluß in einen geschlossenen magnetischen Kreis führen. Ein massiver Eisenkern würde, wie Bild 87 zeigt, bei Änderung des Stromes in der umschließenden Spule als eine über den magnetischen Fluß gekoppelte Kurzschlußwindung wirken, welche die dem Spulenstrom zuzuordnenden Flußänderungen verhindern und außerdem im Kern erhebliche

Wirbelstromverluste hervorbringen würde. Die Kerne werden daher für niedrige und mittlere Betriebsfrequenzen aus Blechen (Stärke zwischen 0,5 und 0,05 mm) geschichtet. Die einzelnen Lagen sind durch einen Lacküberzug gegeneinander isoliert und liegen in ihrer Ebene parallel zur Flußrichtung, so daß damit durch die Blechisolation die parallel zur speisenden Strombahn entstehenden Wirbelstromstrecken unterbrochen sind (siehe Bild 88). Die geschilderte Unterteilung des Eisens muß mit steigender Frequenz immer weiter getrieben werden. Für Zwecke der Hochfrequenztechnik werden hierzu feinste Vermahlungen des Eisens hergestellt und die Eisenteilchen

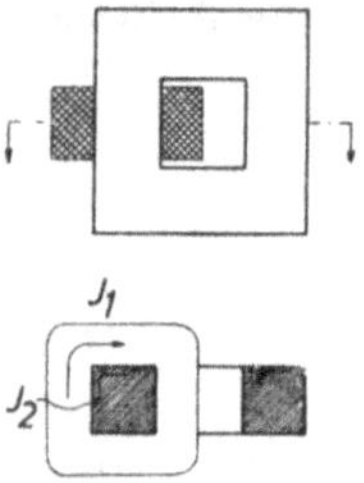

Bild 87. Spule mit massivem Eisenkern

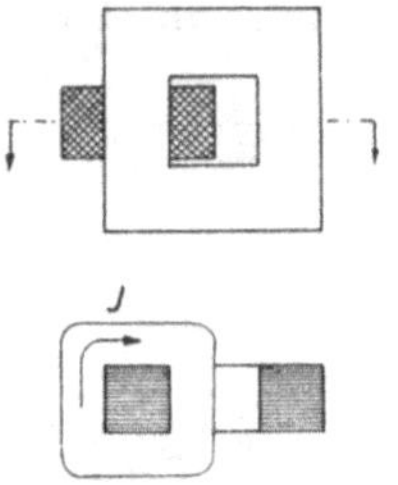

Bild 88. Geblechter Eisenkern

mit Durchmessern in der Größenordnung von 10^{-3} mm unter Beifügung isolierender Trennstoffe in geeignete Formen verpreßt. Gleiche elektrische Eigenschaften erreicht man in neuerer Zeit durch Verwendung gesinterter Mischungen von Metalloxyden speziellen Aufbaus, von sogenannten *Ferriten*, die auch als Massivkörper innerhalb kleinster Bereiche einwandfreie Isolatoren sind, dabei aber magnetische Eigenschaften besitzen.

Durch die Krümmung der Magnetisierungskennlinie sind die Selbstinduktionskoeffizienten aller mit Eisenkernen versehenen Spulenanordnungen von der Höhe der bei Auf- und Abmagnetisierung wirksamen „Spannungs-Zeit-Flächen" abhängig. Dieser Tatbestand macht bei einmaligen Vorgängen eine Vorausberechnung der Wirkung derartiger Selbstinduktivitäten außerordentlich schwierig. In Wechselstromkreisen wird durch die Krümmung der Eisenkennlinien der Selbstinduktionskoeffizient von Größe und Frequenz der anliegenden Wechselspannung bzw. des fließenden Wechselstromes abhängig. Eine Linearisierung der Kennlinie ist im Eisenkreis durch die Einfügung von Luftspalten als zusätzlichen magnetischen Widerständen möglich und wird in sehr großem Umfang angewendet. Verstellbare Luftspalte und Anzapfungen an den Wicklungen werden besonders in der Niederfrequenztechnik zur genauen Einstellung gewünschter Induktivitätswerte verwendet. In der Tafel V sind einige der wichtigsten Daten *weichmagnetischer Kernmaterialien* zusammengestellt. Besonders im Nieder- und Mittelfrequenz-

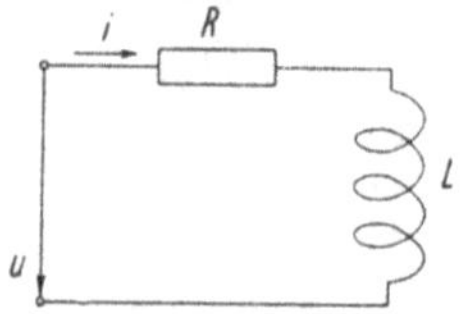

Bild 89. Ersatzschaltung einer Selbstinduktion

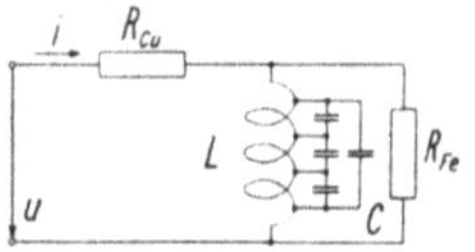

Bild 90. Ersatzschaltung für Wirbelstromverluste u. Wicklungskapazitäten

bereich lassen sich Anhaltswerte für die in den folgenden Erörterungen gekennzeichneten Gütewerte oder Verlustwinkel nicht angeben, da diese sehr weitgehend durch die Modellausnutzung, d. h. die relative Baugröße beeinflußt werden.

In einem Wechselstromkreis werden die Eigenschaften einer gegebenen Selbstinduktion durch eine Ersatzschaltung nach Bild 89 wiedergegeben, in dem der Ohmsche Widerstand R im Bereich niedriger Frequenzen identisch mit dem mit Gleichstrom meßbaren Leiterwiderstand ist. Die Selbstinduktivität L ist durch die Summe aller Beziehungen zwischen Strombahn und Magnetfeld festgelegt, setzt aber dabei außer einer linearen und hysteresefreien Zuordnung zwischen Strom und Magnetfeld vor allem noch voraus, daß die zeitlichen Änderungen des Magnetfeldes nicht in zusätzlichen Strombahnen, z. B. von Wirbelströmen nach Bild 87 mit Leistungsverlusten verbunden sind. Zur genauen Vorausberechnung der Verluste in den von magnetischen Wechselfeldern durchsetzten Eisenkernen, besonders bei den Generatoren und Transformatoren zur Erzeugung und Übertragung elektrischer Energie, müssen einerseits die durch die magnetische Hysterese (endliche Breite der Hysteresisschleife), andererseits die durch die Wirbelströme entstehenden Verluste erfaßt werden. Die *Hystereseverluste* $V_{H.y}$ sind bei gleicher Maximalinduktion B_{max} der Frequenz des Wechselfeldes linear, die Wirbelstromverluste V_{Wi} dem Quadrat der Frequenz proportional. In besonderen Schaltungen läßt sich meßtechnisch die Summe beider, (die sogenannten *Eisenverluste* $V_{Fe} = V_{Wi} + V_{Hy}$), getrennt von dem Wirkleistungsumsatz in der magnetisierenden Kupferspule (den sogenannten *Kupferverlusten* V_{Cu}) erfassen. In dem in der Starkstromtechnik meist besonders interessierenden Frequenzbereich zwischen äußerstenfalls $f = 10$ und etwa $f = 100$ Hz lassen sich V_{Hy} und V_{Wi} durch Auftragen von V_{Fe}/f über f und graphische Extrapolation bis $f = 0$ trennen.

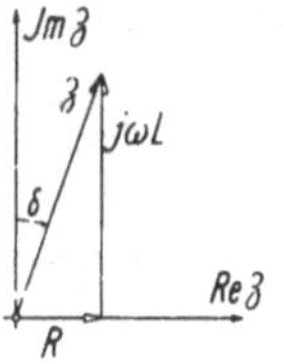

Bild 91. Vektordiagramm einer Selbstinduktion

Ganz allgemein läßt sich bei Selbst- und Gegeninduktivitäten auf Grund genauerer Untersuchungen zeigen, daß die über die magnetische Koppelung entstehenden Wirbelstromverluste besonders klar durch einen der Selbstinduktion parallel liegenden Widerstand dargestellt werden können (Bild 90). Bei höheren und höchsten Frequenzen sind außerdem noch die kapazitiven Wirkungen zwischen den einzelnen Leiterelementen zu berücksichtigen, wie sie schematisch in Bild 90 eingezeichnet sind. Die Wirk- und die Blindkomponente des resultierenden Widerstandes dieser Schaltung lassen sich deshalb nur sehr schwer genau vorausberechnen.

Aus der Ersatzschaltung in Bild 90 geht hervor, daß die Eigenschaften einer idealen Selbstinduktion nur angenähert erreicht werden können. Das Maß der Güte einer Selbstinduktion läßt sich nach dem Vektordiagramm in Bild 91 für eine gegebene Frequenz am besten durch das Verhältnis von Blind- zu Wirkwiderstand für eine einfache Reihenersatzschaltung darstellen, in die auch die kompliziertere Schaltung nach Bild 90 umgerechnet werden kann. Reziprokwert zu einer solchen Güteangabe ist der Verlustwinkel δ oder der Tangens dieses Verlustwinkels, der ja in der Ersatzschaltung direkt als Quotient von Wirk- zu Blindwiderstand definiert ist.

Für meßtechnische Zwecke verwendet man meist als Normale der Selbst- und Gegeninduktion Spulen ohne Eisenkern. Außer dem Induktivitätswert, dessen Genauigkeit und zeitliche Beständigkeit im wesentlichen von der mechanischen Stabilität des Wicklungsaufbaus abhängt, wird der Ohmsche Widerstand der Strombahn noch zusätzlich angegeben, da er nur in den seltensten Fällen bei der Messung vernachlässigt werden darf.

3. Die Aufbauformen von Kondensatoren

Sie werden bestimmt:

a) durch das verwendete Dielektrikum und seine Eigenschaften,

b) durch den bei der Verwendung vorgesehenen Frequenzbereich,

c) durch die Forderung einer stetigen oder gestuften Verstellbarkeit.

Beim Kondensator als Bauelement läßt sich ein dem Idealfall angenähertes elektrisches Verhalten in wesentlich höherem Maße als bei Selbst- und Gegeninduktion erreichen. Außer bei extrem hohen Frequenzen (bei denen dann wieder nur kleine Kapazitäten benötigt werden), spielen die Verluste in Zuleitungen und Belägen kaum eine Rolle. In jedem massebehafteten Dielektrikum treten aber Verluste einmal beim Aufbau des Feldes, dann aber vor allem auch durch die immer vorhandenen Leitfähigkeiten auf. Diese brauchen nicht in Form von mit Gleichstrom meßbaren Isolationswiderständen bemerkbar zu werden, sondern sind meist auf mehr oder minder ausgedehnte innerhalb des Dielektrikums liegende Bereiche beschränkt. Damit folgen in Richtung der elektrischen Feldlinien gemäß der schematischen Wiedergabe in Bild 92 Gebiete, die im wesentlichen als Widerstände wirken, und solche, die reine Kapazitäten in Reihenschaltung darstellen, direkt aufeinander. Ein Ersatzschaltbild für das elektrische Verhalten dieser Anordnungen ist in Bild 93 unter der Darstellung des aufgeteilten Dielektrikums wiedergegeben. Bei jeder Umladung der vor und hinter den Widerstandsgebieten liegenden Teilkapazitäten fließen in den leitenden Teilen des Materials Ströme, die Verluste entstehen lassen. Diese Erscheinungen werden hier in ihren Grundzügen mit den Vorstellungen und Begriffen gedeutet, die sich aus den Betrachtungen des elektrostatischen und des Strömungsfeldes ergeben. Da aber die maßgebenden Eigenschaften des Materials allein mit den Formen elektrostatischer Felder nicht

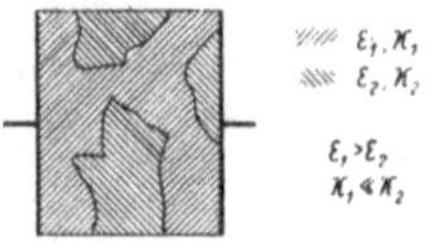

Bild 92. Schematische Darstellung eines gemischten Dielektrikums

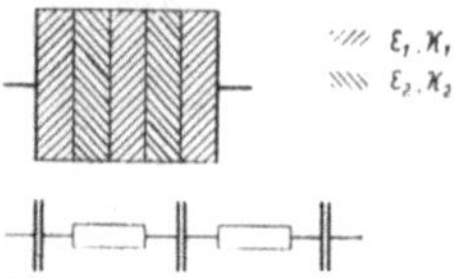

Bild 93. Ersatzschaltbild eines verlustbehafteten Dielektrikums

gedeutet werden können, soll der Komplex derartiger Effekte als kennzeichnend für die Einwirkungen „dielektrischer Felder" bezeichnet werden. Die sich durch die „*dielektrischen Eigenschaften*" des Werkstoffes ergebenden Verhältnisse für Ströme und Spannungen werden in voller Analogie zu den Darstellungen bei der Selbstinduktion durch den Verlustwinkel δ bzw. den Tangens dieses Winkels meßtechnisch erfaßt und quantitativ beschrieben. Die Tafel IV, S. 245 gibt für eine Reihe der für technische Kondensatoren benutzten Dielektriken Werte der Dielektrizitätskonstanten ε_r und des Tangens des Verlustwinkels δ an.

Hoch- und Höchstfrequenzkondensatoren werden mit Luft, in modernen Anlagen teilweise auch mit Hochvakuum als Dielektrikum ausgeführt. Das Hochvakuum erlaubt zwischen den Elektrodenflächen eine wesentlich höhere elektrische Beanspruchung als Luft, d. h. bei gleicher gegebener Scheitelspannung kann der Abstand der Elektroden und damit zur Erzielung gleicher Kapazität auch die Elektrodenfläche geringer angesetzt werden. Bei Verwendung von Luft entfallen die Durchführungen der Elektroden in das hochevakuierte Gefäß und die Aufwendungen zur absolut sicheren Aufrechterhaltung des Hochvakuums. Dieser Vorteil tritt besonders in Erscheinung, wenn die Beläge zur stetigen Verstellung der Kapazität gegeneinander beweglich sein sollen. Die klassische Bauform hierfür ist der sogenannte *Drehkondensator*, dessen Elektroden zwei halbkreisförmig aus-

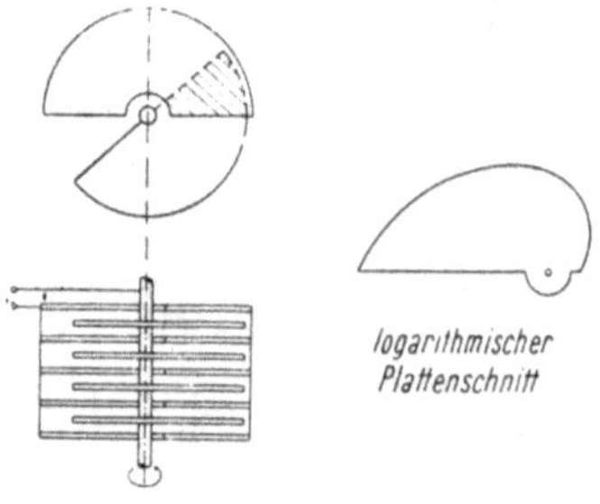

Bild 94. Drehkondensator

gebildete Plattengruppen sind, von denen die eine durch Drehung um eine Achse zwischen die Oberflächen der anderen eingeführt wird. Die einander gegenüberstehenden Flächen und damit die Kapazitätswerte der Anordnung können so stetig verändert werden. Bild 94 zeigt einmal den Aufbau dieses Gerätes schematisch, außerdem aber eine besondere Plattenform, den sogenannten logarithmischen Plattenschnitt, für das drehbare System, durch den eine für die Aufgaben der Rundfunktechnik besonders günstige funktionelle Zuordnung der Resonanzfrequenz eines aus Drehkondensator und fester Induktivität bestehenden Schwingungskreises zum Drehwinkel am Kondensator erreicht wird.

Die geschilderten Kondensatorformen können auch mit flüssigem Dielektrikum verwendet werden. Früher dienten hierfür in erster Linie Öle (wegen ihrer hohen Durchschlagsfestigkeit), heute werden auch synthetische organische Flüssigkeiten, z. B. das Clophen, verwendet, das eine wesentlich höhere Dielektrizitätskonstante als die üblichen Öle besitzt. Für hohe und höchste Frequenzen werden jedoch heute flüssige Dielektrika nicht mehr benutzt, da ihre dielektrischen Verluste besonders im Vergleich zu den heute verfügbaren synthetischen festen Isolierstoffen zu hoch sind.

Auf der Basis des Titanoxydes sind in den letzten 25 Jahren keramische Isolierstoffe mit relativen Dielektrizitätskonstanten bis etwa 100 bei niedrigen dielektrischen Verlusten geschaffen worden, die besonders für höhere Spannungen den früher im Gebiet der Hochfrequenztechnik vielfach verwendeten Glimmer weitgehend ersetzt haben. Bei diesen keramischen Massen werden die Beläge meist galvanisch aufgebracht und dann eingebrannt. Synthetische organische Folien (Styrole) mit extrem geringen dielektrischen Verlusten können für niedrige Spannungen, d. h. in geringen Dicken hergestellt werden, so daß heute Glimmer nur noch in relativ geringem Umfang für Meß- und Normalkondensatoren eingesetzt wird. Folien oder Papier als Dielektrikum werden, wie in Bild 95 schematisch dargestellt, in 2 Lagen mit 2 Bahnen Aluminiumfolie als Kondensatorbeläge zu flachen oder runden Wickeln aufgewickelt.

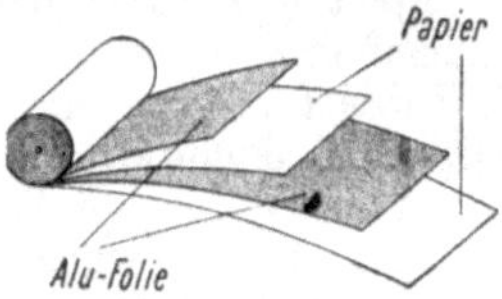

Bild 95. Herstellung eines Kondensatorwickels

Der wichtigste Kondensatorwerkstoff in Mittel- und Niederfrequenztechnik ist heute das Papier, das bis zu Stärken unter 0,01 mm herab in einer oder mehreren Lagen zum Einsatz kommt. Es wird mit Aluminiumfolien als Belägen gewickelt, dann sorgfältig von Feuchtigkeitsresten befreit und anschließend mit Ölen, Wachsen, Clophenen oder anderen flüssigen Dielektriken getränkt. Dadurch kommen alle Luft-

und Gasräume im elektrischen Feld zum Verschwinden, die im Betrieb durch Glimmentladungen Durchschläge einleiten können. Besonders für Blindleistungskompensation in den Verteilungsnetzen werden teilweise sehr große Kapazitäten verwendet, die aus einer großen Zahl von einzelenen Wickeln in Parallelschaltung in einem gemeinsamen Behälter bestehen. In den Zuleitungen zu den einzelnen Wickeln sind Schmelzleiter als Sicherungen vorgesehen, damit bei Durchschlägen immer nur die gestörten Elemente ausfallen.

Bei Kondensatoren für niedrige Spannungen kommt man mit sehr dünnen Schichten des Dielektrikums aus. Die als Beläge in den üblichen Bauformen verwendeten Aluminiumfolien nehmen dann einen verhältnismäßig großen Raum ein, weil auch sie etwa nur in den für das Papier benutzten Stärken hergestellt und verarbeitet werden können. Statt der Aluminiumfolien werden bei den sogenannten *Metallpapier-(MP-)Kondensatoren* die außerordentlich dünnen Metallbeläge im Vakuum auf das Papier aufgedampft. Diese Metallschichten sind dann so dünn, daß sie bei einem Durchschlag rings um die Durchschlagstelle verdampfen, so daß dort kein Kurzschluß bestehen bleibt. Damit wird der Metallpapierkondensator selbstheilend. Die besonders beim einlagigen Dielektrikum immer vorhandenen Löcher stellen bei dem aus der Maschine kommenden Kondensatorwickel eine Reihe von Kurzschlüssen oder Durchschlagsstrecken dar, die durch allmähliches Steigern der Spannung an den Belägen nacheinander ausgebrannt werden. Diesen Vorgang nennt man Formierung des Kondensators. Auch während des Betriebes des Kondensators treten mit statistisch erfaßbarer Häufigkeit Durchschläge auf, die aber nur zu einer unwesentlichen Abnahme der Kapazität durch die geringen Flächenverluste des Belages rings um die Durchschlagstellen führen.

Die Eigenschaften und der grundsätzliche Aufbau der besonders in Rundfunktechnik und Gerätebau vorzugsweise zur Glättung welliger Spannungen viel verwendeten Elektrolytkondensatoren wurden im Abschnitt VII, Seite 138 bereits erläutert.

XII. Grundprinzipien der elektrischen Meßgeräte und die wichtigsten direkt anzeigenden Meßinstrumente

1. Direkte und indirekte Übermittlung elektrischer Werte an die menschlichen Sinne

Der menschliche Körper empfindet elektrische Ströme wachsender Stärke zuerst unterhalb einer sogenannten Reizschwelle überhaupt nicht, reagiert dann mit mehr oder minder schmerzhaften Wahrnehmungen und erleidet schließlich Verletzungen, sei es im physiologischen Bestand (Verbrennungen), sei es in Form von Funktionsdefekten (Verkrampfungen, Lähmungen, Herzflimmern und ähnlichen). Der Mensch kann aus allen diesen Gründen elektrische Größen nicht ohne besondere technische Hilfsmittel objektiv erfassen, zumal die angegebenen Erscheinungen einschließlich der Reizschwelle sehr weitgehend von der persönlichen Konstitution und den äußeren Voraussetzungen abhängig sind. Elektrische Meßgeräte müssen also die elektrischen Größen in Erscheinungen umformen, die von den menschlichen Sinnen zuverlässig und maßstäblich aufgenommen und ausgewertet werden können.

Von den Sinnen des Menschen ist das *Auge* zur Verarbeitung von mechanischen oder optischen Anzeigen an Skalen sehr gut verwendbar. Grenzen seines Einsatzbereiches treten bei schnellen Bewegungen des anzeigenden Elementes auf, wenn das Auge diesen Bewegungen etwa bei Frequenzen von einigen Hz aufwärts nicht mehr zu folgen vermag.

Das menschliche *Ohr* hat eine von der Frequenz der auftreffenden Schallschwingungen sehr stark abhängige Empfindlichkeit, die bei Frequenzen zwischen etwa 800 und 1000 Hz ihr Maximum hat, bei den niedrigsten und höchsten gerade noch wahrnehmbaren Werten (ca. 30 Hz und 10 000 bis 15 000 Hz) aber sehr viel niedriger liegt. Außer der allgemeinen Empfindlichkeit hat aber das Ohr vor allem noch Fähigkeiten zum Frequenz- und teilweise auch Kurvenformvergleich, besonders zur selektiven Feststellung von Teiltönen und Oberschwingungen, die für manche elektrischen Messungen eingesetzt werden können.

2. Die Haupteigenschaften elektrischer Meßgeräte

Eine systematische Zusammenstellung wichtiger Eigenschaften von Meßgeräten muß einerseits von der Beschreibung der Wirkungsweise, andererseits zur Gütebeurteilung von der Meßgenauigkeit und Fehlanzeigemöglichkeit durch äußere Einflüsse ausgehen.

In einer möglichst vollkommenen Messung soll die gesuchte physikalische Größe sehr genau, sicher reproduzierbar und ohne allzu hohe physiologische Beanspruchung der tätigen Person ermittelt werden. Vom Instrument werden neben hoher Betriebssicherheit und möglichst geringem Einfluß aller Fehler verursachenden Störquellen hohe Genauigkeit und ein möglichst kleiner Eigenverbrauch verlangt, damit die Messung die physikalischen Verhältnisse an der Meßstelle möglichst wenig beeinflußt. Bei den elektrischen Meßinstrumenten kann die an der Meßstelle zur Betätigung des Instrumentes entnommene Leistung meist recht genau angegeben werden. Zur Kennzeichnung der Genauigkeit dient die *Klassenangabe*, eine Zahl, die in Prozenten des Skalenendwertes (Maximalanzeige) den an allen Stellen des Anzeigebereichs möglichen Wert der Anzeigeunsicherheit, d. h. den Absolutbetrag des denkbaren Fehlers angibt. Der mögliche relative Fehler wird damit z. B. bei einem Zehntel des Vollausschlages zehnmal größer. Elektrische Meßinstrumente höchster Genauigkeit, sogenannte Präzisionsmeßinstrumente gehören den Genauigkeitsklassen 0,1; 0,2 und bei gewissen Spezialbauformen auch 0,5 an, haben also eine Anzeigeunsicherheit (einen möglichen Fehler) von 1; 2 oder 5‰ des Skalenendwertes. Prüffeld- und Montageinstrumente entsprechen meist den Klassen 0,5 und 1 mit 0,5 bzw. 1% des Skalenendwertes als Anzeigeunsicherheit. Für Betriebsmeßinstrumente werden meist die Güteklassen 1; 2,5 und gelegentlich auch 5 gewählt.

Die vom elektrischen Meßgerät den menschlichen Sinnen übermittelten Werte können direkte Angaben oder über Maßstabs- oder Meßbereichsfaktoren zu berechnende Anzeigen des Betrages der gemessenen elektrischen Größe sein (*direkte Messungen*). Verfahren, bei denen eine Anzeige eines

Meßinstrumentes nicht quantitativ ausgewertet, sondern als Kennzeichen bestimmter elektrischer Verhältnisse in einer Schaltung benutzt wird, sind meist auf elektrische Werte (Spannung, Strom, gelegentlich Phase oder Leistung) vom Betrag Null an dem dann nur als *Nullindikator* dienenden Anzeigegerät abgestellt (*Nullmethoden*). Aus Elementen der Schaltung kann dann auf die zu bestimmenden elektrischen Werte rückgeschlossen werden. Diese Methoden haben den grundsätzlichen Vorteil, daß in die Genauigkeit der Messung nicht die Anzeigegenauigkeit, sondern allein die Empfindlichkeit, d. h. der zum gerade noch wahrnehmbaren Ausschlag erforderliche Leistungsbedarf des sogenannten Nullinstrumentes eingeht.

Auf die Anzeigegenauigkeit von Meßinstrumenten sind neben dem Zustand der für die Funktion maßgebenden Konstruktionsbauteile im Gerät selbst auch noch äußere Einwirkungen und innere Vorgänge von Einfluß, nach denen die dadurch bedingten Anzeigefehler bzw. -unsicherheiten direkt benannt werden. Hier sind in erster Linie Lagefehler, Temperaturfehler, Fremdfeldfehler (infolge elektrostatischer und elektromagnetischer Einflüsse), ferner Alterungsfehler (herrührend von mechanischen Federn und Permanentmagneten), Anwärmfehler, Kippfehler (Lagerung der bewegten Teile) etc. zu nennen. Weitere Abweichungen der Anzeige vom wahren Wert können durch Einflüsse von Kennwerten der Meßgröße herrühren, die in der vorliegenden Messung nicht ermittelt werden sollen, aber das Meßergebnis verfälschen, z. B. die Frequenz, Kurvenform oder der Oberwellengehalt bei elektrischen oder magnetischen Größen.

In den folgenden Abschnitten werden die elektrischen Meßinstrumente nach den chemischen und thermischen Wirkungen sowie nach der Ausnutzung mechanischer Kräfte gegliedert, die in ihnen zur quantitativen Anzeige elektrischer Werte benutzt werden. Dabei können verschiedene Bauformen je nach konstruktiver Ausführung zur Anzeige der *Augenblickswerte* oder der *Mittelwerte* oder von *Zeitintegralen* elektrischer Größen dienen. Die Mehrzahl der Zeitintegralmeßwerke heißen *Zähler*. Die den Augenblickswert anzeigenden

Meßinstrumente, die besonders der Aufzeichnung schnell veränderlicher Größen dienen, werden *Oszillografen* (Schwingungsschreiber) genannt. Da bei Herstellung und Einsatz zahlenmässig die Gruppe der Instrumente weit überwiegt, die Mittelwerte anzeigen, sollen die nach der Wirkungsweise unterschiedenen Ausführungsformen dieser Gruppe in den folgenden Abschnitten zuerst behandelt werden.

3. Die Ausnutzung chemischer Wirkungen des elektrischen Stromes für Meßwerke

Die chemischen Wirkungen des durch einen flüssigen Elektrolyten geleiteten Stromes sind über die Substanzabscheidungen besonders zur Messung von Elektrizitätsmengen oder Ladungen geeignet. Als physikalisches Laboratoriumsgerät zur absoluten Definition der Ladung dient das sogenannte Silbervoltameter, in dem unter festgelegten physikalischen Bedingungen eine As 1,118 mg Silber auf einer Platinelektrode abscheidet.

Für die Zwecke der fortlaufenden Messung der aus Gleichstromnetzen an die einzelnen Verbraucher gelieferten Elektrizitätsmengen sind in früheren Jahren die sogenannten Stia-Zähler häufig verwendet worden. Durch den vom Verbraucher aufgenommenen Strom wird Quecksilber abgeschieden, dessen Menge in einer Kapillare abgelesen werden kann. Unter Annahme einer konstanten Speisespannung im Gleichstromnetz kann die durch die abgeschiedene Quecksilbermenge bestimmte Ladung zur Verrechnung der gelieferten elektrischen Arbeit benutzt werden. Das ohne jegliche bewegte Teile arbeitende Gerät besitzt eine vollkommen ausreichende Genauigkeit und bedarf nur einer sehr geringen Wartung und Pflege

4. Die auf den thermischen Wirkungen des elektrischen Stromes beruhenden Meßinstrumente

Die thermischen Wirkungen des elektrischen Stromes sind besonders in der Hochfrequenztechnik lange in den sogenannten *Hitzdrahtinstrumenten* zur Messung ausgenutzt worden.

Das Meßverfahren beruht darauf, die Längenänderung infolge Stromwärme eines vom Strom durchflossenen Leiters zu messen. Die in dem Leiter in Wärme umgesetzte elektrische Leistung ist dem Quadrat des ihn durchfließenden Stromes proportional. Dadurch zeigt das Instrument unabhängig von Kurvenform und Frequenz echt den Effektivwert des Stromes an. In Bild 96 links ist das Meßwerk schematisch dargestellt. Die Längenänderung des Leiters führt zu einer senkrechten Versetzung des oberen Befestigungspunktes eines Fadens *F* 1. Der Mittelpunkt des letzteren kann nun unter dem Zug des von der Feder *Fe* gespannten Fadens *F* 2 um einen wesentlich größeren Weg nach links auswandern. Die Bewegung des Fadens *F* 2 wird über die auf der Zeigerachse sitzende Rolle auf den Zeiger

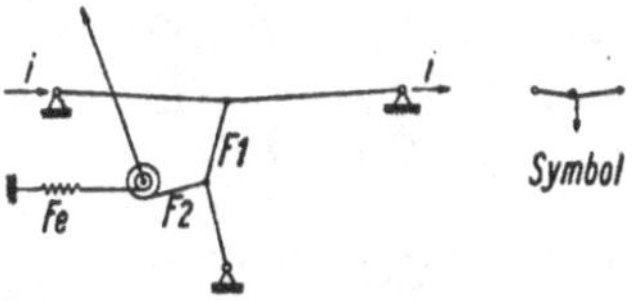

Bild 96. Schematischer Aufbau und Darstellungssymbol für ein Hitzdrahtinstrument

selbst übertragen. Diese Anordnung stellt ein spiel-, gelenk- und bis auf die Zeigerlagerung reibungsfreies mechanisches Übersetzungssystem dar, das die kleinen Beträge der thermischen Ausdehnung des Leiters bis zu dem dem Meßwert entsprechenden Zeigerausschlag vergrößert. Fremde Temperatureinflüsse wirken sich beim Hitzdrahtinstrument nachteilig auf die Messung aus. Die Bauart dieser heute sehr selten gewordenen Meßwerke wird auf der Instrumentenskala durch das in Bild 96 rechts dargestellte Symbol gekennzeichnet.

Die Bauform der Hitzdrahtinstrumente ist heute durch die sogenannten *Thermoumformer* überholt. In diesen Geräten bleibt der Vorteil einer echten Effektivwertanzeige über einen vom Strom beheizten Leiter erhalten. Die Erwärmung wird mit einem kleinen Thermoelement (siehe Bild 97 links) an dem sogenannten Heizer gemessen. Das Thermoelement wird an ein hochwertiges Drehspulinstrument angeschlossen. Eine weitergebildete Kombination von Hitzdraht und Thermoelement erlaubt, wie in Bild 97 Mitte dargestellt, eine besonders bei hochfrequenten Strömen wichtige Isolierung des vom Meßstrom durchflossenen Leiters gegen die nur die Thermoströme führenden Verbindungen zum eigentlichen Meßinstrument. Bild 97 rechts gibt das Darstellungssymbol für eine derartige Anordnung im Schaltbild und auf der Instrumentenskala wieder.

Bei allen die thermischen Wirkungen des Stromes ausnutzenden Meßinstrumenten ist die Skala quadratisch geteilt, d. h. doppelten Stromwerten entsprechen vierfache Winkelausschläge. Infolgedessen lassen sich einigermaßen genau

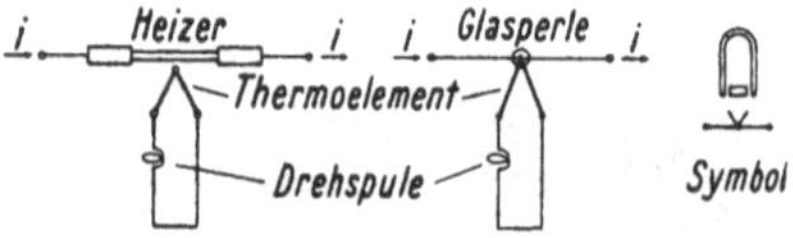

Bild 97. Schaltungen von Thermoumformern. Darstellungssymbol

Bild 98. Darstellungssymbol für Bimetallmeßwerk

elektrische Größenwerte (Ströme oder Spannungen) nur im Verhältnis 1 : 3, bezogen auf den Skalenendwert des Instruments, d. h. zwischen etwa 11 und 100% des Ausschlagwinkels des Zeigers ablesen.

Bei dauernd und unregelmäßig über große Bereiche veränderlichen Strömen in elektrischen Anlagen, z. B. in Generatoren, Verteilungsleitungen, Transformatoren und Umformern, aber auch bei den diese stark wechselnden Ströme aufnehmenden Verbrauchern, z. B. Aufzügen, Bahnen und gewissen Spezialantrieben ist eine Augenblicksanzeige des Stromes bzw. eine Mittelwertbildung über Zeiten in der Größenordnung unter einer Sekunde nur von geringem Wert. Wichtiger für die Beurteilung der Beanspruchung der Anlagenteile ist eine Erfassung des Erwärmungszustandes in den Strombahnen durch eine der Erwärmung entsprechende, also quadratische Mittelwertbildung über Zeiten von Minuten. Hierfür sind in den letzten Jahren thermische Anzeigeninstrumente bewußt großer Trägheit entwickelt worden, bei denen die Verbiegung der bereits im Abschnitt X, S. 98 beschriebenen Bimetallstreifen bei Erwärmung durch Stromdurchgang direkt zur Anzeige benutzt wird. In den Instrumenten sind mehrere Bimetallstreifen ähnlich wie Spiralfedern so angeordnet, daß Temperatureinflüsse der Umgebung weitgehend ausgeglichen sind. Durch den fließenden Strom wird einer der Streifen so erwärmt, daß ein am Ende angebrachter Zeiger auf einer Skala den effektiven Mittelwert innerhalb der letzten Minuten anzeigt. Das Darstellungssymbol für diese Meßwerktype ist in Bild 98 wiedergegeben.

5. Meßwerke mit Ausnutzung elektrostatischer Feldkräfte

Die mechanischen Systeme, die zur Messung und Anzeige der elektrisch erzeugten Kräfte in den Instrumenten dienen, sind bei den hier zu betrachtenden Bauformen immer *Drehmomentmeßwaagen.* Elektrisch werden Drehmomente erzeugt, die über die an Rückstellfedern auftretenden, mit Zeiger und Skala sichtbar gemachten Verformungen der Federn gemessen werden. Temperatur-, Fremdfeld- (Erdbeschleunigung) und Alterungsfehler sowie Ungenauigkeiten und Reibungskräfte bei der Lagerung des bewegten Systems sind daher für die Meßgenauigkeit von großem Einfluß. Im Normalfall wird außerdem angestrebt, daß das elektrisch erzeugte Drehmoment möglichst weitgehend von der jeweiligen Stellung des beweglichen Systems (Drehwinkel α) unabhängig ist.

In den *elektrostatischen Meßinstrumenten* werden die Anziehungs- oder Abstoßungskräfte elektrischer Ladungen gemessen und in Auslenkungen eines bewegten Systems angezeigt, das mit dem beweglichen Belag einer Kondensatorenanordnung verbunden ist, die sich meist in Luft befindet. In Bild 99 sind schematisch zwei Bauformen für solche Elektrodenanordnungen und das Darstellungssymbol für diese Meßwerktype wiedergegeben. Bei der einen Konstruktion ändert sich der Elektrodenabstand eines Plattenkondensators nach Maßgabe der gemessenen Spannung, beim zweiten System verdrehen sich zwei dem Drehkondensator ähnliche

Elektrodenanordnungen unter der Wirkung der Ladungskräfte gegeneinander. Wie sich in einer genaueren Betrachtung zeigen läßt, sind die mit derartigen Anordnungen erzielbaren

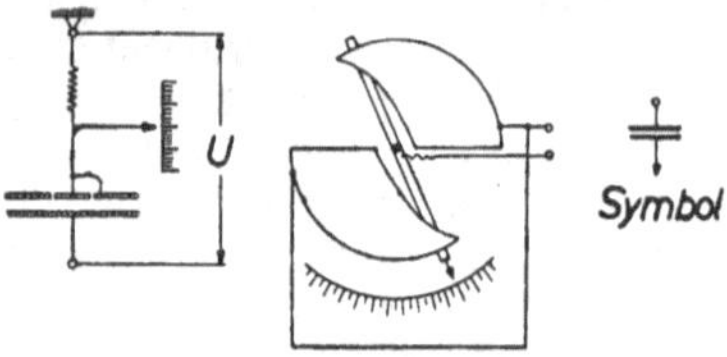

Bild 99. Elektrostatische Zeigermeßwerke

Kräfte bzw. Drehmomente umso größer, je stärker sich bei der Auslenkung die Kapazität des aufgeladenen Systems ändert. In Spezialschaltungen und unter Verwendung eines Doppelkondensators mit einer gemeinsamen beweglichen Elektrode, die bei Auslenkungen die eine Kapazität anwachsen, die andere abnehmen läßt, können, wie an Schaltungsbeispielen des sogenannten *Quadrantenelektrometers* in Bild 100 an einigen Beispielen gezeigt wird, auch niedrige Spannungen von einigen Volt (rechts oben), außerdem aber auch Leistungen (rechts unten) gemessen werden. Da der Isolationswiderstand der Elektroden in diesen Meßwerken sehr hoch getrieben

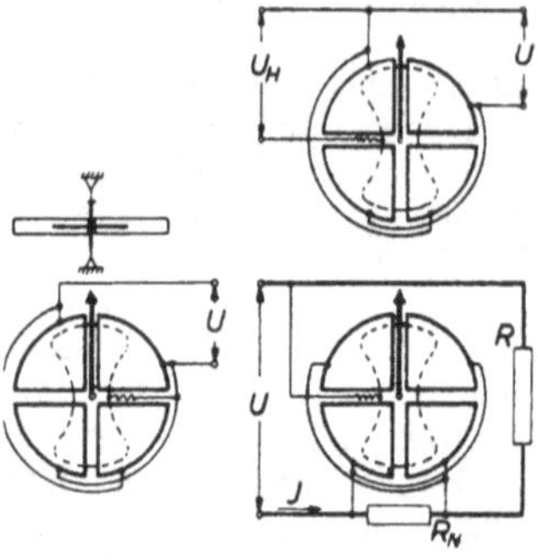

Bild 100. Schaltungsbeispiele und Anordnung des Quadrantenelektrometers

werden kann, ist bei der Messung von Gleichspannungen der Eigenverbrauch praktisch Null. In Wechselstromkreisen, insbesondere bei höheren Frequenzen, ist immer zu berücksichtigen, daß sich bei anderem Ausschlag des Instruments auch die durch das Instrument gebildete kapazitive Belastung ändert. Die Skala des elektrostatischen Instrumentes ist bei linearer Änderung der Kapazität mit dem Ausschlag quadratisch, das Instrument zeigt echte Effektivwerte an. Durch geeignete Formgebung der Elektroden bei einer Kondensatoranordnung nach Bild 99 Mitte kann die Skala so verformt werden, daß sie zwischen etwa 10 und 100% des Vollausschlags beinahe linear ist.

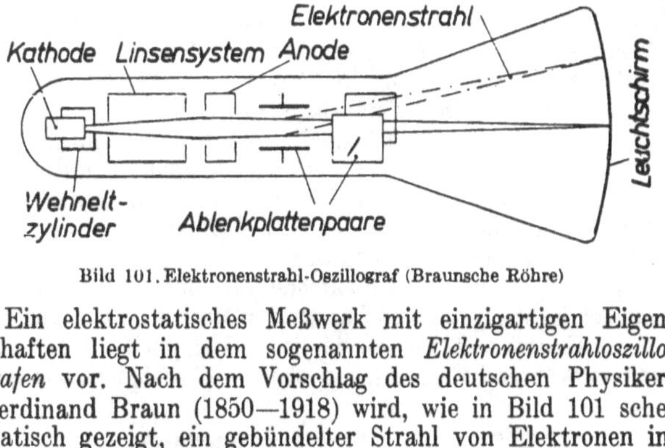

Bild 101. Elektronenstrahl-Oszillograf (Braunsche Röhre)

Ein elektrostatisches Meßwerk mit einzigartigen Eigenschaften liegt in dem sogenannten *Elektronenstrahloszillografen* vor. Nach dem Vorschlag des deutschen Physikers Ferdinand Braun (1850—1918) wird, wie in Bild 101 schematisch gezeigt, ein gebündelter Strahl von Elektronen im Hochvakuum beim Durchtritt zwischen den aufgeladenen Elektroden eines Plattenkondensators durch die auf die Elektronen wirkenden Feldkräfte abgelenkt. Dieses elektrostatische Meßwerk benutzt für die Anzeige als auszulenkendes System nur die leichtesten, überhaupt denkbaren Körper, die Elektronen selbst, und ist daher besonders zur Aufzeichnung schnell veränderlicher Spannungen geeignet. Die Auslenkung des Strahles wird in der in Bild 101 dargestellten Röhre dadurch sichtbar gemacht, daß die Elektronen beim Auftreffen auf einen mit einer geeigneten phosphoreszierenden

Substanz bedeckten Schirm diesen an der Auftreffstelle zum Aufleuchten bringen. Da man die Ablenkung des Elektronenstrahls durch mehrere in Strahlrichtung meist hintereinander angeordnete Ablenkplattensysteme in verschiedenen Richtungen bewerkstelligen kann, ist dieses elektrostatische Meßwerk gleichzeitig als *Koordinatenschreiber* verwendbar. Seine Meßgenauigkeit ist weitgehend von der Schärfe des Leuchtpunktes an jeder Stelle auf dem Schirm abhängig. In dieser Richtung wurde die Entwicklung der Elektronenstahlröhre in den letzten beiden Jahrzehnten dadurch besonders befruchtet, daß man für die Elektronenbahnen in den verschiedenen elektrischen Feldern zwischen der emittierenden Kathode und der Anode und darüber hinaus bis zum Schirm Gesetze aufstellen konnte, die denen der Lichtoptik weitgehend entsprechen (Elektronenoptik). Bei der normalen Oszillografenröhre besteht die Aufgabe, durch eine relativ nahe bei der Kathode befindliche elektronenoptische Sammellinse die emittierende Kathodenfläche auf dem Schirm, d. h. in relativ großer Entfernung von der Linsenmitte und damit vergrößert abzubilden, wobei diese Abbildung auch noch scharf bleiben muß, wenn der Strahl durch die hinter der Linse befindlichen Plattenpaare seitlich abgelenkt wird. Durch eine topfförmige Elektrode (Wehnelt-Zylinder) mit zentraler Bohrung unmittelbar an der Kathode kann zusätzlich der Emissionsstrom und damit die Helligkeit des Leuchtpunktes während der Messung elektrisch gesteuert werden.

6. Drehspul- und Drehmagnetmeßwerke

Die überwiegende Mehrzahl aller Anzeigeinstrumente nutzt die Kraftwirkungen zwischen elektrischen Strömen und magnetischen Feldern sowie anziehende und abstoßende Kräfte zwischen magnetisierten Eisenteilen bzw. zwischen diesen und den magnetisierenden Spulenanordnungen aus.

Beim *Drehspulinstrument* befindet sich nach Bild 102 eine vom Meßstrom durchflossene, leicht drehbar gelagerte Spule in einem möglichst homogenen radialen Feld eines Permanentmagneten, dessen Fluß mit möglichst geringem magnetischen Widerstand über die Polschuhe und den im Innern der drehbaren Spule fest gelagerten zylindrischen Kern geführt ist. Das auf das Drehspulsystem beim Fließen eines Stromes i in der Spule wirksam werdende Drehmoment D ist der magnetischen Induktion im Luftspalt B_L, der Leiter- oder Windungszahl w der Spule, dem Durchmesser d der Spule und der im Magnetfeld wirksam befindlichen Leiterlänge l proportional:

$$D = k_1 \cdot i \cdot B_L \cdot w \cdot d \cdot l.$$

Dieses Drehmoment wird gemessen durch die Verformung zweier Federn, die den Zeiger des Instruments in der Nullage

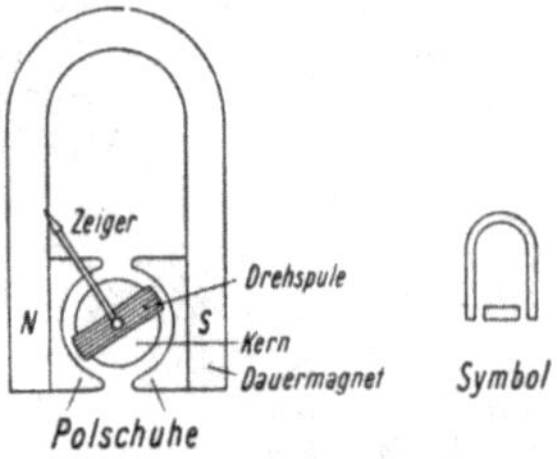

Bild 102. Grundsätzlicher Aufbau und Darstellungssymbol des Drehspulinstrumentes

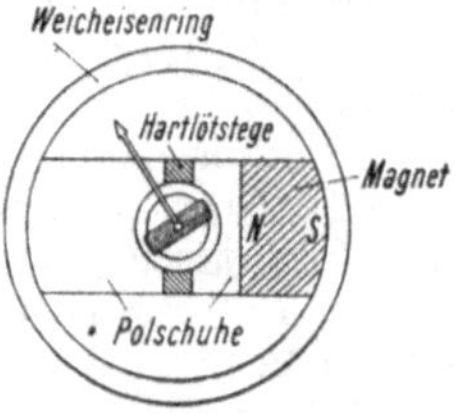

Bild 103. Beispiel eines modernen Drehspulmeßwerkes

zu halten suchen und gleichzeitig zur Zu- und Ableitung des Stromes in der Spule benutzt werden. Ist die Luftspaltinduktion im Bereich des Auslenkungswinkels α der Spule konstant:

$$B_L = f(\alpha) = \text{konst.}$$

und die Auslenkung α der Federn dem wirksamen Drehmoment genau proportional:

$$D = k_2 \cdot \alpha,$$

so ist die Anzeige des Instrumentes dem fließenden Strom bzw. bei schnellen Änderungen desselben, dem das System mechanisch nicht folgen kann, dessen Mittelwert eindeutig zugeordnet:

$$\alpha = k_3 \cdot i.$$

Das zur Kennzeichnung dieses Meßwerkes dienende Symbol in Bild 102 rechts gibt schematisch den Meßwerkaufbau mit dem kennzeichnenden permanenten Hufeisenmagneten in der klassischen Bauweise wieder.

In neuerer Zeit sind die Bauformen des Drehspulinstrumentes besonders durch die Entwicklung der magnetischen Werkstoffe beeinflußt worden. Die immer höheren Werte, die für Remanenz und Koerzitivkraft der hartmagnetischen Werkstoffe erzielt wurden, führten zu einer erheblichen Verkleinerung der Eisenlänge und damit von Volumen und Gewicht des Permanentmagneten. Im gesamten magnetischen Kreis nimmt daher heute der Permanentmagnet nur einen relativ kleinen Teil der Länge ein. Auf die Bearbeitungsschwierigkeiten der in Frage kommenden sehr harten Werkstoffe (z. B. Aluminium-Nickel-Kobalt-Legierungen) wird in der Konstruktion Rücksicht genommen, z. B. in dem Magnetkreis eines modernen Drehspul-Präzisionsinstrumentes, der in Bild 103 schematisch dargestellt ist. Der hier gleichzeitig zur Abschirmung gegen Fremdfelder und zur Rückführung des Hauptflusses dienende äußere Weicheisenring preßt mit seiner Eigenspannung die gegeneinander durch Hartlötstege abgestützten Polschuhe und den klotzförmigen Permanentmagneten sehr fest zusammen, so daß am letzteren keine zusätzlichen Befestigungselemente erforderlich sind.

Die gesteigerten Leistungen der modernen Permanentmagnete erlauben es, den Träger der magnetischen Spannung in den feststehenden Kern innerhalb der Drehspule zu verlegen. Auf diese Weise entsteht das sogenannte *Kernmagnetmeßwerk*, das, schematisch in Bild 104 dargestellt, den Vorteil einer sehr einfachen Fertigung und Montage und eines sehr geringen Gewichtes hat. Nachteilig wirkt sich allein die Veränderlichkeit der Luftspaltinduktion längs des Umfanges des Magnetkernes aus. Für einen Auslenkwinkel von 60°, d. h. von ± 30° zu beiden Seiten des Induktionsmaximums, ändert sich aber die Luftspaltinduktion nach der Cosinusfunktion nur im Verhältnis zwischen 87 und 100%. Im gleichen Verhältnis ändern sich damit auch die Abstände der Skalenstriche für gleiche Stromänderungen längs der ganzen Skala.

Die Umkehrung des Kernmagnetsystems ist das *Drehmagnetmeßwerk*, das vor der Jahrhundertwende für höchstempfindliche Anzeige- und Nullinstrumente verwendet wurde, die heute allgemein als Drehspulinstrumente mit Band- oder Fadenaufhängung des bewegten Systems und mit Lichtzeiger oder Spiegelablesung (siehe auch den Abschnitt über Nullinstrumente, S. 210) ausgeführt werden. Der Hauptnachteil der älteren Bauformen des Drehmagnetsystems, der sogenannten Nadelgalvanometer, lag in ihrer großen Fremdfeldempfindlichkeit (Erdfeld, stromdurchflossene Leitungen, Rückströme im Erdboden). Statt der magnetisch nicht sehr leistungsfähigen Kompaßnadeln, die in derartigen Galvano-

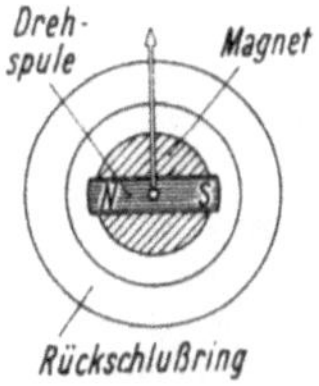

Bild 104. Kernmagnetmeßwerk

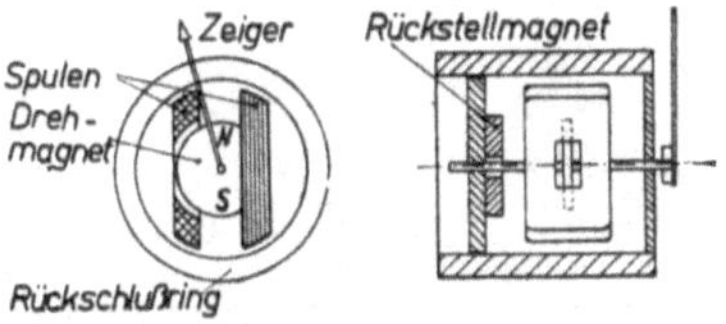

Bild 105. Drehmagnetsystem

metern benutzt wurden, besitzt das moderne, besonders für billige Schalttafelinstrumente geeignete Drehmagnetsystem eine meist gesinterte dünne Magnetscheibe, die direkt auf der Instrumentenachse befestigt ist. Diese Scheibe wird, wie in Bild 105 schematisch dargestellt, von 2 Spulen umfaßt, die ein magnetisches Feld senkrecht zur Richtung der Scheibenmagnetisierung aufbauen und damit auf die Scheibe ein Drehmoment ausüben. Das magnetische Feld der Scheibe schließt sich über die Wandung eines weichmagnetischen Rohres, das die Scheibe und die Ablenkspulen umgibt und gleichzeitig zur Fremdfeldabschirmung dient. Ein besonderer fertigungstechnischer Vorteil dieser Bauform ergibt sich aus der Tatsache, daß man zur Erzeugung des Gegenmomentes einen axial hinter oder vor der abgelenkten Scheibe parallel dazu fest angebrachten Gegenmagneten verwenden kann, durch dessen Drehung die Nullage der Zeigerachse und durch dessen axiale Entfernung vom Ablenksystem die Größe des Rückstellmomentes verändert werden kann.

Der geringe Eigenverbrauch und die hohe Genauigkeit des Drehspulmeßwerkes lassen die Frage entstehen, ob diese, grundsätzlich nur zur Anzeige von Gleichgrößen geeignete Instrumentenbauform nicht durch geeignete Zusatzgeräte auch für Wechselstrom- und -spannungsmessungen verwendbar gemacht werden kann. Dies ist, wie Bild 106 an zwei Beispielen zeigt, durch die Vorschaltung, von Gleichrichterelementen möglich, die dank ihrer „Stromdurchlässigkeit in nur einer Richtung" (siehe auch Abschnitt VIII, S. 133) für die beiden, durch ausgezogene und gestrichelte

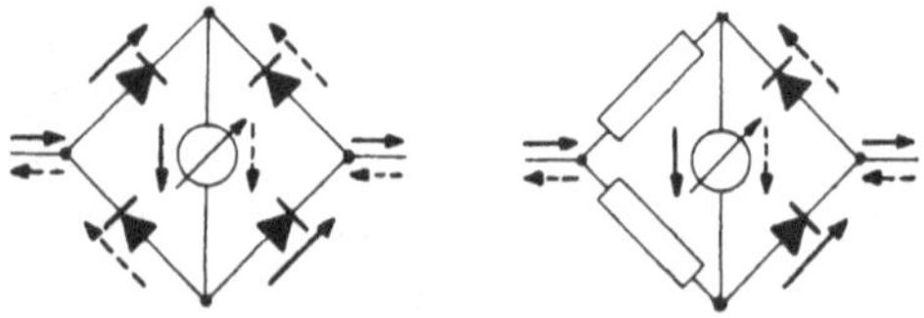

Bild 106. Schaltungen eines Drehspul-Gleichrichter-Instrumentes

Pfeile gekennzeichneten Richtungen des Wechselstromes diesen in beiden Fällen gleichgerichtet über das eigentliche Meßwerk fließen lassen. Als Gleichrichterelemente werden hierfür Kupfer-Kupferoxydul-Trockengleichrichter und in neuerer Zeit besonders Germanium-Gleichrichter verwendet. Mit derartigen Gleichrichterinstrumenten können Wechselgrößen mit Frequenzen bis etwa 20 kHz gemessen werden. Sogenannte Universalmeßgeräte mit Drehspulmeßwerk und Gleichrichter, die mit mehreren Meßbereichen für Wechselströme und -spannungen ausgerüstet sind, können bei Abschaltung der Gleichrichter auch zur Messung von Gleichströmen und -spannungen benutzt werden.

7. Weich- und Dreheisenmeßwerke

Die sogenannten *Weicheiseninstrumente* nützen die Kraftwirkungen aus, die zwischen magnetisierten Eisenstücken oder zwischen einem Eisenstück und einer magnetisierenden Spule entstehen. Diese Kraftwirkungen sind dem Quadrat der magnetischen Induktion B proportional und damit von der Richtung von B unabhängig. Da das von einer Spule hervorgebrachte magnetische Feld bei diesen Geräten im wesentlichen in Luft verläuft, kann man die Induktion B dem fließenden Strom proportional ansetzen. Da das Instrument ferner wegen seiner Trägheit bei den meisten Bauarten den Momentanwerten der Kraftwirkung nicht zu folgen vermag, sondern den Mittelwert bildet, zeigen die Instrumente bei Wechselströmen den Effektivwert an.

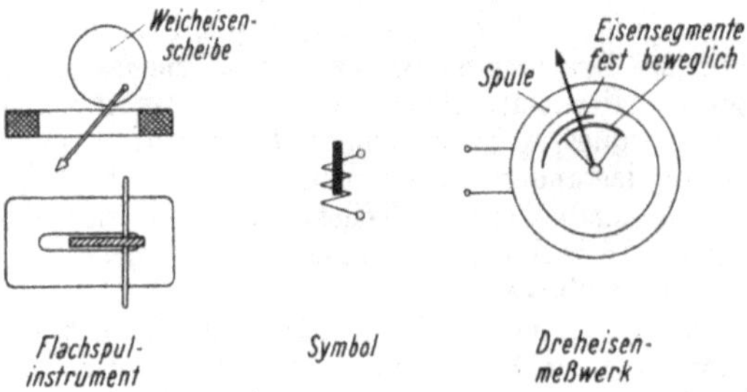

Bild 107. Weicheisenmeßwerk mit Flach- und Rundspule

Bei einer älteren Bauform der Weicheiseninstrumente, dem sogenannten Flachspulinstrument, wird ein auf der Instrumentenachse exzentrisch befestigtes Eisenscheibchen in die neben der Achse angeordnete Flachspule hineingezogen. Die Funktionsweise dieser, in Bild 107 links schematisch dargestellten Bauform hat zu der im gleichen Bild Mitte wiedergegebenen Meßwerkskennzeichnung für Weicheiseninstrumente geführt. Auch bei diesen Instrumenten wird das Rückstellmoment für das bewegte System von Federn oder bei manchen älteren Konstruktionen durch Gegengewichte hervorgebracht. Durch geeignete Formgebung für das zu magnetisierende Eisenscheibchen und durch eine entsprechend angepaßte Kennlinie des rückstellenden Feder- oder Gewichtsmoments lassen sich Skalenverläufe erzielen, die trotz der quadratischen Kraftwirkungen im Meßwerk, die entsprechend eine quadratisch geteilte Skala verlangen würden, eine etwa zwischen 10 und 100% des Ausschlages lineare Teilung besitzen. Die moderne Bauform des Weicheiseninstrumentes, das *Dreheisenmeßwerk* (schematisch in Bild 107 rechts), besitzt eine zylindrische Spule, in deren Mitte sich die Drehachse des bewegten Systems befindet. Dieses trägt entweder ein Eisenplättchen, das zylinderförmig gebogen und trapezförmig oder dreieckig geschnitten ist. Ihm steht auf der Innenseite der Spule fest ein zweites ähnliches Eisenplättchen gegenüber, das im gleichen Sinn parallel zur Spulenachse magnetisiert wird, infolgedessen das bewegliche Plättchen abstößt und dadurch die Zeigerachse des Instrumentes verdreht. Bei einer anderen Bauform des Dreheisenmeßwerkes werden ein festes und ein bewegliches Eisenplättchen rechteckiger Form radial in der Spule angeordnet, wobei das eine mit der Instrumentenachse verbunden, das andere an der Spule befestigt ist. Die beiden gleichsinnig magnetisierten Teilchen bewegen sich mit zunehmender Auslenkung zueinander wie die Schenkel eines sich öffnenden Winkels.

Die großen Räume, die im Weicheiseninstrument der vom Meßstrom erzeugte Fluß erfüllt, führen zu einer erheblichen Blindleistungsaufnahme der Geräte. Außerdem werden mit zunehmender Frequenz der zu messenden Ströme durch die Wirbelströme in den magnetischen Eisenteilen die Kraftwirkungen erheblich herabgesetzt. Aus beiden Gründen sind Weicheiseninstrumente im wesentlichen für technische Frequenzen bis etwa 100 Hz geeignet. Präzisionsweicheiseninstrumente mit ausgesuchten magnetischen Materialien und spezieller konstruktiver Ausbildung können so ausgeführt werden, daß ihre Skala für eine Eichung mit Gleich- und Wechselstrom bis zu Frequenzen von vielleicht 150 bis 350 Hz identisch gleich ist. Da die überwiegende Anzahl der Weicheiseninstrumente zur Messung von Strömen und Spannungen in Betriebsanlagen dienen, werden sie mit geringer Genauigkeit ausgeführt, auch kann auf eine Gleichheit der Skalen für Gleich- und Wechselstrom meist verzichtet werden.

Eine Sonderbauform der Weicheiseninstrumente verwendet zur Frequenzmessung ein in seiner Eigenfrequenz erregtes schwingungsfähiges Meßsystem. Bei den meist für die Frequenzen der üblichen Stromversorgungsnetze ausgelegten *Zungenfrequenzmessern* ist eine kammartige Reihe federnder Stahlzungen verschiedener Länge auf der dem Beobachter zugewandten Spitze zur besseren Erkennbarkeit mit viereckigen Abschlußblechen versehen. Die einzelnen Blattfedern geraten unter der Wirkung eines von einem Strom der zu messenden Frequenz gespeisten Elektromagneten in Schwingungen, wobei größere Ausschläge infolge der mechanischen Resonanz allein bei der mit ihrer Eigenfrequenz angeregten Zunge zustande kommen. Bei Verwendung eines einfachen Wechselstrommagneten treten Anziehungskräfte jeweils zweimal pro Periode auf, so daß bei 50 Hz eine Zunge mit 100 Hz Eigenschwingung die größten Ausschläge zeigt. Fügt man in den magnetischen Kreis noch einen zusätzlichen Permanentmagneten mit der Induktion $B_=$ ein, dann ist für die Erregung der Zungen in dem Ausdruck für die wirkenden magnetischen Kräfte

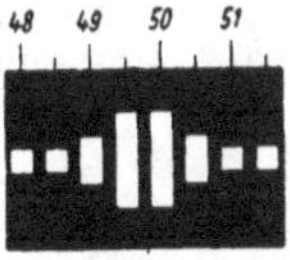

Bild 108. Anzeige eines Zungenfrequenzmessers

$$P_{\text{magn}} = k \cdot (B_= + B_\sim)^2 = k \cdot (B_=^2 + 2\, B_= \cdot B_\sim + B_\sim^2)$$

gerade das mit einfacher Frequenz behaftete Glied

$$2\, k \cdot B_= \cdot B_\sim$$

ausschlaggebend, sofern $B_=$ größer als $B_\sim$ ist. Eine schematische Darstellung des Erregungszustandes mehrerer Zungen eines solchen Frequenzmessers bei einer Frequenz von 49,75 Hz ist in Bild 108 wiedergegeben.

8. Dynamometrische Meßinstrumente

Beim Drehspulinstrument ist das entstehende Drehmoment von dem in der Spule fließenden Strom und von der Stärke des Feldes des Permanentmagneten abhängig. An die Stelle des letzteren tritt bei den *dynamometrischen Instrumenten* (siehe die schematische Spulenanordnung in Bild 109 mit der Meßwerkskennzeichnung daneben) ein Spulensystem, das ein dem Spulenstrom i_1 proportionales Magnetfeld erzeugt. Auf die in diesem Feld drehbar angeordnete, vom Meßstrom i_2 durchflossene Drehspule wirkt ein Drehmoment, das vom Produkt der beiden Ströme nach folgender Formel abhängig ist:

$$D = k \cdot i_1 \cdot i_2.$$

Die dynamometrischen Meßwerke dienen vorzugsweise der Messung von Leistungen bei Wechselstrom. Wird ein solches Instrument mit seinem Strompfad, der meist durch die Windungen der feststehenden Spule gebildet wird, in die Zuleitung zu einem Verbraucher nach Bild 110 geschaltet und wird über einen geeigneten Vorwiderstand der beweglichen Spule ein Strom zugeführt, der der am Verbraucher liegenden Spannung u genau proportional ist, dann entsteht im Instru-

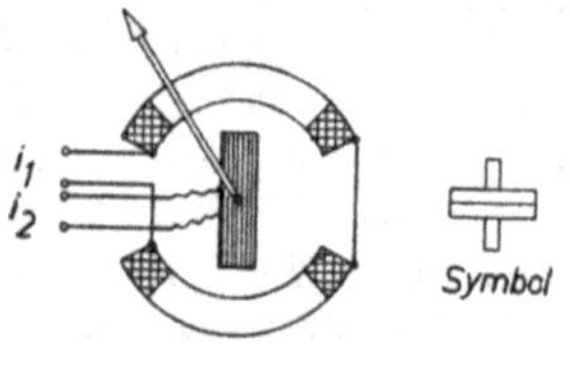

Bild 109. Spulenanordnung und Darstellungssymbol des dynamometrischen Meßwerkes

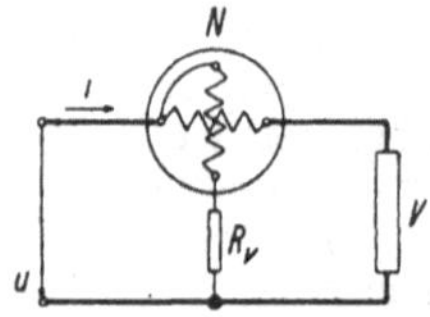

Bild 110. Elektrodynamisches System als Leistungsmesser

ment ein Drehmoment, das in jedem Augenblick dem Momentanwert des Produktes aus Strom und Spannung am Verbraucher entspricht. Der zeitliche Verlauf dieses Moments ist damit identisch mit dem der vom Verbraucher aufgenommenen Leistung. Durch die mechanische Trägheit bildet das Meßsystem des Instruments den arithmetischen Mittelwert und zeigt dabei die dem Verbraucher zugeführte Wirkleistung unabhängig vom zeitlichen Verlauf von Strom und Spannung genau an. Bei sinusförmigen Strömen und Spannungen entspricht das Drehmoment an der Instrumentenachse der Wirkleistung gemäß der folgenden Formel:

$$N = U_{eff} \cdot I_{eff} \cdot \cos \varphi.$$

Für Sonderaufgaben insbesondere zur Leistungsmessung in Mehrphasen- oder Drehstromsystemen werden manchmal mehrere dynamometrische Meßwerke mechanisch miteinander gekoppelt. Dies geschieht entweder durch Anordnung aller bewegten Systeme auf einer gemeinsamen Achse oder durch Kopplung über hochwertige Bandtriebe.

Schaltet man bei einem einfachen dynamometrischen Meßwerk die feste und die bewegliche Spule hintereinander und speist in die Reihenschaltung einen Strom ein oder legt sie über einen Vorwiderstand an eine Spannung (siehe Bild 111),

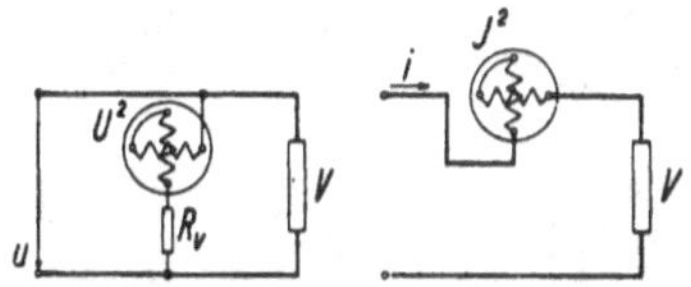

Bild 111. Schaltungen des elektrodynamischen Meßwerkes zur Spannungs- und Stromanzeige (Effektivwerte)

dann entsteht in den Meßwerken ein dem Quadrat des Momentanwertes von Strom oder Spannung proportionales Drehmoment. Derartige dynamometrische Strom- und Spannungsmesser zeigen Effektivwerte genau an, haben eine quadratisch geteilte Skala und können mit Gleichstrom geeicht werden.

9. Wirbelstrommeßwerke

Die Bauform der von dem Italiener Galileo Ferraris (1847—1897) angegebenen *Wirbelstrommeßwerke* hat im grundsätzlichen eine gewisse Ähnlichkeit mit der der dynamometrischen Leistungsmesser. In Bild 112 links ist für eine Bauform mit einem glockenförmigen Anker dargestellt, daß über zwei gekreuzte Spulensysteme in dem Aluminiumanker Ströme induziert werden, da die Strombahnen der Trommel und die Wicklungen der entsprechenden Spule über einen gemeinsamen magnetischen Wechselfluß miteinander verkettet sind. Zur Führung dieses Flusses ist ein lamelliertes vierpoliges Eisensystem mit nach innen gerichteten Einzelpolen vorgesehen und außerdem noch im Innern der drehbaren, glockenförmig ausgeführten Aluminiumtrommel ein feststehender lamellierter Eisenkern angeordnet. Aus der Darstellung in Bild 112 ist zu ersehen, daß die Stromfäden, die von der Spule 1 erzeugt werden, sich im Flußbereich der Spule 2 befinden und demzufolge nach Maßgabe des Produktes $\Phi_2 \cdot J_1$ ausgelenkt werden. Das Gleiche gilt für die Stromfäden der Spule 2 (J_2) und den Fluß der Spule 1 (Φ_1). Das Drehmoment auf das ohne jede elektrische Zuleitung und ohne jede isolierenden Trennfugen als metallischer Zylinder aufgebaute bewegliche System ist dem Produkt von Strom und Fluß oder der beiden Ströme in den beiden Erregerspulen unter

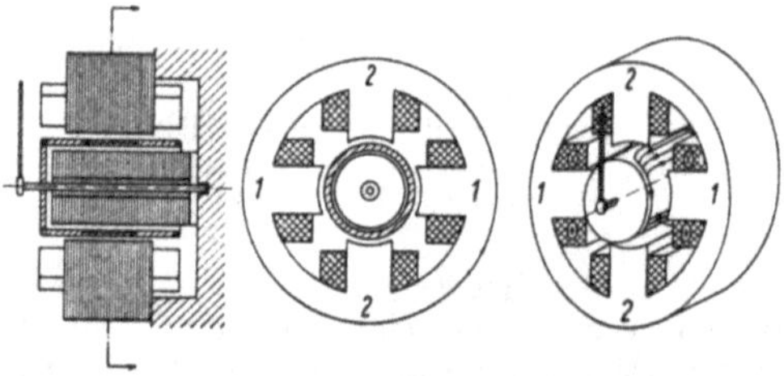

Bild 112. **Ferraris-Meßwerk mit Glockenanker**

Berücksichtigung der Phasenverschiebungen etc. proportional. Das Meßwerk ist also zur Leistungsmessung und zur Effektivwertbestimmung von Strömen und Spannungen geeignet. Konstruktiv wird das bewegliche System, besonders bei den später noch zu besprechenden Zählern häufig nicht als Glocke, sondern als ebene Scheibe ausgebildet. Im Gegensatz zu allen anderen bisher betrachteten Anordnungen kann sich das bewegliche System beim Wirbelstrommeßwerk über beliebige Winkel drehen.

10. Nullinstrumente

Als Nullinstrumente werden überwiegend hochempfindliche Lichtzeigerinstrumente verwendet, bei denen aus der Art der Aufgabe heraus die Genauigkeit weniger bedeutungsvoll und dafür die Empfindlichkeit extrem hoch getrieben ist. Die beweglichen Systeme der Nullinstrumente haben eine

Band- oder Fadenaufhängung, die möglichst richtkraftarm ausgebildet ist. Bei Gleichströmen und Gleichspannungen werden Instrumente der Drehspultype (*Galvanometer*) benutzt. Der Zeiger ist in praktisch allen Fällen als Lichtzeiger ausgebildet, wobei meist im Lichtstrahl einer im Instrumentengehäuse untergebrachten Spezialglühlampe eine Fadenmarkierung über den am ausgelenkten System angebrachten Spiegel auf der Skala abgebildet wird (objektive Ablesung). Bei einfacheren Ausführungen und gelegentlich auch bei Montagemessungen wird die Skala über ein Fernrohr und den Spiegel am Meßwerk anvisiert (subjektive Ablesung). Das Kernmagnetmeßwerk mit Bandaufhängung der Drehspule ist wegen seines einfachen Aufbaus als Nullinstrument sehr gut geeignet, weil eine Linearität der Skala nicht gefordert wird.

Wechselströme und -spannungen können mit Röhrenschaltungen zusätzlich verstärkt, über Elektronenstrahlgeräte in Form von Lissajousfiguren sichtbar gemacht und derartige Anordnungen dann als Nullindikatoren verwendet werden. Im Bereich der gut hörbaren Töne, insbesondere im höchsten Empfindlichkeitsbereich des Ohres zwischen 800 und etwa 1000 Hz ist der Kopfhörer evtl. auch mit einem vorgeschalteten Röhrenverstärker ein sehr einfaches, hochempfindliches Nullinstrument. Bei einer Reihe von Brücken- und Kompensationsmethoden für 50 Hz ist ein selektives, d. h. nur auf das Verschwinden der Grundwelle ansprechendes Nullinstrument erforderlich. Diese Forderung wird von den sogenannten *Vibrationsgalvanometern* erfüllt. Dieses Instrument besitzt als ausgelenktes System ein drehbares Eisenteilchen, auf das ein zeitlich konstantes magnetisches Gleichfeld und ein von der Meßgröße hervorgerufenes Wechselfeld so einwirken, daß es im Takte der letzteren resultierend drehend ausgelenkt wird. Seine Bewegungen werden über Spiegel und Lichtzeiger auf einer Mattscheibe durch Verbreiterung eines schmalen Lichtstreifens sichtbar gemacht. Das mechanische System wird durch seine eigenen Massen und die teils in der Aufhängung, teils in dem erregenden Gleichfeld liegenden Rückstellkräfte auf Resonanz mit der erregenden Frequenz abgestimmt. Da das mechanische Meßwerk nur sehr schwach gedämpft ist, liegt ein Resonanzsystem sehr hoher Güte vor. Das bewegte System wird bei extremer Empfindlichkeit allein von der Grundwelle des fließenden Stromes zu Bewegungen angeregt.

XIII. Oszillografen, Zähler, Zusatzgeräte für Messungen, Meßmethoden

1. Aufgabenstellungen beim Oszillografen und Koordinatenschreiber

Oszillografen dienen zur Registrierung oder Beobachtung schnell verlaufender elektrischer Vorgänge, die von den üblichen, Mittelwerte anzeigenden Meßwerken nicht mehr wiedergegeben werden bzw. bei denen die Instrumenten-Ausschläge mit dem Auge nicht mehr in ihrem charakteristischen Ablauf erkannt werden können. Bei einem Oszillografen muß also ein Zeiger, meist ein Elektronenstrahl oder ein Lichtstrahl, in 2 meist senkrecht zueinander stehenden Koordinaten abgelenkt werden, und zwar in der einen Richtung proportional zu der zu messenden Größe, in der anderen Richtung proportional zur Zeit oder zu einer Funktion derselben. Streng genommen sind die Meßwerke und Registrieranordnungen der Oszillografen grundsätzlich *Koordinatenschreiber*, wobei allerdings in vielen Fällen in der einen Koordinatenrichtung eine Auslenkung möglichst streng proportional zu der Zeit angestrebt wird.

Von dem französischen Physiker Jules Antoine Lissajous (1799 bis 1880) ist bereits lange vor der Entwicklung der technischen Oszillografen der Vorschlag gemacht worden, zeitlich veränderliche Vorgänge durch die Kurven zu kennzeichnen, die entstehen, wenn in 2 rechtwinkligen Koordinatenachsen einerseits die zu betrachtende periodische Größe, andererseits eine ihr zugeordnete physikalische Zeitfunktion, z. B. eine Sinusfunktion gleicher Frequenz, geschrieben wird. Dieses Verfahren wird allgemein unter Benutzung moderner Elektronenstrahlröhren für sehr viele Aufgaben eingesetzt. Die resultierende Auslenkung eines Elektronenstrahls bei Einwirkung zweier zeitlich sinusförmig veränderlicher elektrostatischer oder elektromagnetischer Ablenkungsfelder gleicher

Frequenz führt zur Aufzeichnung einer Ellipse, die je nach der Phasenlage und dem Amplitudenverhältnis in eine Gerade oder einen Kreis übergeht. Ganzzahlig einander zugeordnete Frequenzen ergeben kompliziertete Kurven, die aber trotzdem Aussagen über Frequenz- und Amplitudenverhältnis sowie die gegenseitige Phasenlage erlauben. Mit Kunstschaltungen lassen sich Zykloiden als Summendarstellungen zweier Frequenzen schreiben, die zur Frequenzmessung bzw. zum Frequenzvergleich sehr geeignet sind. Die Kennlinien beispielsweise von Röhren, Gleichrichterelementen und magnetischen Materialien lassen sich mit einer beachtlichen quantitativen Genauigkeit gleichfalls direkt aufzeichnen.

Die Anzeigen von Oszillografen und 'Koordinatenschreibern können fotografisch registriert werden. Dies Verfahren wird bei sehr schnell oder sehr langsam verlaufenden einmaligen und periodischen Vorgängen verwendet und kann bei mittleren Aufzeichnungsgeschwindigkeiten und besonders bei periodischen Kurvenabläufen durch eine Beobachtung ersetzt werden, da das Auge einerseits schnell verlaufende Lichteindrücke über eine gewisse Zeit speichert, andererseits sie bei ausreichender Bewegungsgeschwindigkeit eines laufenden Punktes als zusammenhängenden Kurvenzug aufnimmt. Bei Elektronenstrahloszillografen kann für diese Aufgabenstellung zusätzlich ein nachleuchtender Schirm verwendet werden. Periodische Vorgänge werden bei Verwendung einer gleichfrequenten, streng zeitproportionalen Ablenkung als stehende Bilder geschrieben. Die Frequenz der Zeitablenkung kann dabei der Frequenz des betrachteten Vorganges gleich oder ein ganzzahliges Vielfaches oder ein ganzzahliger Teil derselben sein. Fotografische Registrierungen bei periodischen Vorgängen werden meist nur über eine oder wenige Perioden erstreckt.

2. Oszillografische Meßwerke

Meßwerke für Oszillografen sind als elektrostatische oder elektromagnetische Systeme aufgebaut und benutzen Licht- oder Elektronenstrahlen als Zeiger, die letzteren dabei gleichzeitig als ausgelenkten Teil des Meßwerkes. Wie auf Seite 199 bereits dargestellt und beschrieben, werden zur Strahlerzeugung in der Braunschen Röhre die emittierten Elektronen im Raum zwischen der Kathode und der für den Strahldurchtritt mit einer Bohrung versehenen, meist plattenförmigen Anode nach Maßgabe der an der letzteren liegenden Spannung beschleunigt und durch die Linsenelektroden und deren Potentiale zum Abbildungspunkt auf dem Schirm konzentriert. Für die Ablenkung repräsentieren in einem elektrostatischen Feld die einzelenen Elektronen Ladungen Q, die den Feldkräften unterworfen sind. Beim Durchtritt durch die Felder von meist zwei senkrecht zueinander angeordneten Meßkondensatoren (Ablenkplattenpaaren P_1 und P_2) erfahren die den Strahl bildenden Elektronen Beschleunigungen in Richtung

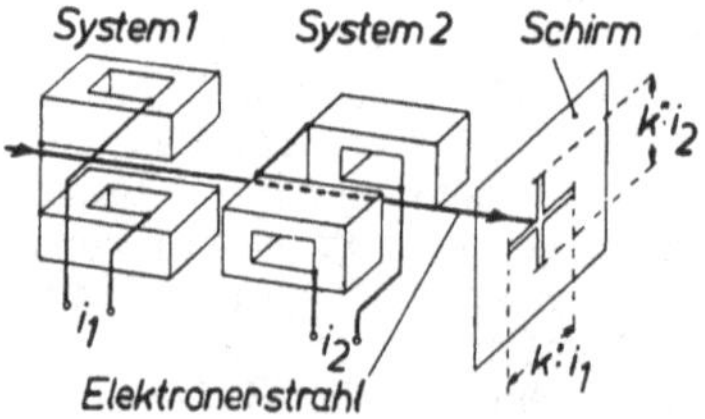

Bild 113. Magnetische Ablenkung eines Elektronenstrahls

der Feldlinien zwischen den Plattenpaaren senkrecht zu ihrer Hauptflugrichtung. In einem magnetischen Feld repräsentiert die Summe der fliegenden Elektronen einen Strom, der senkrecht zur eigenen Richtung und zu der des Magnetfeldes durch dieses ausgelenkt wird. Mit zwei gekreuzten Magnetfeldern, wie in Bild 113 gezeigt, läßt sich also auch mit diesem Ablenkverfahren ein Koordinatenschreiber schaffen.

Die Winkelauslenkung des Elektronenstrahles hängt dabei:

1. von der zur Auslenkung wirksamen elektrostatischen oder magnetischen Feldstärke,
2. von der Weglänge der Elektronen im ablenkenden Feld,
3. von der Geschwindigkeit der Elektronen in diesem Teil ihrer Bahn ab.

Je höher die Elektronengeschwindigkeit ist, desto geringer ist unter sonst gleichen Verhältnissen ihre Auslenkung. Um bei sehr schnell verlaufenden einmaligen Vorgängen die erforderliche Leuchtintensität am Schirm zu erreichen, müssen aber die Elektronen dort mit hoher Energie, d. h. hoher Geschwindigkeit auftreffen. Dem Widerspruch zwischen den Forderungen hoher Auslenkungsempfindlichkeit und ausreichender Helligkeit kann man in gewissem Umfang dadurch entgehen, daß man den Elektronenstrahl durch geeignete gegenüber der Anode zusätzlich positiv aufgeladene Elektroden im Raum zwischen den für die Aufzeichnung schnell

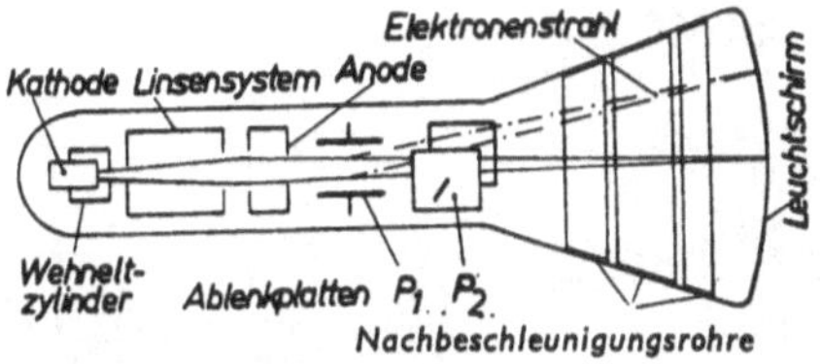

Bild 114. Elektronenstrahlröhre mit Nachbeschleunigungssystem

veränderlicher Vorgänge immer benutzten elektrostatischen Ablenkplatten und dem Schirm nochmals beschleunigt (*Nachbeschleunigungsrohr*). Die dazu benutzten Elektroden können meist einfach als leitende zylindrische oder konische Beläge auf der Innenseite des Elektronenstrahlrohres angebracht werden (siehe Bild 114).

Diesen beiden Meßwerksbauformen des „masselosen Oszillografen" stehen die massebehafteten Oszillografenschleifen oder *mechanischen Schwinger* gegenüber. Die hier verwendeten Meßwerke sind Sonderbauformen des Drehspulmeßwerkes oder des dynamometrischen Meßsystems. Für die Anzeige von Strömen und Spannungen wird gemäß der schematischen Darstellung in Bild 115 ein Meßwerk mit einem Permanentmagneten benutzt, in dessen Feld sich eine zu 2 einfachen Strombändern entartete Drehspule befindet. Hin- und Rückleitung dieser Schleife, d. h. die beiden Bänder, liegen so nahe beieinander, daß auf einen dazwischenliegenden Kern zur

Führung des Flusses verzichtet werden kann. Die entgegengesetzt gerichteten Auslenkungen beider Leiter führen zu einer Verdrehung eines auf diese Leiter gekitteten kleinen Glasspiegels von etwa 1 mm² Oberfläche, der einen feinen auffallenden Lichtstrahl nach der Reflexion seitlich auslenkt. Bei hoher mechanischer Spannung der beiden aus Bronze bestehenden Leiterbänder entsteht ein unempfindliches, d. h. für gegebene Auslenkungen mit relativ hohen Strömen zu speisendes Meßwerk, das aber eine hohe Eigenfrequenz des schwingungsfähigen mechanischen Systems besitzt und in-

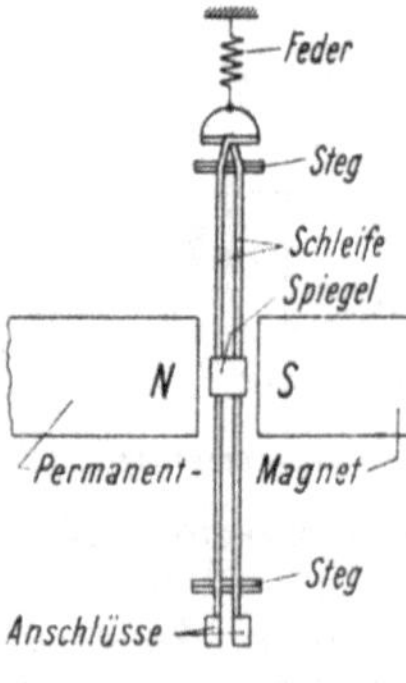

Bild 115. Oszillografenschleife, Anordnungsschema

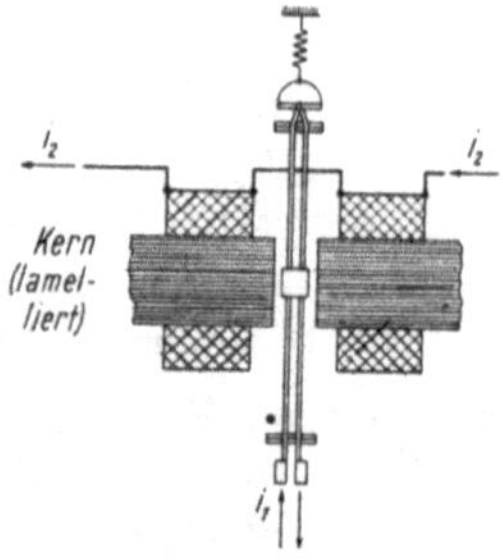

Bild 116. Dynamometrische Oszillografenschleife

folgedessen auch schnellen Änderungen des speisenden Stromes zu folgen vermag. Umgekehrt liegt bei geringer mechanischer Spannung der Bronzebänder, d. h. kleinen Rückstellmomenten des Systems ein bereits durch kleine Ströme auslenkbares hochempfindliches Meßwerk vor, dessen Eigenfrequenz dann entsprechend niedriger ist und das infolgedessen schnellen Änderungen der Meßgröße nicht mehr fehlerfrei folgt. Zur Dämpfung der durch die eigene Schwingungsfähigkeit des Systems bei schnellen Anzeigeänderungen entstehenden „Eigenschwingungen" wird das gesamte Meßwerk in Öl eingesetzt. Meßwerke hoher Stromempfindlichkeit haben

Eigenfrequenzen zwischen 500 und etwa 2000 Hz, dabei Maximalströme in der Größenordnung von 1 bis einigen mA. Unempfindliche Meßwerke benötigen zur vollen Auslenkung Ströme zwischen 50 und 200 mA, wobei Eigenfrequenzen zwischen 8 und 15 kHz für das mechanische System vorliegen.

Das schwingungsfähige Meßwerk der Schleifen führt bei der Anzeige von Vorgängen, die hohe Frequenzen enthalten, zu *Amplituden- und Phasenfehlern.* Die Amplitudenfehler, die die ungedämpfte Schleife bei Resonanzfrequenz zu beliebig großen Ausschlägen bringen würden, werden weitgehend durch die Dämpfung vermindert. Aber bereits bei Oberwellen im Meßwert, deren Frequenzen bei 50—70% der Resonanzfrequenz der ungedämpften Schleife liegen, treten in der Anzeige Phasenfehler auf, die das dargestellte Bild in sehr unangenehmer Weise verfälschen. Diese Erscheinungen begrenzen die Einsatzbereiche der massebehafteten Meßwerke.

Eine Sonderbauform des mechanischen Schwingers, wie sie in Bild 116 schematisch dargestellt ist, besitzt statt des Permanentmagneten einen hochwertigen lamellierten Weicheisenkern, der von einem weiteren Meßstrom magnetisiert werden kann. Diese Meßwerke dienen zur Aufzeichnung des zeitlichen Verlaufs von Leistungen, können aber nur mit geringen mechanischen Rückstellmomenten, d. h. bei der gegebenen Masse der Strombänder und des Spiegels für relativ niedrige Eigenfrequenzen hergestellt werden, weil auch die auslenkenden Momente, bei den geringen mit der feststehenden Spule erzielbaren Feldstärken klein sind.

3. Verfahren der Koordinatenaufzeichnung und Zeitablenkung

Die Aufgabe der zweiachsigen Aufzeichnung in karthesischen Koordinaten wird beim Elektronenstrahloszillografen durch die beiden am gleichen Strahl nacheinander wirksamen elektrostatischen oder elektromagnetischen Auslenkfelder erfüllt. Sollen mit Elektronenstrahloszillografen mehrere Vorgänge gleichzeitig registriert werden, so benutzt man manchmal in der einzelnen Röhre nur eine einachsige, der Meßgröße proportionale Ablenkung und vereinigt optisch die Bilder mehrerer Röhren auf einer Registriertrommel, auf der die zeitproportionale Ablenkung durch Bewegung des fotografischen Films oder Papiers bewerkstelligt wird.

Auch bei den massebehafteten Meßwerken ist durch Kombination zweier Schleifen mit einer dazwischen liegenden Optik eine Koordinatenaufzeichnung möglich. Wie Bild 117 zeigt, wird der Lichtstrahl durch den ersten Schwinger in einer Ebene abgelenkt, aber durch eine zwischen den beiden Meßwerken liegende Linse immer wieder auf den Spiegel des zweiten Schwingers gebracht, wo er allerdings mit wechselnder Richtung auftrifft. Der vom zweiten Schleifenspiegel reflektierte Strahl erfährt damit eine Auslenkung in beiden Richtungen nach Maßgabe der Anzeigen der beiden Meßwerke. Derartige Anordnungen werden aber als Koordinatenschreiber meist nur bei recht geringen Schreibgeschwindigkeiten unter Benutzung der üblichen Drehspulmeßwerke verwendet.

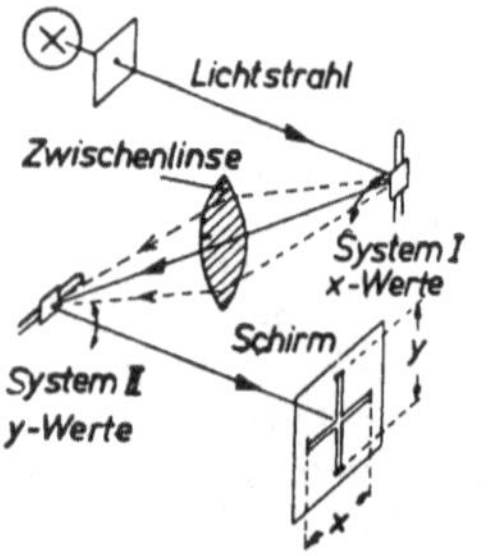

Bild 117. Schema eines Koordinatenschreibers

Für die fotografische Registrierung des zeitlichen Verlaufs von Vorgängen im Oszillografen mit massebehafteten Meßwerken *(Schleifenoszillografen)* wird immer das Registrierpapier bewegt. Zur Beobachtung der Kurvenverläufe bei periodischen Vorgängen wird bei derartigen Oszillografen zur Erzielung einer periodischen zeitproportionalen Ablenkung des Lichtstrahles senkrecht zur Richtung der Meßausschläge ein *Drehspiegelsystem* verwendet. Dieses besteht aus einer Reihe von Planspiegeln, die auf einem Zylinder achsparallel sehr genau justiert sind und führt, wie in Bild 118 schematisch dargestellt ist den von der Meßschleife senkrecht zur Darstellungsebene, d. h. in Richtung der Spiegeloberflächen abgelenkten Lichtstrahl bei der Drehung der Spiegeltrommel von links nach rechts über eine gewölbte Mattscheibe. Hat der Lichtpunkt durch die Drehung des Spiegels den rechten Rand der Mattscheibe erreicht, dann übernimmt der folgende Spiegel den Lichtstrahl und reflektiert ihn zuerst an den linken Rand, von dem aus er dann wieder zeitlinear nach rechts über die Mattscheibe wandert. Bei Frequenzen oberhalb von etwa 15 Hz sieht man auf der Mattscheibe ein stehendes Bild, aber auch

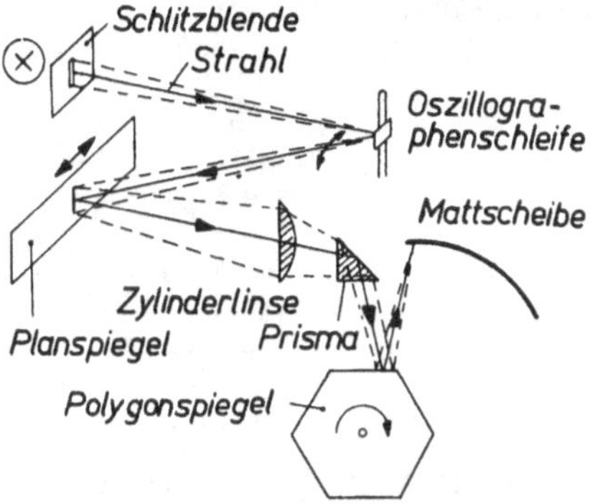

Bild 118. Zeitablenkung über Polygonspiegel

bei langsameren Ablenkungen lassen sich die Vorgänge noch recht weitgehend als zusammenhängende Kurvenzüge mit dem Auge erkennen.

Die Zeitablenkung beim Elektronenstrahloszillografen wird mit Hilfe von *periodischen Kippschwingungen* und einmaligen Ladungs- oder Entladungsvorgängen vorgenommen. Mit Hilfe von Pentoden lassen sich z. B. nach Bild 119 Schaltungen aufbauen, durch die aus einer Gleichspannungs-

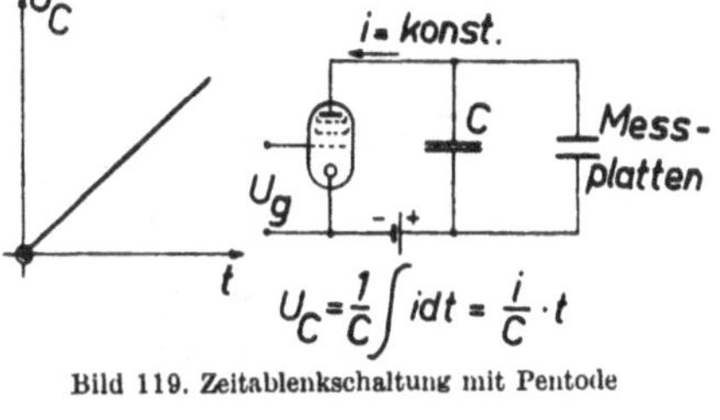

Bild 119. Zeitablenkschaltung mit Pentode

quelle einem den Ablenkplatten parallel geschalteten Kondensator ein zeitlich konstanter Strom zugeführt wird. Als Integral dieses Stromwertes steigt, wie in Bild 119 links gezeigt, die Spannung am Kondensator zeitlinear an und bewirkt die Ablenkung des Elektronenstrahles in der Zeitachse. Analoge Anordnungen sind auch bei Entladevorgängen möglich.

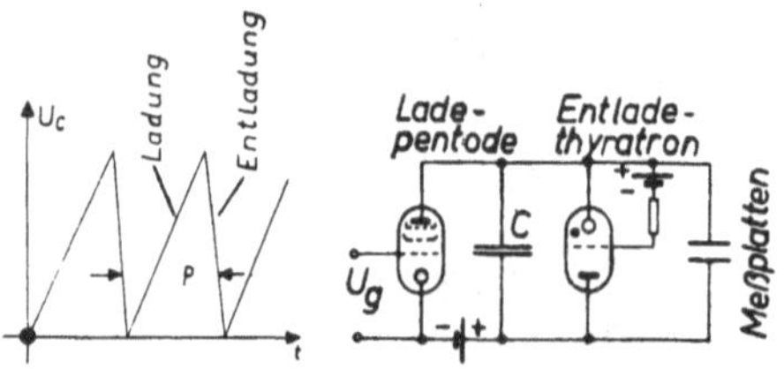

Bild 120. Kippschaltung

Durch geeignete Steuerung wird der Vorgang zur Registrierung eines einmaligen schnellen Vorgangs eingeleitet.

Für periodische Vorgänge wird nach einer definierten Zeit über ein zusätzliches gittergesteuertes Rohr (siehe Schaltung Bild 120 rechts) eine plötzliche Entladung des Kondensators vorgenommen, die die Spannung an diesem und an den Zeitablenkplatten zusammenbrechen und den Elektronenstrahl sehr schnell wieder in die Ausgangslage zu Beginn der Kondensatorladung zurückkehren läßt (Rücklauf). Ist die Gesamtdauer von Ladung und Rücklauf, d. h. die Periodendauer im

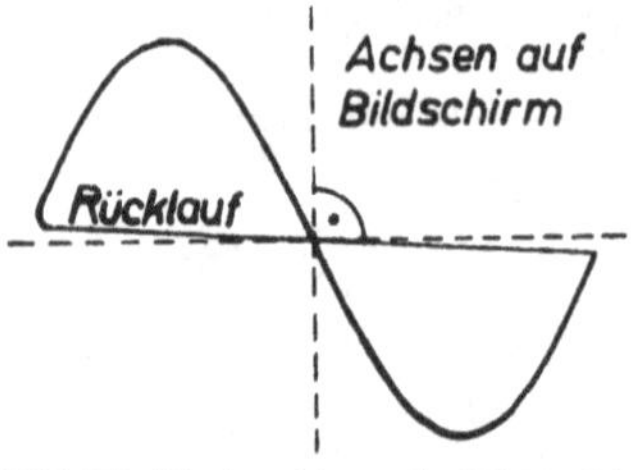

Bild 121. Die Auswirkung des Rücklaufs auf das stehende Bild einer Sinuskurve

Kippkreis, identisch mit der des zu betrachtenden Vorganges, z. B. einer Sinuswelle, dann ergibt sich ein stehendes Bild, wie es in Bild 121 dargestellt ist. Der während des Rücklaufs gezeichnete Teil der darzustellenden Kurve tritt wegen der sehr viel höheren Schreibgeschwindigkeit in diesem Teil des Kurvenzuges im Schirmbild mit geringerer Helligkeit hervor.

Für Sonderaufgaben sind Oszillografen gebaut worden, bei denen die Zeitachse als Kreis geschrieben wird. Dazu wird der Elektronenstrahl über ein Plattenpaar und über ein Magnetfeld, wie in Bild 122 dargestellt, abgelenkt. Bei geeigneter Größe und Phasenlage der an den Ablenkplatten und

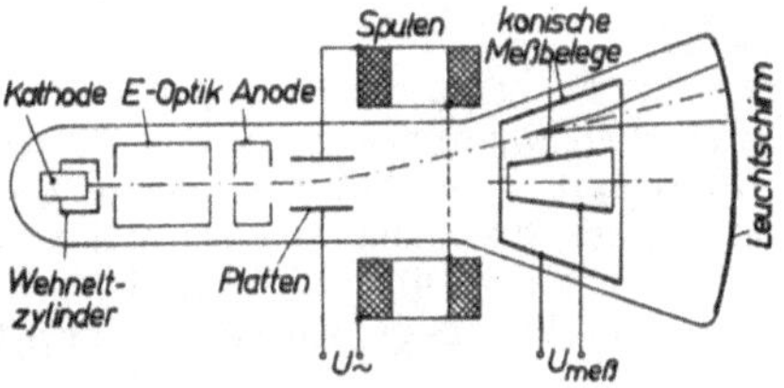

Bild 122. Gemischte Ablenkung eines Elektronenstrahls zur Aufzeichnung einer Kreisbahn

in der Magnetspule wirksamen sinusförmigen Spannungen und Ströme beschreibt der Elektronenstrahl unter Wirkung beider Felder einen Kreis auf dem Schirm. Führt man hinter diesen beiden Ablenksystemen den Strahl durch einen Kondensator, dessen äußerer und innerer Belag die Form von Kegelmänteln haben, dann kann man an diese Elektroden zeitveränderliche Spannungen legen, die über einen Kreis als Zeitbasis geschrieben auf dem Schirm erscheinen. Dieses Darstellungs- und Meßverfahren ist besonders für Phasenwinkel- und Impulsmessungen geeignet.

Zur zusätzlichen Zeitmarkierung kann man bei der üblichen Aufzeichnung einer Spannungs- oder Stromkurve in karthesischen Koordinaten die *Intensitätssteuerung* des Elektronenstrahls heranziehen. Stößt man durch den in der Kippschaltung beim Rücklauf des Strahles entstehenden Stromstoß einen schwingungsfähigen elektrischen Kreis genau bekannter hoher Eigenfrequenz an, so erhält man eine Wechselspannung, mit der man über den Wehnelt-Zylinder die Helligkeit des Strahles steuern kann. Der Strahl schreibt dadurch während der Aufzeichnung der Kurve periodisch hell und dunkel, so daß sich die aufgezeichnete Kurve in eine Perlschnur einzelner Punkte auflöst. Der Zeitabstand zweier Punkte ist gleich der Periodendauer des angestoßenen Schwingungskreises, die Zeitdauern einzelner Abschnitte der aufgezeichneten Kurve lassen sich einfach durch Abzählen der dazwischen liegenden Einzelpunkte der Kurve bestimmen.

4. Zähler

Meßwerke, die die Zeitintegrale elektrischer Größen über längere Zeitabschnitte aufzeichnen und registrieren, werden meist als Zähler bezeichnet. Außer der bereits beschriebenen älteren Bauform des Stia-Zählers werden praktisch nur Meßwerke auf der Basis des Drehspul- oder dynamometrischen Systems bzw. für Wechselgrößen des Ferraris-Meßwerkes benutzt.

Der Elektrizitätszähler für Ladungen wird Amperestundenzähler genannt und besitzt in der aus dem Drehspulmeßwerk weiterentwickelten Bauform des sogenannten *Motorzählers* im beweglichen System eine Anordnung mehrerer Spulen, die gegen die gemeinsame Drehachse um gleiche Winkel gegeneinander versetzt sind, wie dies für 6 Einzelspulen schematisch in Bild 123 links dargestellt ist, und die im Feld eines permanenten Magneten umlaufen können. Ein feststehender Führungskörper für den magnetischen Fluß des Feldmagneten, wie er beim Drehspulinstrument verwendet wird, kann hier im Inneren der geschlossenen, umlaufenden zylinderförmigen Spulenanordnung nicht vorgesehen werden. Der Meßstrom wird diesen Spulen über eine Schalteinrichtung zugeleitet, durch die alle Spulen immer so in den Stromkreis eingeschaltet werden, daß alle Leiter gemeinsam zur Bildung des Drehmomentes in gleicher Richtung beitragen, also jeweils, wie in Bild 123 Mitte wiedergegeben, auf einer Hälfte des umlaufenden Systems, des sogenannten Ankers, in der gleichen Richtung den Strom führen. Diese gleichzeitig der Zu- und Ableitung des Stromes zum beweglichen System dienende und die genannte Schaltaufgabe erfüllende Vorrichtung wird *Kollektor* genannt und besteht aus einer Reihe gegeneinander isolierter Kupfersegmente, die, wie in Bild 123 rechts wiedergegeben, insgesamt Zylinderform besitzen, mit der Spulenanordnung durch eine Anzahl Leitungen fest verbunden sind und mit ihr umlaufen. Die einzelnen Kupfersegmente, auf denen 2 feststehende, aus feinen, leicht aufliegenden Silberdrähten bestehende Bürsten schleifen, schalten bei ihrem Durchlauf unter den Bürsten die einzelnen Spulen jeweils nach den oben gekennzeichneten Forderungen um.

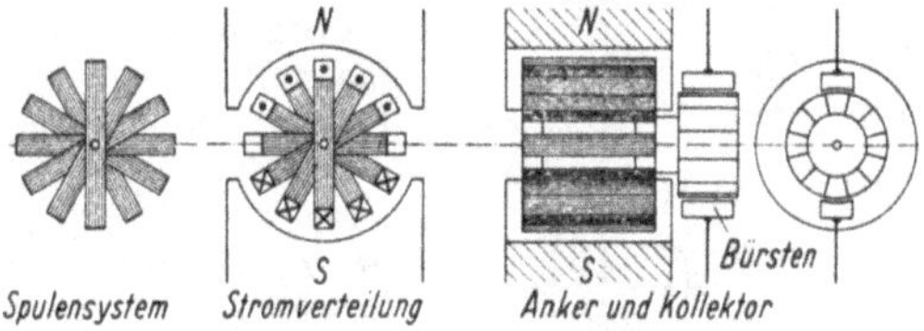

Bild 123. Spulenanordnung bei einem Gleichstrom-Motorzähler

Schaltung und Wirkungsweise dieser Anordnung stimmen weitgehend mit denen der Gleichstrommaschinen überein.

Das von der Summe aller Leiter des umlaufenden Ankers im Felde des Permanentmagneten erzeugte Drehmoment D ist dem auf die Leiter wirkenden magnetischen Fluß und dem fließenden Strom J_A proportional:

$$D = k \cdot \Phi \cdot J_A.$$

Wird dem Strompfad ein konstanter großer Widerstand vorgeschaltet, durch den der Ankerstrom proportional einer an der Reihenschaltung liegenden Spannung U gemacht wird, dann kann nach der Gleichung:

$$D = k' \cdot \Phi \cdot U$$

eine solche Anordnung auch als „Voltstundenzähler" verwendet werden.

Ersetzt man in dieser Bauform den permanenten Magneten durch zwei stromdurchflossene Spulen, wie dies schematisch in Bild 124 dargestellt ist, dann wird das Drehmoment der Anordnung dem Produkt der Ströme J_S in dem festen und J_A in dem beweglichen Spulensystem proportional:

$$D = k'' \cdot J_A \cdot J_S,$$

wobei nun wieder durch Einfügung eines Vorwiderstandes für einen der beiden Kreise der Strom einer Spannung verhältig gemacht, d. h. nach der Formel:

$$D = k''' \cdot J_A \cdot U_S$$

bzw. $D = k'''' \cdot U_A \cdot J_S$

ein Meßsystem geschaffen werden kann, dessen Drehmoment einer elektrischen Leistung proportional ist.

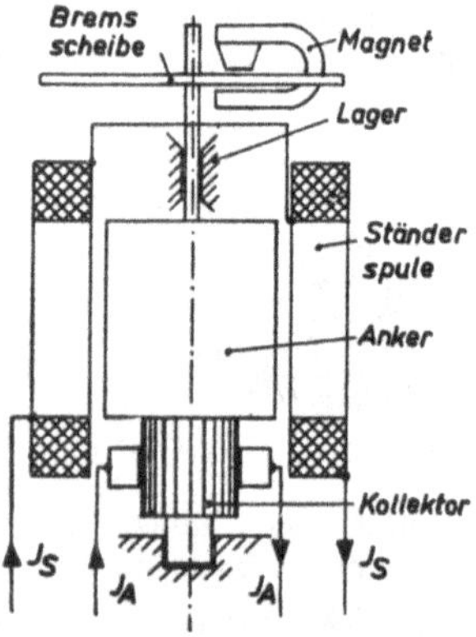

Bild 124. Wattstunden-Motorzähler

Damit sind die Zuordnungen der Meßgrößen zu den zur Messung dienenden Momenten in diesen beiden Bauformen der sogenannten Motorzähler gegeben. Gegenüber den Zeigerinstrumenten liegt ein wesentlicher technischer Unterschied in der konstruktiv gegebenen Möglichkeit, daß das bewegliche System beliebige Drehwinkel ausführen, d. h. sich beliebig oft drehen kann.

Zur Durchführung der Integration, d. h. Summenbildung der Meßgröße über längere Zeitabschnitte wird in den Zählern das Meßwerkmoment von einer *Bremse* aufgenommen, die meist aus einer auf der Achse des bewegten Systems angeordneten Aluminiumscheibe besteht, die sich, wie in Bild 124 dargestellt, im Luftspalt eines starken Permanentmagneten bewegt. Durch die Bewegung des massiven Leiters im Magnetfeld entstehen in diesem Wirbelströme, die zusammen mit den Feldlinien ein der Bewegung entgegengesetzt gerichtetes bremsendes Moment B hervorbringen. So lange die Laufgeschwindigkeit innerhalb gewisser Grenzen bleibt, ist das Bremsmoment, das damit an der Scheibe entsteht, der Winkelgeschwindigkeit ω bzw. der Drehzahl je Minute n direkt proportional:

$$B = k \cdot \omega = k' \cdot n.$$

Bei der Messung stellt sich beim Zähler ein Gleichgewicht zwischen dem treibenden Moment D des Meßwerkes und dem Bremsmoment B ein. Durch geeignete Lagerung werden die Einflüsse dort auftretender zusätzlicher Momente soweit möglich heruntergedrückt. Damit ergibt sich, daß die sich einstellende Umlaufgeschwindigkeit des bewegten Systems proportional der vom Zähler gemessenen Größe (Strom, Spannung, Leistung) ist. Ein von der Zählerachse angetriebenes Zählwerk bildet das Integral der Winkelgeschwindigkeit über die Zeit zwischen zwei Ablesungen und zeigt damit die Ladung oder die Spannungszeitfläche oder die durch den Zähler gegangene elektrische Arbeit direkt an.

Die aus den Netzen der Elektrizitäts-Versorgungs-Unternehmungen von den einzelnen Verbrauchern abgenommenen Beträge elektrischer Arbeit sind bei Wechselstrom durch das Produkt

$$W = U_{eff} \cdot J_{eff} \cdot \cos \varphi \cdot t$$

gegeben und müssen an einer sehr großen Anzahl einzelner Meßstellen registriert werden. Hierfür ist das *Ferraris-Meßwerk*, wie schon erläutert, besonders gut geeignet. Im Gegensatz zu der in dem Abschnitt XII, S. 209 beschriebenen Bauform für Zeigerinstrumente wird es in Zählern meist nicht mit einem glockenförmigen Anker, sondern mit einer Aluminiumscheibe ausgeführt, auf die zwei gegeneinander versetzte Wechselfelder derart wirksam sind, daß die vom einen Feld induzierten Wirbelströme immer gerade im wichtigsten Linienbereich des anderen Feldes liegen. Bei kleinen Zählern wird eine andere Stelle der gleichen Scheibe gleichzeitig zur Erzeugung des Bremsmomentes beim Durchgang durch den Luftspalt eines Permanentmagneten verwendet. Die Funktion und die Bestimmungsgleichungen sind dieselben wie bei den für Gleichgrößen beschriebenen Zählern.

5. Vor- und Nebenwiderstände zu Meßgeräten, Wandler, Meßgleichrichter

Ein den fließenden Strom anzeigendes Meßinstrument kann nach Bild 125 links direkt zur Strommessung verwendet werden, wenn es in die Leitung zwischen Stromquelle G und Verbraucher V eingeschaltet wird. Größe und Art der zu messenden Stromstärke sind dabei durch die Eigenschaften des Meßwerkes und den Stromwert beim Maximalausschlag des Zeigers festgelegt. Soll das gleiche Instrument zur Messung höherer Ströme J verwendet werden, so ist ihm ein Widerstand R_p (bei Wechselstrom ein komplexer Widerstand) parallel zu legen, der den Gesamtstrom J nach Bild 125 Mitte nach Maßgabe des Meßwerkwiderstandes R_M und des Neben-

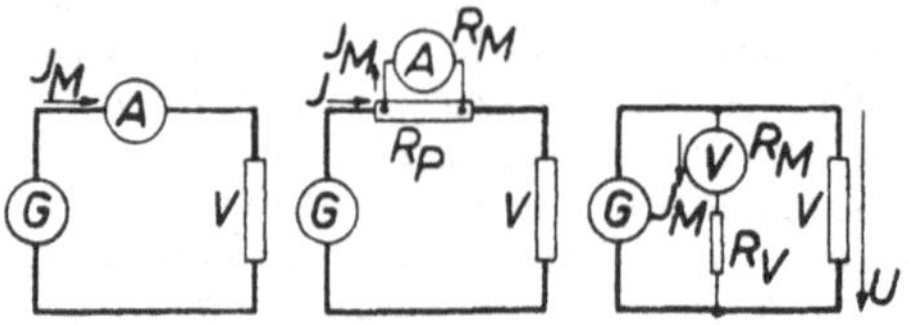

Bild 125. Strom- und Spannungsmessung mit Vor- und Nebenwiderständen

widerstandes oder Shunts R_P so teilt, daß nun durch den über das Meßwerk fließenden Anteil J_M gerade der gewünschte Ausschlag erreicht wird.

Das gleiche auf einen fließenden Strom J_M ansprechende Meßwerk kann nach Bild 125 rechts zur Messung einer Spannung benutzt werden, wenn in Reihe mit dem Instrument ein so bemessener Vorwiderstand R_V gelegt wird, daß im Spannungspfad ein Gesamtwiderstand vorliegt, der bei der angelegten Spannung U gerade den Strom J_M und damit den gewünschten Ausschlag des Instrumentes ergibt.

In analoger Weise könnte z. B. ein elektrostatisches Instrument, das also auf eine anliegende Spannung anspricht, durch Messung des Spannungsabfalls in einem Shunt zur Strommessung eingesetzt werden. Meist werden elektrostatische Instrumente über geeignete kapazitive Vorwiderstände und Spannungsteiler zur Spannungsmessung herangezogen.

Die Genauigkeit der Messung hängt bei diesen Schaltungen, bei denen der ursprüngliche Meßbereich des Instrumentes durch Vor- oder Nebenwiderstände erweitert, d. h. das Instrument der vorliegenden Meßaufgabe *angepaßt* wird, davon ab, wie weit auch im Betrieb die bei Rechnung und Eichung zu Grunde gelegten Widerstandswerte von Meßwerk und Zusatzwiderstand eingehalten werden. In den *Vor- und Nebenwiderständen* werden bei den einfachen hier betrachteten Schaltungen etwa die Leistungen umgesetzt, die sich aus dem Eigenverbrauch des ursprünglichen Meßinstrumentes multipliziert mit dem Faktor der Meßbereichserweiterung ergeben. Wegen der durch diese Leistungsumsätze sich ergebenden Erwärmungen sind die Widerstände aus Werkstoffen mit

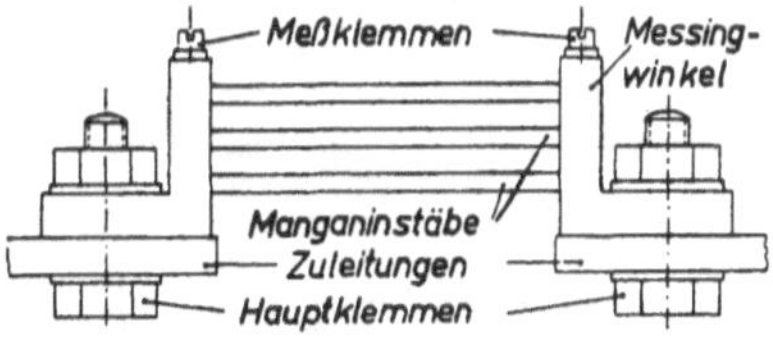

Bild 126. Nebenwiderstand

möglichst kleinen Temperaturkoeffizienten des spezifischen Widerstandes aufzubauen. Für Vorwiderstände kann Konstantan verwendet werden, da die Thermokräfte zwischen den Kupferanschlußleitungen und dem Konstantan bei den üblichen Spannungsmessungen gegenüber den übrigen im Kreis wirksamen Spannungen bedeutungslos sind. Bei Nebenwiderständen, in denen insbesondere bei starken Strömen erhebliche Leistungen umgesetzt werden, können die Thermospannungen durchaus vergleichbar mit den Spannungswerten werden, die in der Parallelschaltung von Instrument und Shunt wirksam sind. Für Nebenwiderstände ist also auf jeden Fall Manganin zu verwenden. Bild 126 zeigt schematisch den Aufbau eines Nebenwiderstandes für höhere Stromstärken, bei dem in 2 dem Hauptstromanschluß dienenden Messingwinkeln einzelne Manganinstäbe oder Bänder zur Erzielung einer möglichst großen wärmeableitenden Oberfläche eingelötet sind. Getrennt von den Hauptanschlüssen sind 2 Meßklemmen vorgesehen, zwischen denen die Gesamtanordnung genau den vorgeschriebenen Widerstandswert hat. Bei deutschen Fabrikaten werden meist nicht die Widerstandswerte der Shunte als solche, sondern statt dessen die Spannungsdifferenz bei Nennstrom (z. B. 60 mV bei 1000 A) als kennzeichnend angegeben. Bei großen Teilverhältnissen für die Ströme im Shunt und im Instrument kann dabei der Stromanteil im letzteren meist vernachlässigt werden.

Vorwiderstände für Wechselspannungsmesser müssen zur Gewährleistung der Meßgenauigkeit bei verschiedenen Frequenzen induktionsfrei sein (siehe Abschnitt XI, S. 180). Nebenwiderstände für Wechselstrom sind nicht gebräuchlich. Das wichtigste Wechselstrominstrument, das Dreheisenmeß-

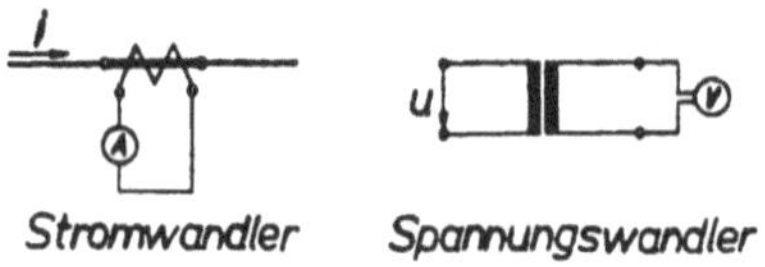

Bild 127. Schaltung von Strom- und Spannungswandler

werk hat einen Innenwiderstand, der bei allen Bauformen eine erhebliche induktive Komponente besitzt und dessen Größe besonders bei der Flachspulausführung vom Zeigerausschlag abhängig ist. Die Erstellung geeigneter Shunte, die dann auch eine induktive Komponente haben müssen, ist von so viel Nebenbedingungen abhängig, daß dieses Verfahren der Meßbereichserweiterung bei Wechselstrominstrumenten zu umständlich ist.

Wie bereits erläutert, erhöht die Anpassung des Meßwerkes über Vor- und Nebenwiderstände die Leistungsaufnahme der Meßeinrichtung etwa im Verhältnis der Meßbereichserweiterung. Diese Schwierigkeit läßt sich bei Wechselstrom vermeiden, wenn man sogenannte *Meßwandler*, d. h. über Eisenkerne magnetisch gekoppelte Spulenanordnungen einsetzt, die die Spannungen im Verhältnis der Windungszahlen und Ströme im umgekehrten Verhältnis der Windungszahlen reduzieren. Die Schaltung derartiger Strom- und Spannungswandler ist in Bild 127 schematisch dargestellt. Die Funktion der Wandler selbst entspricht der der Transformatoren. An dieser Stelle sei nur auf die praktisch sehr wichtige Tatsache hingewiesen, daß durch den Wandler der elektrische Kreis, in dem das Meßwerk liegt, galvanisch von den Leitungen getrennt werden kann, in denen Ströme oder an denen Spannungen gemessen werden. Dadurch ist es insbesondere bei Anlagen mit hohen Spannungen möglich, das Instrument im geerdeten Gehäuse mit Zuleitungen normalen Querschnitts und normaler Isolation zu betreiben, ohne daß Gefahren durch extreme Spannungen oder ungewöhnliche Kurzschlußströme entstehen, die bei Störungen, insbesondere Unterbrechungen, Kurz- oder Erdschlüssen im Instrument wegen der galvanischen Verbindungen über Vor- und Nebenwiderstände zur Stromquelle immer möglich sind.

Eine Sondergruppe von Zusatzgeräten zu Meßinstrumenten bilden die nichtlinearen Elemente, die vorzugsweise in der Form von *Gleichrichtern* Verwendung finden. Auf die Anpassung des Drehspulinstrumentes durch vorgeschaltete Gleichrichter zur Messung von Wechselgrößen war bereits im Abschnitt XII, S. 204 hingewiesen. Da die Gleichrichterelemente neben ihrem Charakter als stromrichtungsabhängige Widerstände in der Sperrichtung eine erhebliche Kapazität besitzen, verlieren sie bei hohen Frequenzen ihre Eignung als Meßgleichrichter; denn dann bewirkt ihr geringer kapazitiver Widerstand $1/\omega C$ auch praktisch einen Kurzschluß in Sperrichtung.

Die Gruppe der *mechanischen Meßgleichrichter* benutzt hochwertige Schaltkontakte, die von einem mit der Frequenz der Meßspannung synchron umlaufenden Motor angetrieben den Instrumentenkreis für einen definierten Teil der Periode (Schaltzeit) schließen oder öffnen. Mit dieser Bauform von Meßgleichrichtern konnten durch die Entwicklung des sogenannten *Vektormessers* in den vergangenen Jahren für die Präzisionsmeßtechnik bei technischen Frequenzen (bis etwa 60—80 Hz maximal) eine Reihe sehr wichtiger Meßaufgaben auf teilweise völlig neuartige Weise gelöst werden. Bei dem Vektormesser wird gemäß Bild 128 von einem Synchronmotor über ein einfaches Schaltgetriebe ein Druckkontakt im Takte der den Synchronmotor speisenden Netzfrequenz geöffnet und geschlossen. Je nach Lage des Gegenkontaktes

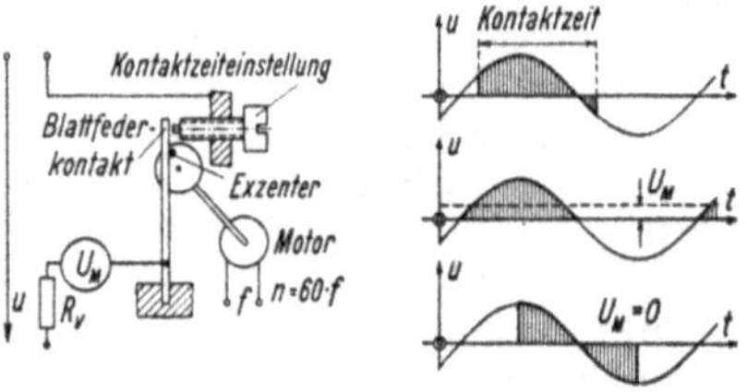

Bild 128. Mittelwertsbildung beim Vektormesser

läßt sich die Schließungs- bzw. Öffnungsdauer (Kontaktzeit) sehr genau einstellen. Durch eine Verdrehung des Ständers des Synchronmotors gegen den Kontaktapparat kann außerdem die Phase der Kontaktzeit beliebig verstellt werden. Wie Bild 128 zeigt, wird der arithmetische Mittelwert einer Halbwelle bezogen auf eine ganze Periodendauer unter Vor-

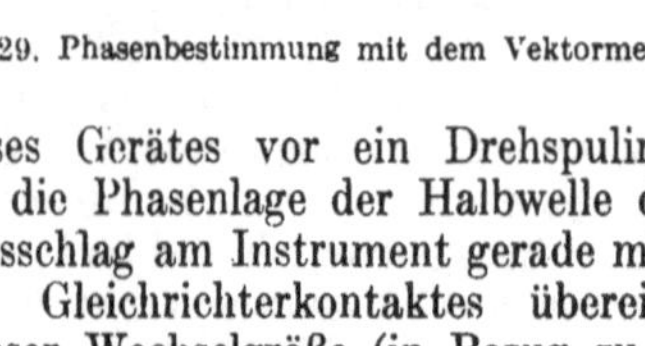

Bild 129. Phasenbestimmung mit dem Vektormesser

schaltung dieses Gerätes vor ein Drehspulinstrument gemessen, wenn die Phasenlage der Halbwelle der Meßgröße bei Maximalausschlag am Instrument gerade mit der Schliessungszeit des Gleichrichterkontaktes übereinstimmt. Die Phasenlage dieser Wechselgröße (in Bezug zu einer anderen Wechselgröße des gleichen Netzes) läßt sich bei Phasenverstellung des Kontaktantriebes am besten im Nulldurchgang der Instrumentenanzeige (siehe Bild 129) bestimmen.

Durch die Eigenschaften dieses Zusatzgerätes, insbesondere seine außerordentlich kleinen Spannungsabfälle bei geschlossenem Kontakt, kann das Drehspulinstrument mit seiner großen Genauigkeit und seinem geringen Eigenverbrauch direkt zur Messung technischer Wechselspannungen und -ströme nach Betrag und Phase benutzt werden. Mit den gleichen Anordnungen können Wirk- und Blindkomponenten von Strömen und Spannungen und ohne Heranziehung trigonometrischer Tafeln Wirk-, Blind- und Scheinleistungen und die entsprechenden Komponenten von Widerständen und Leitwerten direkt bestimmt werden. In Spezialschaltungen und mit Sondereinrichtungen lassen sich die Eigenschaften des Vektor-

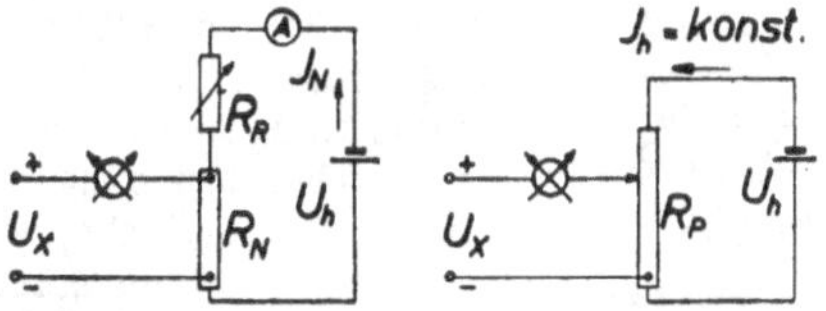

Bild 130. Schaltungen zur Spannungskompensation

messers zur punktweisen Aufnahme von Wechselstromkurven, zur Messung der Eigenschaften von magnetischen Kreisen unter der Wirkung von Wechselflüssen und zur Lösung vieler anderer meßtechnischer Aufgaben verwenden.

6. Kompensations- und Brückenmeßverfahren

In einer sogenannten *Kompensationsschaltung* kann die Größe der Spannung U_X einer Quelle unbekannten Innenwiderstandes nach Bild 130 links gemessen werden, wenn man ihr eine an einem stromdurchflossenen Widerstand R_N abzugreifende Spannung so entgegenschaltet, daß die Differenz beider Null wird, d. h. ein hochempfindliches Nullinstrument (gekennzeichnet durch 2 gekreuzte Pfeile) keinen Ausschlag ergibt. Die unbekannte Quelle wird durch die Messung nicht belastet. Der Abgleich der Anordnung erfolgt durch Einstellung des Stromes J_N aus der Hilfsquelle U_h mit dem Stellwiderstand R_R. Im abgeglichenen Zustand der Schaltung ist die unbekannte Spannung $U_x = J_N \cdot R_N$. Eine Abwandlung dieser Schaltung nach Bild 130 rechts hält den Strom im Hilfskreis unveränderlich konstant und erlaubt die Einstellung der Kompensationsspannung über den Abgriff auf einem Spannungsteiler R_P.

Analog kann ein in einem Stromkreis mit sonst unbekannten Daten fließender Strom J_X nach Bild 131 dadurch gemessen werden, daß man den Kreis, wie gestrichelt gezeichnet, an einer Stelle öffnet und über eine Hilfsquelle hohen Innenwiderstandes einen Strom einspeist, dessen Höhe mit J_X identisch ist und der am Instrument J_N gemessen werden kann. Die Identität der Ströme beider Kreise wird dadurch sichtbar, daß an dem Nullinstrument kein Ausschlag auftritt.

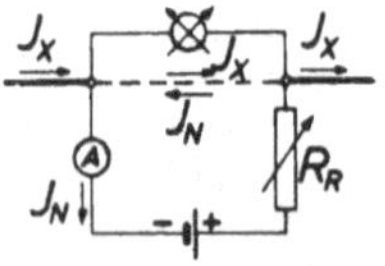

Bild 131. Stromkompensation

Das Kompensationsverfahren für Ströme und Spannungen läßt sich für Gleichgrößen ohne weiteres anwenden und verlangt bei Wechselgrößen eine Übereinstimmung in Frequenz, Phasenlage und Kurvenform von Hilfsstrom bzw. -spannung mit der unbekannten Wechselgröße. Die letztere Forderung ist bei verzerrten Kurvenformen manchmal kaum zu erfüllen. In Wechselstrom- bzw. -spannungskompensatoren werden Amplituden- und Phasenwerte oder 2 meist unter 90° Phasenwinkel stehende Komponentenanteile der unbekannten Größe durch geeignete Stromeinstellungen oder Spannungsabgriffe in Hilfskreisen abgeglichen.

Die Gleichstromkompensatoren gehen zum weitaus größten Teil von der Methode der Spannungskompensation aus. Bei genügend feiner und entsprechend reproduzierbarer Unterteilung des Potentiometers R_P nach Bild 130 lassen sich mit hochempfindlichen Nullinstrumenten sehr genaue Messungen mit den für diese Zwecke besonders ausgebildeten *Präzisionskompensatoren* ausführen. Diese arbeiten meist nach einer der beiden in Bild 132 gekennzeichneten Grundschaltungen mit additiv oder multiplikativ unterteilenden Spannungsteilern. Der über die Spannungsteiler fließende Hilfsstrom wird während der Messung außerordentlich genau konstant gehalten, nachdem er vor der eigentlichen Kompensationsmessung gegen die Spannung eines meist in das Gerät eingebauten Normalelementes in einem eigenen Abgleichvorgang eingestellt wurde. Die Arbeitsweise der in Bild 132 links dargestellten Schaltung mit additivem Spannungsunterteiler geht dabei von 2 an den Enden einer Reihenschaltung liegenden dekadisch unterteilten Potentiometern P_1 und P_2 beispielsweise mit 10×10 kΩ und 10×1 kΩ für die ersten

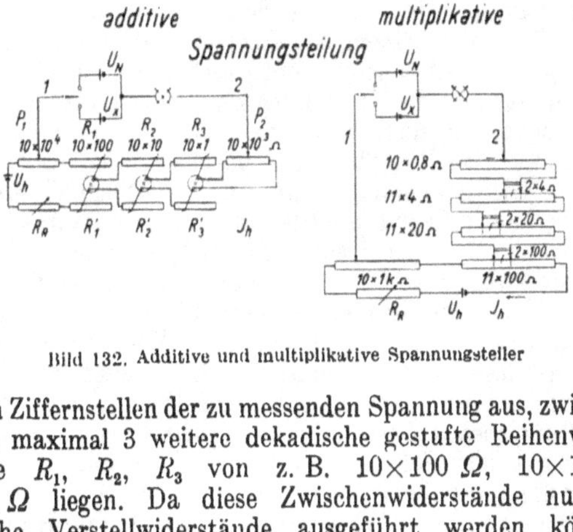

Bild 132. Additive und multiplikative Spannungsteiler

beiden Ziffernstellen der zu messenden Spannung aus, zwischen denen maximal 3 weitere dekadische gestufte Reihenwiderstände R_1, R_2, R_3 von z. B. $10 \times 100\ \Omega$, $10 \times 10\ \Omega$, $10 \times 1\ \Omega$ liegen. Da diese Zwischenwiderstände nur als einfache Verstellwiderstände ausgeführt werden können, sind sie mit einer zweiten Gruppe von Widerständen gleicher Größe paarweise so gekoppelt (R_1', R_2', R_3'), daß trotz Veränderung der Widerstandswerte zwischen den Abgriffspunkten 1 und 2 der Gesamtwiderstand des Hilfskreises immer konstant bleibt. Zum Anschluß an das Normalelement wird vor der eigentlichen Messung einer unbekannten Spannung in der in Bild 132 links dargestellten Schaltung ein Hilfsstrom von beispielsweise 0,1 mA im Hilfskreis dadurch festgelegt, daß zwischen den Widerstandsabgriffen ein Gesamtwiderstand von 10183 Ω entsprechend einer Spannung des Weston-Normalelementes von 1,01830 V bei z. B. 20° C gemäß den in Tafel VIII, S. 251 angegebenen Werten vorgewählt und der Wert des Hilfsstromes selbst durch einen zusätzlichen Einstellwiderstand R_R so eingestellt wird, daß in der gezeichneten Schaltung das Nullinstrument keinen Ausschlag gibt.

Der multiplikative Teiler nach Bild 132 rechts besitzt eine einfache Potentiometerschaltung auf der einen Seite, auf der Gegenseite einen 12-teiligen in den Kreis fest eingebauten Widerstand, auf dem im Abstand von 2 Einheiten 2 fest miteinander gekoppelte Schleifer laufen. Über diese kann der Teilabgriff nun in einem nachfolgenden ebenso aufgebauten Doppelpotentiometer jeweils dekadisch weiter geteilt werden. Auch hier erfolgt die Einstellung des Hilfsstromes mit einem zusätzlichen Reihenwiderstand nach der gleichen Methode wie für die linke Schaltung beschrieben.

Der Gleichstromkompensator kann als außerordentlich genaues und jederzeit an das internationale Normal anzuschließendes Meßinstrument außer für Spannungsmessungen auch für Strommessungen verwendet werden, für die man in dem zu messenden Stromkreis unter Inkaufnahme einer meist zu vernachlässigenden zusätzlichen Meßleistung Shunte genau festliegender Größe einfügt. Die an diesen Nebenwiderständen dann auftretenden Spannungsdifferenzen werden mit dem Kompensator bestimmt. In nacheinander folgender Anwendung beider Schaltungen können z. B. auch Leistungsmesser mit hoher Genauigkeit geeicht werden. Auf die analogen Anordnungen für Wechselstrom (Wechselstrom-Kompensatoren) kann hier nicht eingegangen werden.

Erweitert man die Schaltung des Spannungskompensators nach Bild 130 zur geeigneten Anpassung an die zu messende Spannung U_X dadurch, daß diese über einen Teiler verkleinert und damit die Quelle durch diesen belastet wird, dann sieht man, daß beim Zusammenfassen der beiden dort verwendeten Spannungsquellen die *Brückenschaltung* entsteht, die bereits in Abschnitt VII, S. 126 beschrieben wurde. In der dargestellten einfachsten Form ist die von Sir

Charles Wheatstone angegebene Brücke hervorragend zur Messung von Widerständen im Bereich zwischen etwa 1 und 50 000 Ω geeignet. Bei höheren Widerständen bereitet eine einwandfreie Isolation aller Schaltungspunkte bereits erhebliche Schwierigkeiten, so daß man hier meist die Widerstände aus Strom- und Spannungsmessungen berechnet. Diese sind,

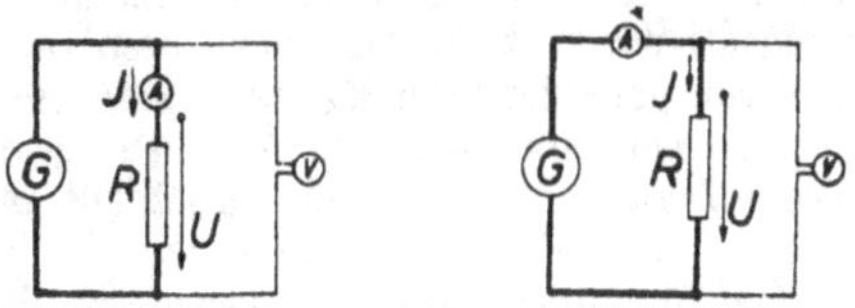

Bild 133. Schaltungen zur Strom-Spannungs-Messung

wie Bild 133 zeigt, grundsätzlich mit dem Nachteil behaftet, daß die elektrischen Werte am Verbraucher jeweils um die dem Eigenverbrauch eines der beiden Meßinstrumente entsprechenden Strom- oder Spannungswerte zu groß bestimmt werden (in Bild 133 links um den Spannungsabfall im Strommesser und in Bild 133 rechts um die Stromaufnahme des

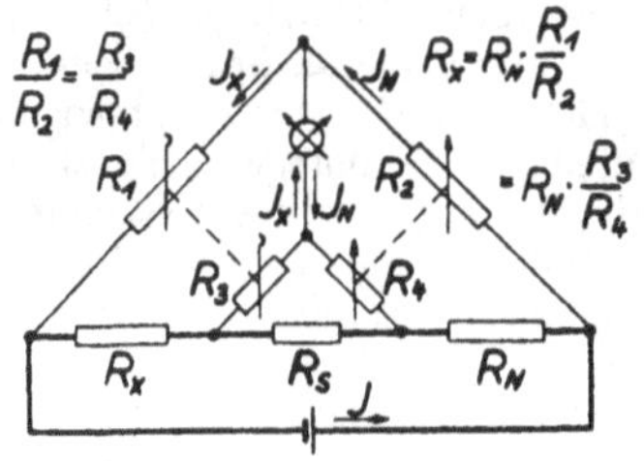

Bild 134. Thomson-Brücke

Spannungsmessers). Bei Gleichstrommessungen können die Fehler durch den Eigenverbrauch der Meßwerke in einfacher Weise rechnerisch im Ergebnis korrigiert werden, bei Wechselstrommessungen sind die Korrekturrechnungen wegen der erforderlichen Berücksichtigung der Phasenlagen schon wesentlich unangenehmer.

Eine Meßbrücke zur Messung extrem niedrigohmiger Widerstände ist in der von Sir William Thomson (1824—1907) angegebenen Schaltung in Bild 134 dargestellt. Ein einwandfreies Funktionieren der Brücke und die Erfüllung der Brückenabgleichbedingung ist gegeben, wenn die Widerstandspaare R_1 und R_3 und R_2 und R_4 gleichzeitig gleichsinnig verstellt werden. Dabei kann die Schaltung als ein Stromkompensationsverfahren angesehen werden, bei dem die an dem Normalwiderstand R_N und dem unbekannten Widerstand R_X bei Speisung durch einen gemeinsamen starken Strom J auftretenden Spannungsabfälle in den aus R_2 und R_4 bzw. R_1 und R_3 gemeinsam mit dem Nullinstrument gebildeten Kreis 2 entgegengesetzt gleichgroße Ströme J_N und J_X einspeisen, die sich im Instrument gerade zu Null aufheben.

Die bei Wheatstone- und Thomson-Brücken erforderlichen Verstellwiderstände werden für Präzisionsmessungen als Stufenwiderstände, für billigere und einfachere Geräte als Schleifdrähte ausgeführt. Der Schleifdraht besitzt dabei den Nachteil, daß er durch häufigere Bewegungen abgenutzt und damit in seinem Querschnitt verändert wird, so daß die abgegriffene Länge dem Widerstand nicht mehr streng proportional ist. Bei der Thomson-Brücke kann ein Abgriff auf dem Normalwiderstand R_N verstellbar angeordnet werden, weil hier Abnutzungserscheinungen nicht zu befürchten sind, da der Normalwiderstand in seiner Gesamtgröße mit dem zu messenden Widerstand vergleichbar und daher sehr niedrigohmig ist, d. h. als Manganinstab einen Durchmesser von einigen mm besitzt.

Die einfachen *Wechselstrombrücken* sind im Prinzip genauso aufgebaut wie die Wheatstonesche Brücke (siehe Abschn. VII, S. 126, Bild 62). Statt Ohmscher Widerstände werden hier aber Wechselstromwiderstände eingesetzt, die im allgemeinsten Fall alle komplex sein können. Entsprechend muß die für die Stromlosigkeit des Nullindikators gültige Abgleichbedingung (siehe S. 127) von den komplexen Widerstandsoperatoren erfüllt werden. In vielen Brückenschaltungen werden 2 oder 4 Widerstände als Ohmsche Spannungsteiler (für die speisende Wechselspannung) ausgeführt, während als bekannte und unbekannte komplexe Widerstandskombinationen Reihen- oder Parallelschaltungen von Widerständen mit Induktivitäten bzw. Kapazitäten benutzt werden, je nachdem welchen Charakter der unbekannte Widerstand besitzt. Bild 135 zeigt hierzu 2 Schaltungen, bei denen die Wirkkomponenten in dem auszumessenden Objekt X bei der Induktivität durch einen Reihenwiderstand, bei der Kapazität durch einen Parallelwiderstand dargestellt sind und in analoger

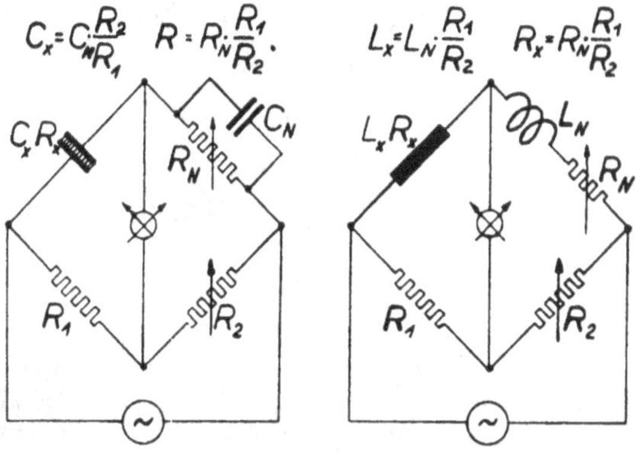

Bild 135. Kapazitäts- und Induktivitäts-Meßbrücke

Form auch in dem jeweils gleichartigen Normalwiderstand vorgesehen werden müssen. Außer dem an einem Ohmschen Teiler vorzunehmenden Größenabgleich sind dann mit den genannten Zusatzwiderständen noch die zusätzlichen Bedingungen für Phasenwinkel zu erfüllen. Neben dieser grundsätzlich einfachsten Aufbauform der Wechselstrombrücken sind auch noch Anordnungen üblich, bei denen der dem Verlustwinkel des Meßobjektes entsprechende Abgleich an anderer Stelle vorgenommen wird (siehe die nach H. E. M. Schering, (geb. 1880) benannte Brücke in Bild 136). Als Nullinstrumente in Wechselstrombrücken werden bei niedrigen

Frequenzen Vibrationsgalvanometer (siehe Abschnitt XII, S. 211), im Tonfrequenzgebiet Kopfhörer bzw. Lautsprecher verwendet.

Mit Wechselstrom betriebene einfache Widerstandsmeßbrücken werden verwendet, wenn im unbekannten Widerstand R_X elektrolytische und verwandte Erscheinungen eine Rolle spielen können, z. B. bei der Bestimmung des spezifischen Widerstandes von Lösungen, bei Messungen des

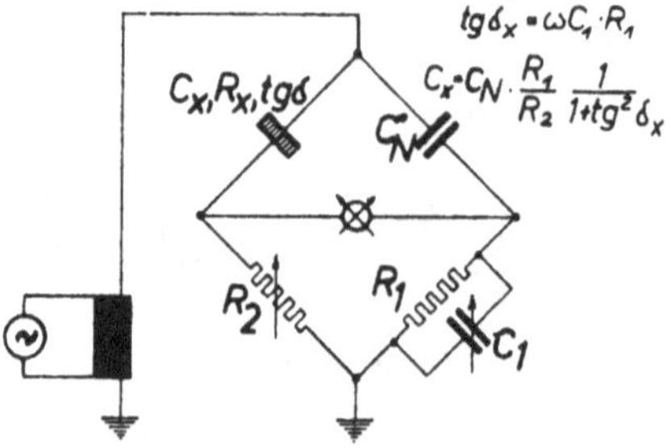

Bild 136. Schering-Brücke

Widerstandes im Erdreich und bei ähnlichen Aufgaben. Da hier kein Phasenabgleich vorliegt und in allen Teilwiderständen Ströme und Spannungen jederzeit einander proportional sind, ist die Kurvenform der die Brücke speisenden Wechselspannung belanglos. Sie kann daher in trapezförmiger Art oder in Form von Impulsfolgen durch einen Zerhacker erzeugt und das Minimum dann sehr einfach mit einem Kopfhörer eingestellt werden.

Tafel I

Elektrische Einheiten, Buchstabenbezeichnungen, Dimensionen

Soweit möglich, werden durch kleine lateinische Buchstaben die Augenblickswerte zeitveränderlicher Größen gekennzeichnet. Große lateinische Buchstaben bei einer Reihe elektrischer Einheiten kennzeichnen Mittelwerte, meist Effektivwerte. Große deutsche Buchstaben kennzeichnen entweder Vektoren in räumlichen Feldern oder Zeitvektoren; ihre Beträge werden ebenfalls mit großen lateinischen Buchstaben bezeichnet.

Begriff, Größe	Buchstabenbezeichng.	Dimension	Seite
Ladung	Q	As = Cb	10
Elektr. Stromstärke	J	A	11
Kraft	$\mathfrak{P}$, P	p, kp	11
Weglänge, gerichtet	s, $\mathfrak{s}$	cm, m	11
Mechanische Arbeit	A	cmp, mkp,	11
Elektr. Arbeitsleistung, Speicherfähigkeit	W	Ws = VAs, Wh	11
Mittelwert d. Leistung	N	W = V · A	11
Elektr. Spannung	U	V	11
Elektr. Widerstand	R	$\frac{V}{A}$ = Ohm = Ω	12
Elektr. Leitwert	G	$\frac{A}{V}$ = S	14
Spezifischer elektr. Widerstand	ϱ	$\frac{V}{A} \cdot cm = \Omega \cdot cm$, $\left(\Omega \cdot \frac{mm^2}{m}\right)$	14

Begriff, Größe	Buchstabenbezeichng.	Dimension	Seite
Spezifischer elektr. Leitwert, Leitfähigkeit	$\varkappa$	$\frac{A}{Vcm} = S/cm, \left(\frac{S \cdot m}{mm^2}\right)$	14
Elektr. Feldstärke	$\mathfrak{E}$, E	V/cm	20
Elektr. Stromdichte	$\mathfrak{S}$, S	A/cm^2, A/mm^2	20
Ladungs- oder Verschiebungsflußdichte	$\mathfrak{D}$	$As/cm^2 = Cb/cm^2$	30
Dielektrizitätskonstante, dielektr. Leitfähigkeit	ε	$\frac{As}{Vcm} = \frac{F}{cm}$	30
Flächenbereich, meist einer Äquipotentialfläche	F	cm^2, m^2	32
Kapazität	C	$As/V = S \cdot s = F$	33
Druck, spezifische Anziehungskraft	p	p/cm^2, VAs/cm^3	39
Magnetische Spannung, Durchflutung	V	A, Aw	44
Windungszahl	w, w_1, w_2	1	44
Magnetische Feldstärke	$\mathfrak{H}$, H	A/cm	44
Magnetische Flußdichte, Induktion	$\mathfrak{B}$, B	Vs/cm^2, G	45
Permeabilität, magnetische Leitfähigkeit	μ	$\frac{Vs}{A \cdot cm} = \frac{H}{cm}$	46
Remanenzwert der Induktion	B_r	Vs/cm^2, G	47
Koerzitivkraft	H_c	A/cm	47
Magnetischer Fluß	Φ	Vs, M	51

Begriff, Größe	Buch-staben-bezeichng.	Dimension	Seite
Magnetischer Widerstand	R_m	$\frac{\text{A}}{\text{Vs}} = \frac{\text{S}}{\text{s}} = \frac{1}{\text{H}}$	51
Geschwindigkeit	$\mathfrak{v}$, v	cm/s, m/s	57
Induktivität, Selbstinduktivität	L	$\frac{\text{Vs}}{\text{A}} = \Omega \cdot \text{s} = \text{H}$	69
Verkettungsfluß	Ψ	Vs, M	70
Gegeninduktivität	M	Vs/A = H	72

Vorsätze zur Bezeichnung von Vielfachen und Teilen der Einheiten

Benennung	Kurzzeichen	Faktor	Benennung	Kurzzeichen	Faktor
Tera	T	10^{12}	Milli	m	10^{-3}
Giga	G	10^{9}	Mikro	μ	10^{-6}
Mega	M	10^{6}	Nano	n	10^{-9}
Kilo	k	10^{3}	Piko	p	10^{-12}

Tafel II

Umrechnungsfaktoren für mechanische, thermische und elektrische Größen von Arbeit und Leistung

Leistung	W	mkp/ s	cal/s
1 W =	1	0,102	0,239
1 mkp/s =	9,81	1	2,343
1 cal/s =	4,185	0,4269	1

Arbeit	Ws	kWh	mkp	cal
1 Ws =	1	$0{,}278 \cdot 10^{-6}$	0,102	0,239
1 kWh =	$3{,}6 \cdot 10^{6}$	1	367200	860400
1 mkp =	9,81	$2{,}72 \cdot 10^{-6}$	1	2,343
1 cal =	4,185	$1{,}162 \cdot 10^{-6}$	0,4269	1

Elektrische Konstanten des leeren Raumes

$\mu_0 = 1{,}256 \cdot 10^{-8}$ H/cm

$\varepsilon_0 = 8{,}855 \cdot 10^{-14}$ F/cm

Tafel III

Spezifische Widerstände, Leitfähigkeiten und Temperaturkoeffizienten metallischer Leiterwerkstoffe

l in m; q in mm²; ϑ in ° C

$$R_{20} = \frac{l}{q} \cdot \varrho = \frac{l}{q \cdot \varkappa}\,; \quad R_\vartheta = R_{20} \cdot [1 + \alpha\,(\vartheta - 20)]$$

Werkstoff	ϱ $\Omega \frac{mm^2}{m}$	$\varkappa$ $S \frac{m}{mm^2}$	α ‰/°C, 10^{-3}/°C	Bemerkungen
Silber	0,016	62,5	3,8	
Gold	0,023	44	4,0	
Wolfram	0,055	18	4,1	
Platin	0,11 ÷0,14	9÷7	2÷3	je nach Kristallisationsform
Tantal	0,16	6,25	3,0	
Quecksilber	0,96	1,04	0,92	
Wismut	1,2	0,83	4,2	
Leitungskupfer	0,01786	56	3,92	kalt gewalzt
Wicklungskupfer	0,0172	57,2	3,92	besonders weich, hoher Leitwert
Aluminium	0,0286	35	3,77	mehr als 99,6% Al
Rein-Zink	0,0606	16,5	4,7	
Nickel	0,08 ÷0,11	13,9	3,7÷6	hohe Leitwerte bei großer Reinheit
Eisen	0,10 ÷0,15	10÷7	4,5÷6	
Zinn	0,11	9,1	4,2	
Blei	0,21	4,8	4,2	

Werkstoff	ϱ $\Omega \frac{mm^2}{m}$	$\varkappa$ $S \frac{m}{mm^2}$	α $^0/_{00}/^\circ C$, $10^{-3}/^\circ C$	Bemerkungen
Aldrey	0,0333	30	3,6	0,4÷0,5% Mg, 0,5÷0,6% Si, max 0,3% Fe, Rest Al
Messing	0,064	16	1,5	60% Cu, Rest Zn
	0,084	11,9	1,5	70% Cu, Rest Zn
Manganin	0,43	2,3	±0,001	86% Cu, 2% Ni, 12% Mn
Konstantan	0,5	2,0	−0,03	58 Cu, 41% Ni, 1% Mn
Chrom-Nickel	1,1	0,91	0,14	∼80% Ni, ∼20% Cr, max 3% Fe
	0,97	1,03	0,44	∼20% Ni, ∼25% Cr, 55% Fe

Tafel IV

Dielektrizitätskonstanten und Verlustwinkel (gemessen bei 1 kHz) sowie Durchschlagsfestigkeiten (bei 50 Hz, 1 min) für verschiedene Isolierstoffe*).

Gruppe	Isolierstoffe	Dielektrizitätskonstante ε_r	Verlustwinkel $\tan\delta$ $\times 10^{-3}$	Durchschlagsfestigkeit kV_{eff}/cm
Anorganika	Glimmer, Muskowit	6÷7,7	0,1÷1,0	600
	Quarzglas	~4	~0,8	350÷400
	Alkalifreie Gläser	3÷14	1÷8	200÷450
	Hochspannungsporzellan	5,5÷6,5	6÷12	300÷350
	Rutilhaltige Massen	60÷80	0,3÷9	100÷200
		30÷45	6,5	100÷200
	Titanat-Massen	12÷16	0,3÷2,0	100÷200
		35÷45	1÷70	100÷200
Gummi	Weichgummi	2,7	2÷10	250
	Hartgummi	3	5	250
Thermoplaste	Polyäthylen	2,3	0,3÷0,5	300
	Polystyrol	2,5	<0,3	300
	Polyvinylchlorid	3,2	18	200
Härtbare Harze	Phenolharze	8÷12	20÷80	60÷100
	Harnstoffharze	5÷6	30÷100	80÷100
	Anilinharze	3÷4	3÷4	80÷100
Zelluloseprodukte	Zellulosetriazetat	3,4	14	600
	Papier, trocken in Luft	2,5	1,0	120
	Papier, getränkt in Öl	4,0÷4,3	2÷4	600
	Papier, getränkt Cloph.	5,5÷6,0	2÷5	600
Schichtpreßstoffe	Hartpapier	5÷6	10÷50	200÷300
	Baumwollhartgewebe	5÷6	10÷50	100÷180
Silikonprodukte	Gehärtete Silikonharze	3,0÷3,5	1÷2	200
	Silikonkautschuk	3÷10	2÷25	200÷450
	Silikon-Glashartgewebe	5÷6	~2	90

*) Für Angaben zu dieser Zusammenstellung ist der Verfasser Herrn Dr.-Ing. Winkelnkemper zu großem Dank verpflichtet.

Tafel V

Kennwerte weichmagnetischer Werkstoffe

Werkstoff	Bestandteile % Gewicht	Koerzitiv-Kraft H_c A/cm	Anfangspermeabilität $\mu_a \times 10^3$	Maximalpermeabilität $\mu_{max} \times 10^3$	V_{10} bei 50 Hz W/Kp	Verwendung
Armco-Eisen	0,1 C	0,3÷1,6	0,2÷1,6	1÷7	./·	Relais
Carbonyleisen, gesintert	0,05 C	0,08÷0,5	1	20	./·	Relais
Flußstahl	./·	3÷12	./·	./·	./·	Maschinenteile
Dynamoblech I	0,5÷0,8 Si	1,6	0,15	3	3,6	Transformatoren, Rotoren, für magnetische Wechselflüsse (I–IV)
Dynamoblech II	0,8÷1,2 Si	0,6	0,18	4	3,0	
Dynamoblech III	2,4÷3,0 Si	0,6	0,25	6	2	
Dynamoblech IV	3,5÷4,5 Si	0,25÷0,5	0,3÷0,6	4÷10	0,9÷1,7	
Kaltgewalzte Bleche	2,9÷3,4 Si	0,2÷0,35	1	40÷50	0,5÷0,6	Meßwandler, Tonfrequenzübertrager
Nickeleisen Permenorm 5000 Hyperm 50	50 Ni	0,03÷0,16	2,5÷4	30÷100	0,2÷0,3	Wandler, Instrumente, Relais
Textur-Werkstoffe	50 Ni	0,08÷0,3		50	0,42	Magnetische Verstärker
Permalloy	78,5 Ni	0,025÷0,04	6	80		Eingangsübertrager, Wandler, Schirmung
Mu-Metall	76 Ni, 5 Cu, 2 Cr	0,008÷0,04	10÷20	50÷100	./·	Sonderzwecke (Mu-Metall, Supermalloy)
Supermalloy	79 Ni, 5 Mo, 0,5 Mn	0,0016÷0,007	100	200÷1000		

Tafel VI

Vergleich der 3 Feldformen und ihrer Größen

		Strömungsfeld	Elektrostatisches Feld	Elektromagnetisches Feld
Spezifische Feldgrößen	Feldstärke	Elektrische Feldstärke $\mathfrak{E}$ [V/cm]	Elektrische Feldstärke $\mathfrak{E}$ [V/cm]	Magnetische Feldstärke $\mathfrak{H}$ [A/cm]
	Dichte	Stromdichte $\mathfrak{S}$ [A/cm²]	Ladungsdichte $\mathfrak{D}$ [As/cm²]	Induktion (Flußdichte) $\mathfrak{B}$ [Vs/cm²]
	Leitfähigkeit	Stromleitfähigkeit $\varkappa = \frac{S}{E}\left[\frac{S}{\text{cm}} = \frac{1}{\Omega\,\text{cm}}\right]$	Dielektrizitätskonstante $\varepsilon = \varepsilon_0 \cdot \varepsilon_r = \frac{D}{E}\left[\frac{\text{As}}{\text{Vcm}} = \frac{\text{Ss}}{\text{cm}}\right]$	Permeabilität $\mu = \mu_0 \cdot \mu_r = \frac{B}{H}\left[\frac{\text{Vs}}{\text{Acm}} = \frac{\Omega\text{s}}{\text{cm}}\right]$
Gesetze für Grundgrößen	Potentialdifferenz, Spannung	Elektrische Spannung $U_{12} = \int_1^2 \mathfrak{E}\,d\,\mathfrak{s}$ [V]	Elektrische Spannung $U_{12} = \int_1^2 \mathfrak{E}\,d\,\mathfrak{s}$ [V]	Magnetische Spannung $V_{12} = \int_1^2 \mathfrak{H}\,d\,\mathfrak{s}$ [A]
	Fluß, Strom, Ladung	Strom $J = \int^F \mathfrak{S}\,d\,\mathfrak{f}$ [A]	Ladung $Q = \int^F \mathfrak{D}\,d\,\mathfrak{f}$ [As]	Fluß $\Phi = \int^F \mathfrak{B}\,d\,\mathfrak{f}$ [Vs] Verkettungsfluß Ψ [Vs] (häufig $w \cdot \Phi$)

Gesetze für Grundgrößen	Widerstand Leitwert	Widerstand $R = \frac{U_{12}}{J_F} = \frac{l_{12}}{F} \cdot \varrho \; [\Omega]$ Leitwert $G = \frac{J_F}{U_{12}} = \frac{F}{l_{12}} \cdot \varkappa \; [S]$	Kapazität $C = \frac{Q_F}{U_{12}} = \frac{F}{l_{12}} \cdot \varepsilon \left[\frac{\mathrm{As}}{\mathrm{V}} = F = \mathrm{Ss}\right]$	Magnetischer Widerstand $R_M = \frac{V_{12}}{\Phi_F} = \frac{l_{12}}{F \cdot \mu} \left[\frac{\mathrm{A}}{\mathrm{Vs}} = \frac{1}{\mathrm{H}} = \frac{\mathrm{S}}{\mathrm{s}}\right]$ Selbstinduktivität $L = \frac{\Psi}{i} = \frac{w^2}{R_M} \left[\frac{\mathrm{Vs}}{\mathrm{A}} = \mathrm{H} = \Omega\mathrm{s}\right]$
	passiver Zweipol	$R = \frac{U}{J}$; $U = J \cdot R$; $J = \frac{U}{R}$ $G = \frac{J}{U}$; $U = \frac{J}{G}$; $J = U \cdot G$	$C = \frac{Q}{U}$; $Q = C \cdot U$; $U = \frac{Q}{C}$ $u = \int \frac{i\,dt}{C}$; $i = C \cdot \frac{du}{dt}$	$R_M = \frac{V}{\Phi}$; $V = \Phi \cdot R_M$; $\Phi = \frac{V}{R_M}$ $L = \frac{\Psi}{i}$; $\Psi = L \cdot i$; $i = \frac{\Psi}{L}$ $u = L \cdot \frac{di}{dt}$; $i = \frac{\int u\,dt}{L}$
	Verzweigung	$\oint^F \mathfrak{S}\, d\mathfrak{f} = 0$ $\sum_1^n J_\nu = 0$	$\oint^F \mathfrak{D}\, d\mathfrak{f} = 0$	$\oint^F \mathfrak{B}\, d\mathfrak{f} = 0$
	Masche	$\oint \mathfrak{E}\, d\mathfrak{s} = 0$ $\sum_1^n U_\nu = \sum_1^m J_\mu \cdot R_\mu$	$\oint \mathfrak{E}\, d\mathfrak{s} = 0$	$\oint \mathfrak{H}\, d\mathfrak{s} = V$
Energieinhalt bzw. Leistungsumsatz im	Feld	$N = S \cdot E = \varkappa \cdot E^2 = \frac{1}{\varkappa} S^2$ [W/cm³]	$W = \frac{1}{2} D \cdot E$ $= \frac{\varepsilon_0 \cdot \varepsilon_r}{2} E^2$ $= \frac{1}{2 \cdot \varepsilon_0 \cdot \varepsilon_r} D^2$ $\left[\mathrm{Ws/cm^3} = \frac{\mathrm{Ws}}{\mathrm{cm}} / \mathrm{cm^2}\right]$	$W = \frac{1}{2} B \cdot H$ $= \frac{\mu_0 \cdot \mu_r}{2} H^2$ $= \frac{1}{2 \cdot \mu_0 \cdot \mu_r} B^2$ $\left[\mathrm{Ws/cm^3} = \frac{\mathrm{Ws}}{\mathrm{cm}} / \mathrm{cm^2}\right]$
	Einzelelement	$N = J \cdot U = \frac{U^2}{R} = R \cdot J^2$ [W]	$W = C \frac{U^2}{2}$ [Ws]	$W = L \cdot \frac{J^2}{2}$ [Ws]

Tafel VII

Elektrische Einheiten, Buchstabenbezeichnungen, Dimensionen

Begriff, Größe	Buchstaben-bezeichng.	Dimension	Seite
Zeit	t	s,h	7
Periodendauer	P	s	7
Frequenz	f	s^{-1} = Hz	8
Kreisfrequenz, Winkelgeschwindigkeit	ω	s^{-1}	8
Phasenwinkel, Phasenverschiebung	φ	° elektrisch	8
Imaginäre Einheit	j	$\sqrt{-1}$	18
Basis der natürlichen Logarithmen	ε	2,71828...	18
Widerstandsoperator	$\mathfrak{Z}$	Ω	21
Leitwertoperator	$\mathfrak{Y}$	S	21
Vektorkomponenten, real und imaginär	a, b	V, A, u. a.	26
Elektromot. Kraft(EMK)	E	V	36
Temperatur	ϑ	°C	53
Temperaturkoeffizient des Widerstandes	α	$\frac{1}{°C}$	53
Temperaturkoeffizient des Widerstandes, quadratisches Glied	β	$\frac{1}{°C^2}$	53

Begriff, Größe	Buch-staben-bezeichng.	Dimension	Seite
Emissionshauptkonstante	A^*	$\frac{A}{cm^2 \cdot (°K)^2}$	69
Ladung des Elektrons	e	As	69
Boltzmannsche Konstante	k	Ws/°K	69
Austrittsarbeit	ψ	V	69
Absolute Temperatur	T	° K	69
Durchgriff	D	%	74
Steilheit	S	mA/V = mS	74

Tafel VIII

Spannungsabhängigkeit des Weston-Elementes von der Temperatur

Spannung des Weston-Normalelementes: 1018,0 + k [mV]								
Temperatur [°C]	10	12	14	16	18	20	22	24
k [mV]	0,60	0,56	0,51	0,45	0,38	0,30	0,22	0,12

Tafel IX

Wirk-, Blind- und Scheingrößen bei Wechselstrom

	Wirkgrößen	Blindgrößen	Scheingrößen
Spannung $\mathfrak{U}$	Wirkspannung $U \cdot \cos\varphi$ zum Strom $\mathfrak{J}$	Blindspannung $U \cdot \sin\varphi$ zum Strom $\mathfrak{J}$	
Strom $\mathfrak{J}$	Wirkstrom $J \cdot \cos\varphi$ zur Spannung $\mathfrak{U}$	Blindstrom $J \cdot \sin\varphi$ zur Spannung $\mathfrak{U}$	
Leistung N	Wirkleistung $U \cdot J \cdot \cos\varphi$	Blindleistung $U \cdot J \cdot \sin\varphi$	Scheinleistung $U \cdot J$
Widerstand $\mathfrak{Z}$	Wirkwiderstand $Z \cdot \cos\varphi$ Realteil von $\mathfrak{Z}$	Blindwiderstand $Z \cdot \sin\varphi$, Imaginärteil von $\mathfrak{Z}$	Betrag von $\mathfrak{Z}$ $\lvert\mathfrak{Z}\rvert = Z$
Leitwert $\mathfrak{Y}$	Wirkleitwert $Y \cdot \cos\varphi$ Realteil von $\mathfrak{Y}$	Blindleitwert $Y \cdot \sin\varphi$ Imaginärteil v. $\mathfrak{Y}$	Betrag von $\mathfrak{Y}$ $\lvert\mathfrak{Y}\rvert = Y$

Tafel X

Thermospannungen in mV gegenüber einer „kalten Lötstelle“ von 20°C

Thermo-element	Temperatur der heißen Lötstelle °C							Zulässige Höchst-tempera-tur im Dauer-betrieb °C
	100	250	500	750	1000	1350	1500	
Kupfer-Konstantan	3,0	11,5	26,5					400
Eisen-Konstantan	4,5	13,0	26,5	42,3				600
Nickelchrom-Konstantan	5,0	16,0	35,3	56,0				700
Nickelchrom-Nickel	3,0	9,0	19,5	30,5	40,5			900
Platinrhodium-Platin	0,5	1,6	4,0	6,7	9,5	12,5	15,2	1300

Kurzbezeichnungen und Werkstoffangaben zu Thermoelementen

Name	Kurz-zeichen	Werkstoffangaben	
Kupfer-Konstantan	Cu-Konst.	Elektrolytkupfer	45% Ni, 55% Cu
Eisen-Konstantan	Fe-Konst.	Fe, techn. rein	45% Ni, 55% Cu
Nickelchrom-Konstantan	NiCr-Konst.	85% Ni, 12% Cr	45%Ni, 55% Cu
Nickelchrom-Nickel	NiCr-Ni	85% Ni, 12% Cr	95% Ni
Platinrhodium-Platin	PtRh-Pt	90% Pt, 10% Rh	Pt phys. rein

Tafel XI

Potentiale gegen die Wasserstoff-Normalelektrode

Potentiale gegen eine Wasserstoff-Normalelektrode in einer Lösung mit 1 Mol Wasserstoff-Ion je Liter in V

Li	Na	Zn	Fe	Ni	Pb	H	Cu	Ag	Hg	Au
− 3,02	− 2,71	− 0,76	− 0,43	− 0,22	− 0,12	± 0,00	+ 0,34	+ 0,80	+ 0,86	+ 1,5

Tafel XII

Austrittsarbeit ψ in V aus Kathodenoberflächen

Reine Substanz	Pt	Th	W	Ni	C	Ba
ψ [V]	6,3	3,4	4,6	5,0	4,4	2,0
Filme auf W	Cs	Th	Paste		Ba 0	
ψ [V]	1,4	2,6	ψ [V]		1,0	

Tafel XIII

Anregungs- und Ionisierungsspannungen

Gas, Dampf	K	Hg	H_2	Ar	He
Anregungsspannung [V]	1,6	4,7	10,15	12,5	19,8
Ionisierungsspannung [V]	4,3	10,4	13,5	15,7	24,6

Tafel XIV

Elektrische Einheiten, Buchstabenbezeichnungen, Dimensionen

Begriff, Größe	Buchstabenbezeichng.	Dimensionen	Seite
Hystereseverluste	V_{Hy}	W, W/kg	31
Wirbelstromverluste	V_{Wi}	W, W/kg	31
Eisenverluste	V_{Fe}	W, W/kg	31
Kupferverluste	V_{Cu}	W, W/kg	31
Verlustwinkel	δ	° elektrisch	32
Antriebsmoment	D	cmp, mkp	47
Bremsmoment	B	cmp, mkp	71

Register

Diaphragma 139
Dielektrikum 30, 34, 187

SAMMLUNG GÖSCHEN

GESAMTVERZEICHNIS

Jeder Band DM 3,60 · Doppelband DM 5,80

Herbst 1964

WALTER DE GRUYTER & CO., BERLIN 30

Inhaltsübersicht

Geisteswissenschaften

Philosophie

Einführung in die Philosophie von *H. Leisegang †*. 5. Auflage. 146 Seiten. 1963. (281)

Hauptprobleme der Philosophie von *G. Simmel †*. 8., unveränderte Auflage. 177 Seiten. 1964. (500)

Geschichte der Philosophie

I: Die griechische Philosophie von *W. Capelle*. 1. Teil. Von Thales bis Leukippos. 2., erweiterte Auflage. 135 Seiten. 1953. (857)

II: Die griechische Philosophie von *W. Capelle*. 2. Teil. Von der Sophistik bis zum Tode Platons. 2., stark erweiterte Auflage. 144 Seiten. 1953. (858)

III: Die griechische Philosophie von *W. Capelle*. 3. Teil. Vom Tode Platons bis zur Alten Stoa. 2., stark erweiterte Auflage. 132 Seiten. 1954. (859)

IV: Die griechische Philosophie von *W. Capelle*. 4. Teil. Von der Alten Stoa bis zum Eklektizismus im 1. Jh. v. Chr. 2., stark erweiterte Auflage. 132 Seiten. 1954. (863)

V: Die Philosophie des Mittelalters von *J. Koch*. In Vorbereitung. (826)

VI: Von der Renaissance bis Kant von *K. Schilling*. 234 Seiten. 1954. (394/394a)

VII: Immanuel Kant von *G. Lehmann*. In Vorbereitung. (536)

VIII: Die Philosophie des 19. Jahrhunderts von *G. Lehmann*. 1. Teil. 151 Seiten. 1953. (571)

IX: Die Philosophie des 19. Jahrhunderts von *G. Lehmann*. 2. Teil. 168 Seiten. 1953. (709)

X: Die Philosophie im ersten Drittel des 20. Jahrhunderts 1. Teil von *G. Lehmann*. 128 Seiten. 1957. (845)

XI: Die Philosophie im ersten Drittel des 20. Jahrhunderts 2. Teil von *G. Lehmann*. 114 Seiten. 1960. (850)

Die geistige Situation der Zeit (1931) von *K. Jaspers*. 6., unveränderter Abdruck der im Sommer 1932 bearbeiteten 5. Auflage. 211 Seiten. 1964. (1000)

Erkenntnistheorie von *G. Kropp*.
1. Teil: Allgemeine Grundlegung. 143 Seiten. 1950. (807)

Formale Logik von *P. Lorenzen*. 2., verbesserte Auflage. 165 Seiten. 1962. (1176/1176a)

Philosophisches Wörterbuch von *M. Apel †*. 5., völlig neubearbeitete Auflage von *P. Ludz*. 315 Seiten. 1958. (1031/1031 a)

Philosophische Anthropologie. Menschliche Selbstdeutung in Geschichte und Gegenwart von *M. Landmann*. 2., durchgesehene Auflage. 223 Seiten. 1964. (156/156a)

Pädagogik, Psychologie, Soziologie

Geschichte der Pädagogik von *Herm. Weimer*. 16. Auflage von *Heinz Weimer*. 184 Seiten. 1964. (145)

Therapeutische Psychologie. Ihr Weg durch die Psychoanalyse von *W. M. Kranefeldt*. Mit einer Einführung von *C. G. Jung*. 3. Auflage. 152 Seiten. 1956. (1034)

Allgemeine Psychologie von *Th. Erismann †*. 4 Bände. 2., neubearbeitete Auflage.

I: Grundprobleme. 146 Seiten. 1958. (831)

II: Grundarten des psychischen Geschehens. 248 Seiten. 1959. (832/832a)

III: Experimentelle Psychologie und ihre Grundlagen. 1. Teil. 112 Seiten, 7 Abbildungen. 1962. (833)

IV: Experimentelle Psychologie und ihre Grundlagen. 2. Teil. 199 Seiten, 20 Abbildungen. 1962. (834/834a)

Soziologie. Geschichte und Hauptprobleme von *L. von Wiese*. 7. Auflage. 175 Seiten. 1964. (101)

Ideengeschichte der sozialen Bewegung des 19. und 20. Jh. von *W. Hofmann*. 243 Seiten. 1962. (1205/1205a)

Sozialpsychologie von *P. R. Hofstätter*. 2. Auflage. 186 Seiten, 18 Abbildungen. 1964. (104/104a)

Psychologie des Berufs- und Wirtschaftslebens von *W. Moede †*. 190 Seiten, 48 Abbildungen. 1958. (851/851a)

Industrie- und Betriebssoziologie von *R. Dahrendorf*. 3. Auflage. 142 Seiten, 3 Figuren. 1964. (103)

Wirtschaftssoziologie von *F. Fürstenberg*. 122 Seiten. 1961. (1193)

Einführung in die Sozialethik von *H.-D. Wendland*. 144 Seiten. 1963. (1203)

Religion

Jesus von *M. Dibelius †*. 3. Auflage, mit einem Nachtrag von *W. G. Kümmel*. 140 Seiten. 1960. (1130)

Paulus von *M. Dibelius †*. Nach dem Tode des Verfassers herausgegeben und zu Ende geführt von *W. G. Kümmel*. 3., durchgesehene Auflage. 156 Seiten. 1964. (1160)

Luther von *F. Lau*. 151 Seiten. 1959. (1187)

Melanchthon von *R. Stupperich*. 139 Seiten. 1960. (1190)

Zwingli von *F. Schmidt-Clausing*. 1965. Im Druck (1219)

Einführung in die Konfessionskunde der orthodoxen Kirchen von *K. Onasch*. 291 Seiten. 1962. (1197/1197a)

Geschichte des christlichen Gottesdienstes von *W. Nagel*. 215 Seiten. 1962. (1202/1202a)

Geschichte Israels. Von den Anfängen bis zur Zerstörung des Tempels (70 n. Chr.) von *E. L. Ehrlich*. 158 Seiten, 1 Tafel. 1958. (231/231a)

Römische Religionsgeschichte von *F. Altheim*. 2 Bände. 2., umgearbeitete Auflage.

I: Grundlagen und Grundbegriffe. 116 Seiten. 1956. (1035)

II: Der geschichtliche Ablauf. 164 Seiten. 1956. (1052)

Die Religion des Buddhismus von *D. Schlingloff*. 2 Bände.
I: Der Heilsweg des Mönchtums. 122 Seiten, 11 Abbildungen, 1 Karte. 1962. (174)
II: Der Heilsweg für die Welt. 129 Seiten, 9 Abbildungen, 1 Karte. 1963. (770)

Musik

Musikästhetik von *H. J. Moser*. 180 Seiten. Mit zahlreichen Notenbeispielen. 1953. (344)
Systematische Modulation von *R. Hernried*. 2. Auflage. 136 Seiten. Mit zahlreichen Notenbeispielen. 1950. (1094)
Der polyphone Satz von *E. Pepping*. 2 Bände.
I: Der cantus-firmus-Satz. 2. Auflage. 223 Seiten. Mit zahlreichen Notenbeispielen. 1950. (1148)
II: Übungen im doppelten Kontrapunkt und im Kanon. 137 Seiten. Mit zahlreichen Notenbeispielen. 1957. (1164/1164a)
Allgemeine Musiklehre von *H. J. Moser*. 2., durchgesehene Auflage. 155 Seiten. Mit zahlreichen Notenbeispielen. 1955. (220/220a)
Harmonielehre von *H. J. Moser*. 2 Bände.
I: 109 Seiten. Mit 120 Notenbeispielen. 1954. (809)
II: In Vorbereitung. (810)
Die Musik des 19. Jahrhunderts von *W. Oehlmann*. 180 Seiten. 1953. (170)
Die Musik des 20. Jahrhunderts von *W. Oehlmann*. 312 Seiten. 1961. (171/171a)
Technik der deutschen Gesangskunst von *H. J. Moser*. 3., durchgesehene und verbesserte Auflage. 144 Seiten, 5 Figuren sowie Tabellen und Notenbeispiele. 1954. (576/576a)
Die Kunst des Dirigierens von *H. W. von Waltershausen †*. 2., vermehrte Auflage. 138 Seiten. Mit 19 Notenbeispielen. 1954. (1147)
Die Technik des Klavierspiels aus dem Geiste des musikalischen Kunstwerkes von *K. Schubert †*. 3. Auflage. 110 Seiten. Mit Notenbeispielen. 1954. (1045)

Kunst

Stilkunde von *H. Weigert*. 2 Bände. 3., durchgesehene und ergänzte Auflage.
I: Vorzeit, Antike, Mittelalter. 136 Seiten, 94 Abbildungen. 1958. (80)
II: Spätmittelalter und Neuzeit. 150 Seiten, 88 Abbildungen. 1958. (781)
Archäologie von *A. Rumpf*. 3 Bände.
I: Einleitung, historischer Überblick. 143 Seiten, 6 Abbildungen, 12 Tafeln. 1953. (538)
II: Die Archäologensprache. Die antiken Reproduktionen. 136 Seiten, 7 Abbildungen, 12 Tafeln. 1956. (539)
III: In Vorbereitung. (540)

Geschichte

Einführung in die Geschichtswissenschaft von *P. Kirn*. 4., durchgesehene Auflage. 127 Seiten. 1963. (270)

GEISTESWISSENSCHAFTEN

Einführung in die Zeitgeschichte von *B. Scheurig.* 101 Seiten. 1962. (1204)

Zeitrechnung der römischen Kaiserzeit, des Mittelalters und der Neuzeit für die Jahre 1—2000 n. Chr. von *H. Lietzmann †.* 3. Auflage, durchgesehen von *K. Aland.* 130 Seiten. 1956. (1085)

Kultur der Urzeit von *F. Behn.* 3 Bände. 4. Auflage der Kultur der Urzeit Bd. 1—3 von *M. Hoernes.*

I: Die vormetallischen Kulturen. (Die Steinzeiten Europas. Gleichartige Kulturen in anderen Erdteilen.) 172 Seiten, 48 Abbildungen. 1950. (564)

II: Die älteren Metallkulturen. (Der Beginn der Metallbenutzung, Kupfer- und Bronzezeit in Europa, im Orient und in Amerika.) 160 Seiten, 67 Abbildungen. 1950. (565)

III: Die jüngeren Metallkulturen. (Das Eisen als Kulturmetall, Hallstatt-Latène-Kultur in Europa. Das erste Auftreten des Eisens in den anderen Weltteilen.) 149 Seiten, 60 Abbildungen. 1950. (566)

Vorgeschichte Europas von *F. Behn.* Völlig neue Bearbeitung der 7. Auflage der „Urgeschichte der Menschheit" von *M. Hoernes.* 125 Seiten, 47 Abbildungen. 1949. (42)

Der Eintritt der Germanen in die Geschichte von *J. Haller †.* 3. Auflage, durchgesehen von *H. Dannenbauer.* 120 Seiten, 6 Kartenskizzen. 1957. (1117)

Von den Karolingern zu den Staufern. Die altdeutsche Kaiserzeit (900—1250) von *J. Haller †.* 4., durchgesehene Auflage von *H. Dannenbauer.* 142 Seiten, 4 Karten. 1958. (1065)

Von den Staufern zu den Habsburgern. Auflösung des Reichs und Emporkommen der Landesstaaten (1250—1519) von *J. Haller †.* 2., durchgesehene Auflage von *H. Dannenbauer.* 118 Seiten, 6 Kartenskizzen. 1960. (1077)

Deutsche Geschichte im Zeitalter der Reformation, der Gegenreformation und des dreißigjährigen Krieges von *F. Hartung.* 2., durchgesehene Auflage. 128 Seiten. 1963. (1105)

Deutsche Geschichte von 1648—1740. Politischer und geistiger Wiederaufbau von *W. Treue.* 120 Seiten. 1956. (35)

Deutsche Geschichte von 1713—1806. Von der Schaffung des europäischen Gleichgewichts bis zu Napoleons Herrschaft von *W. Treue.* 168 Seiten. 1957. (39)

Deutsche Geschichte von 1806—1890. Vom Ende des alten bis zur Höhe des neuen Reiches von *W. Treue.* 128 Seiten. 1961. (893)

Deutsche Geschichte von 1890 bis zur Gegenwart von *W. Treue.* In Vorbereitung. (894)

Quellenkunde der Deutschen Geschichte im Mittelalter (bis zur Mitte des 15. Jahrhunderts) von *K. Jacob †.* 3 Bände.

I: Einleitung. Allgemeiner Teil. Die Zeit der Karolinger. 6. Auflage, bearbeitet von *H. Hohenleutner.* 127 Seiten. 1959. (279)

II: Die Kaiserzeit (911—1250). 5. Auflage, neubearbeitet von *H. Hohenleutner.* 141 Seiten. 1961. (280)

III: Das Spätmittelalter (vom Interregnum bis 1500). Herausgegeben von *F. Weden.* 152 Seiten. 1952. (284)

Geschichte Englands von *H. Preller*. 2 Bände.
I: bis 1815. 3., stark umgearbeitete Auflage. 135 Seiten, 7 Stammtafeln, 2 Karten. 1952. (375)
II: Von 1815 bis 1910. 2., völlig umgearbeitete Auflage. 118 Seiten, 1 Stammtafel, 7 Karten. 1954. (1088)
Römische Geschichte von *F. Altheim*. 4 Bände. 2., verbesserte Auflage.
I: Bis zur Schlacht bei Pydna (168 v.Chr.). 124 Seiten. 1956. (19)
II: Bis zur Schlacht bei Actium (31 v.Chr.). 129 Seiten. 1956. (677)
III: Bis zur Schlacht an der Milvischen Brücke (312 n.Chr.). 148 Seiten. 1958. (679)
IV: Bis zur Schlacht am Yarmuk (636 n.Chr.). In Vorbereitung. (684)
Geschichte der Vereinigten Staaten von Amerika von *O. Graf zu Stolberg-Wernigerode*. 192 Seiten, 10 Karten. 1956. (1051/1051a)

Deutsche Sprache und Literatur

Geschichte der Deutschen Sprache von *H. Sperber*. 4. Auflage, besorgt von *W. Fleischhauer*. 128 Seiten. 1963. (915)
Deutsches Rechtschreibungswörterbuch von *M. Gottschald* †. 2., verbesserte Auflage. 219 Seiten. 1953. (200/200a)
Deutsche Wortkunde. Kulturgeschichte des deutschen Wortschatzes von *A. Schirmer*. 4. Auflage von *W. Mitzka*. 123 Seiten. 1960. (929)
Deutsche Sprachlehre von *W. Hofstaetter*. 10. Auflage. Völlige Umarbeitung der 8. Auflage. 150 Seiten. 1960. (20)
Stimmkunde für Beruf, Kunst und Heilzwecke von *H. Biehle*. 111 Seiten. 1955. (60)
Redetechnik. Einführung in die Rhetorik von *H. Biehle*. 2., erweiterte Auflage. 151 Seiten. 1961. (61)
Sprechen und Sprachpflege (Die Kunst des Sprechens) von *H. Feist*. 2., verbesserte Auflage. 99 Seiten, 25 Abbildungen. 1952. (1122)
Deutsches Dichten und Denken von der germanischen bis zur staufischen Zeit von *H. Naumann* †. (Deutsche Literaturgeschichte vom 5.—13. Jahrhundert.) 2., verbesserte Auflage. 166 Seiten. 1952. (1121)
Deutsches Dichten und Denken vom Mittelalter zur Neuzeit von *G. Müller* (1270 bis 1700). 3., durchgesehene Auflage. 159 Seiten. In Vorbereitung. (1086)
Deutsches Dichten und Denken von der Aufklärung bis zum Realismus (Deutsche Literaturgeschichte von 1700—1890) von *K. Viëtor* †. 3., durchgesehene Auflage. 159 Seiten. 1958. (1096)
Deutsche Heldensage von *H. Schneider*. 2. Auflage, bearbeitet von *R. Wisniewski*. 148 Seiten. 1964. (32)
Der Nibelunge Nôt in Auswahl mit kurzem Wörterbuch von *K. Langosch*. 10., durchgesehene Auflage. 164 Seiten. 1956. (1)
Kudrun und Dietrich-Epen in Auswahl mit Wörterbuch von *O. L. Jiriczek*. 6. Auflage, bearbeitet von *R. Wisniewski*. 173 Seiten. 1957. (10)
Wolfram von Eschenbach. Parzival. Eine Auswahl mit Anmerkungen und Wörterbuch von *H. Jantzen*. 2. Auflage, bearbeitet von *H. Kolb*. 128 Seiten. 1957. (921)

Hartmann von Aue. Der arme Heinrich nebst einer Auswahl aus der „Klage", dem „Gregorius" und den Liedern (mit einem Wörterverzeichnis) herausgegeben von *F. Maurer*. 96 Seiten. 1958. (18)
Gottfried von Strassburg in Auswahl herausgegeben von *F. Maurer*. 142 Seiten. 1959. (22)
Die deutschen Personennamen von *M. Gottschald †*. 2., verbesserte Auflage. 151 Seiten. 1955. (422)
Althochdeutsches Elementarbuch. Grammatik und Texte von *H. Naumann †* und *W. Betz*. 3., verbesserte und vermehrte Auflage. 183 Seiten. 1962. (1111/1111a)
Mittelhochdeutsche Grammatik von *H. de Boor* und *R. Wisniewski*. 4., verbesserte und ergänzte Auflage. 150 Seiten. 1964. (1108)

Indogermanisch, Germanisch

Indogermanische Sprachwissenschaft von *H. Krahe*. 2 Bände. 4., überarbeitete Auflage.
I: Einleitung und Lautlehre. 110 Seiten. 1962. (59)
II: Formenlehre. 100 Seiten. 1963. (64)
Gotisches Elementarbuch. Grammatik, Texte mit Übersetzung und Erläuterungen von *H. Hempel*. 3., umgearbeitete Auflage. 166 Seiten. 1962. (79/79a)
Germanische Sprachwissenschaft von *H. Krahe*. 2 Bände.
I: Einleitung und Lautlehre. 5., überarbeitete Auflage. 149 Seiten. 1963. (238)
II: Formenlehre. 5., verbesserte Auflage. 149 Seiten. 1964. (780)
Altnordisches Elementarbuch. Schrift, Sprache, Texte mit Übersetzung und Wörterbuch von *F. Ranke*. 2., durchgesehene Auflage. 146 Seiten. 1949. (1115)

Englisch, Romanisch

Altenglisches Elementarbuch. Einführung, Grammatik, Texte mit Übersetzung und Wörterbuch von *M. Lehnert*. 5., verbesserte Auflage. 178 Seiten. 1962. (1125)
Historische neuenglische Laut- und Formenlehre von *E. Ekwall*. 3., durchgesehene Auflage. 150 Seiten. 1956. (735)
Englische Phonetik von *H. Mutschmann †*. 2. Auflage, bearbeitet von *G. Scherer*. 127 Seiten. 1963. (601)
Englische Literaturgeschichte von *F. Schubel*. 4 Bände.
I: Die alt- und mittelenglische Periode. 163 Seiten. 1954. (1114)
II: Von der Renaissance bis zur Aufklärung. 160 Seiten. 1956. (1116)
III: Romantik und Viktorianismus. 160 Seiten. 1960. (1124)
Beowulf von *M. Lehnert*. Eine Auswahl mit Einführung, teilweiser Übersetzung, Anmerkungen und etymologischem Wörterbuch. 3., verbesserte Auflage. 135 Seiten. 1959. (1135)
Shakespeare von *P. Meißner †*. 2. Auflage, neubearbeitet von *M. Lehnert*. 136 Seiten. 1954. (1142)

Romanische Sprachwissenschaft von *H. Lausberg.* 4 Bände.
I: Einleitung und Vokalismus. 2., durchgesehene Auflage. 211 Seiten. 1963. (128/128a)
II: Konsonantismus. 95 Seiten. 1956. (250)
III: Formenlehre. 1. Teil. 99 Seiten. 1962. (1199)
III: Formenlehre. 2. Teil. S. 99—260. 1962. (1200/1200a)
IV: Wortlehre. In Vorbereitung. (1208)

Griechisch, Lateinisch

Griechische Sprachwissenschaft von *W. Brandenstein.* 3 Bände.
I: Einleitung, Lautsystem, Etymologie. 160 Seiten. 1954. (117)
II: Wortbildung und Formenlehre. 192 Seiten. 1959. (118/118a)
III: Syntax. In Vorbereitung. (924)

Geschichte der griechischen Sprache. 2 Bände.
I: Bis zum Ausgang der klassischen Zeit von *O. Hoffmann †.* 3. Auflage, bearbeitet von *A. Debrunner †.* 156 Seiten. 1953. (111)
II: Grundfragen und Grundzüge des nachklassischen Griechisch von *A. Debrunner †.* 144 Seiten. 1954. (114)

Geschichte der griechischen Literatur von *W. Nestle.* 2 Bände. 3. Auflage, bearbeitet von *W. Liebich.*
I: 144 Seiten. 1961. (70)
II: 149 Seiten. 1963. (557)

Grammatik der neugriechischen Volkssprache von *J. Kalitsunakis.* 3., wesentlich erweiterte und verbesserte Auflage. 196 Seiten. 1963. (756/756a)

Neugriechisch-deutsches Gesprächsbuch von *J. Kalitsunakis.* 2. Auflage, bearbeitet von *A. Steinmetz.* 99 Seiten. 1960. (587)

Geschichte der lateinischen Sprache von *F. Stolz.* 4. Auflage von *A. Debrunner †.* In Vorbereitung. (492)

Geschichte der römischen Literatur von *L. Bieler.* 2 Bände.
I: Die Literatur der Republik. 160 Seiten. 1961. (52)
II: Die Literatur der Kaiserzeit. 133 Seiten. 1961. (866)

Hebräisch, Sanskrit, Russisch

Hebräische Grammatik von *G. Beer †.* 2 Bände. Völlig neubearbeitet von *R. Meyer.*
I: Schrift-, Laut- und Formenlehre I. 3. Auflage. Etwa 224 Seiten. In Vorbereitung. (763/763a)
II: Formenlehre II. Syntax und Flexionstabellen. 2. Auflage. 195 Seiten. 1955. (764/764a)

Hebräisches Textbuch zu *G. Beer-R. Meyer,* Hebräische Grammatik von *R. Meyer.* 170 Seiten. 1960. (769/769a)

Sanskrit-Grammatik von *M. Mayrhofer.* 89 Seiten. 1953. (1158)

Russische Grammatik von *E. Berneker †.* 6., verbesserte Auflage von *M. Vasmer †.* 155 Seiten. 1961. (66)

Slavische Sprachwissenschaft von *H. Bräuer.* 2 Bände.
I: Einleitung, Lautlehre. 221 Seiten. 1961. (1191/1191a)

Erd- und Länderkunde, Kartographie

Afrika von *F. Jaeger*. Ein geographischer Überblick. 2 Bände. 3. Auflage.
I: Der Lebensraum. 179 Seiten, 18 Abbildungen. In Vorbereitung. (910)
II: Mensch und Kultur. 155 Seiten, 6 Abbildungen. In Vorbereitung. (911)

Australien und Ozeanien von *H. J. Krug*. 176 Seiten, 46 Skizzen. 1953. (319)

Kartographie von *V. Heissler*. 213 Seiten, 125 Abb., 8 Anlagen. 1962. (30/30a)

Volkswirtschaft, Statistik, Publizistik

Allgemeine Betriebswirtschaftslehre von *K. Mellerowicz*. 4 Bände. 11., durchgesehene Auflage.
I: 224 Seiten. 1961. (1008/1008a)
II: 188 Seiten. 1962. (1153/1153a)
III: 260 Seiten. 1963. (1154/1154a)
IV: 209 Seiten. 1963. (1186/1186a)

Buchhaltung und Bilanz von *E. Kosiol*. 170 Seiten. 1964. (1213/1213a)

Geschichte der Volkswirtschaftslehre von *S. Wendt*. 182 Seiten. 1961. (1194)

Allgemeine Volkswirtschaftslehre von *A. Paulsen*. 4 Bände.
I: Grundlegung, Wirtschaftskreislauf. 5., neubearbeitete Auflage. 154 Seiten. 1964. (1169)
II: Haushalte, Unternehmungen, Marktformen. 5., neubearbeitete Auflage. 172 Seiten, 31 Abbildungen. 1964. (1170)
III: Produktionsfaktoren. 3., neubearbeitete und ergänzte Auflage. 198 Seiten. 1963. (1171)
IV: Gesamtbeschäftigung, Konjunkturen, Wachstum. 3. Auflage. 174 Seiten. 1964. (1172)

Allgemeine Volkswirtschaftspolitik von *H. Ohm*. 2 Bände.
I: Systematisch-Theoretische Grundlegung. 137 Seiten, 6 Abbildungen. 1962. (1195)
II: Der volkswirtschaftliche Gesamtorganismus als Objekt der Wirtschaftspolitik. In Vorbereitung. (1196)

Finanzwissenschaft von *H. Kolms*. 4 Bände.
I: Grundlegung, Öffentliche Ausgaben. 2., verbesserte Auflage. 162 Seiten. 1963. (148)
II: Erwerbseinkünfte, Gebühren und Beiträge, Allgemeine Steuerlehre. 2., verbesserte Auflage. 150 Seiten. 1964. (391)
III: Besondere Steuerlehre. 178 Seiten. 1962. (776)
IV: Öffentlicher Kredit. Haushaltswesen. Finanzausgleich. 1964. Im Druck. (782)

Finanzmathematik von *M. Nicolas.* 192 Seiten, 11 Tafeln, 8 Tabellen und 72 Beispiele. 1959. (1183/1183a)

Industrie- und Betriebssoziologie von *R. Dahrendorf.* 3. Auflage. 142 Seiten, 3 Figuren. 1965. (103)

Wirtschaftssoziologie von *F. Fürstenberg.* 122 Seiten. 1961. (1193)

Psychologie des Berufs- und Wirtschaftslebens von *W. Moede †.* 190 Seiten, 48 Abbildungen. 1958. (851/851a)

Einführung in die Arbeitswissenschaft von *H. H. Hilf.* 169 Seiten, 57 Abbildungen. 1964. (1212/1212a)

Allgemeine Methodenlehre der Statistik von *J. Pfanzagl.* 2 Bände. 2., neubearbeitete Auflage.
I: Elementare Methoden unter besonderer Berücksichtigung der Anwendungen in den Wirtschafts- und Sozialwissenschaften. 251 Seiten, 42 Abbildungen. 1964. (746/746a)
II: Höhere Methoden unter besonderer Berücksichtigung der Anwendungen in Naturwissenschaft, Medizin und Technik. 295 Seiten, 39 Abbildungen. 1965. Im Druck. (747/747a)

Zeitungslehre von *E. Dovifat.* 2 Bände. 4., neubearbeitete Auflage.
I: Theoretische und rechtliche Grundlagen — Nachricht und Meinung — Sprache und Form. 149 Seiten. 1962. (1039)
II: Redaktion — Die Sparten: Verlag und Vertrieb, Wirtschaft und Technik — Sicherung der öffentlichen Aufgabe. 168 Seiten. 1962. (1040)

Naturwissenschaften

Mathematik

Geschichte der Mathematik von *J. E. Hofmann*. 4 Bände.
I: Von den Anfängen bis zum Auftreten von Fermat und Descartes. 2., verbesserte und vermehrte Auflage. 251 Seiten. 1963. (226/226a)
II: Von Fermat und Descartes bis zur Erfindung des Calculus und bis zum Ausbau der neuen Methoden. 109 Seiten. 1957. (875)
III: Von den Auseinandersetzungen um den Calculus bis zur französischen Revolution. 107 Seiten. 1957. (882)
IV: Geschichte der Mathematik der neuesten Zeit von *N. Stuloff*. In Vorbereitung. (883)

Mathematische Formelsammlung von *F. O. Ringleb*. 7., erweiterte Auflage. 320 Seiten, 40 Figuren. 1960. (51/51a)

Vierstellige Tafeln und Gegentafeln für logarithmisches und trigonometrisches Rechnen in zwei Farben zusammengestellt von *H. Schubert* und *R. Haussner*. 3., neubearbeitete Auflage von *J. Erlebach*. 158 Seiten. 1960. (81)

Fünfstellige Logarithmen mit mehreren graphischen Rechentafeln und häufig vorkommenden Zahlenwerten von *A. Adler*. 4. Auflage, überarbeitet von *J. Erlebach*. 127 Seiten, 1 Tafel. 1962. (423)

Arithmetik von *P. B. Fischer †*. 3. Auflage von *H. Rohrbach*. 152 Seiten, 19 Abbildungen. 1958. (47)

Höhere Algebra von *H. Hasse*. 2 Bände.
I: Lineare Gleichungen. 5., neubearbeitete Auflage. 150 Seiten. 1963. (931)
II: Gleichungen höheren Grades. 4., durchgesehene Auflage. 158 Seiten, 5 Figuren. 1958. (932)

Aufgabensammlung zur höheren Algebra von *H. Hasse* und *W. Klobe*. 3., verbesserte Auflage. 183 Seiten. 1961. (1082)

Elementare und klassische Algebra vom modernen Standpunkt von *W. Krull*. 2 Bände.
I: 3., erweiterte Auflage. 148 Seiten. 1963. (930)
II: 132 Seiten. 1959. (933)

Lineare Programmierung von *H. Langen*. Etwa 200 Seiten. 1964. (1206/1206a)

Algebraische Kurven und Flächen von *W. Burau*. 2 Bände.
I: Algebraische Kurven der Ebene. 153 Seiten, 28 Abbildungen. 1962. (435)
II: Algebraische Flächen 3. Grades und Raumkurven 3. und 4. Grades. 162 Seiten, 17 Abbildungen. 1962. (436/436a)

Einführung in die Zahlentheorie von *A. Scholz †*. Überarbeitet und herausgegeben von *B. Schoeneberg*. 3. Auflage. 128 Seiten. 1961. (1131)

Formale Logik von *P. Lorenzen*. 2., verbesserte Auflage. 165 Seiten. 1962. (1176/1176a)

Topologie von *W. Franz.* 2 Bände.
I: Allgemeine Topologie. 144 Seiten, 9 Figuren. 1960. (1181)
II: Algebraische Topologie. 130 Seiten. 1964. (1182/1182a)
Elemente der Funktionentheorie von *K. Knopp †.* 6. Auflage. 144 Seiten, 23 Figuren. 1963. (1109)
Funktionentheorie von *K. Knopp †.* 2 Bände. 11. Auflage.
I: Grundlagen der allgemeinen Theorie der analytischen Funktionen. 144 Seiten, 8 Figuren. 1964. (668)
II: Anwendungen und Weiterführung der allgemeinen Theorie. 130 Seiten, 7 Figuren. 1964. (703)
Aufgabensammlung zur Funktionentheorie von *K. Knopp †.* 2 Bände. 6. Auflage.
I: Aufgaben zur elementaren Funktionentheorie. 135 Seiten. 1962. (877)
II: Aufgaben zur höheren Funktionentheorie. 151 Seiten. 1964. (878)
Differential- und Integralrechnung von *M. Barner.* (Früher *Witting*). 4 Bände.
I: Grenzwertbegriff, Differentialrechnung. 2., durchgesehene Auflage. 176 Seiten, 39 Figuren. 1963. (86)
Gewöhnliche Differentialgleichungen von *G. Hoheisel.* 7., neubearbeitete und erweiterte Auflage. 128 Seiten. 1964. Im Druck. (920)
Partielle Differentialgleichungen von *G. Hoheisel.* 4., durchgesehene Auflage. 128 Seiten. 1960. (1003)
Aufgabensammlung zu den gewöhnlichen und partiellen Differentialgleichungen von *G. Hoheisel.* 4., neubearbeitete Auflage. 153 Seiten. 1964. (1059/1059a)
Integralgleichungen von *G. Hoheisel.* 2., neubearbeitete und erweiterte Auflage. 112 Seiten. 1963. (1099)
Mengenlehre von *E. Kamke.* 5. Auflage. 194 Seiten, 6 Figuren. 1965. (999/999a)
Gruppentheorie von *L. Baumgartner.* 4., erweiterte Auflage. 186 Seiten, 3 Tafeln. 1964. (837/837a)
Ebene und sphärische Trigonometrie von *G. Hessenberg †.* 5. Auflage, durchgesehen von *H. Kneser.* 172 Seiten, 60 Figuren. 1957. (99)
Darstellende Geometrie von *W. Haack.* 3 Bände.
I: Die wichtigsten Darstellungsmethoden. Grund- und Aufriß ebenflächiger Körper. 4., durchgesehene und ergänzte Auflage. 113 Seiten, 120 Abbildungen. 1963. (142)
II: Körper mit krummen Begrenzungsflächen. Kotierte Projektionen. 3., durchgesehene Auflage. 129 Seiten, 86 Abbildungen. 1962. (143)
III: Axonometrie und Perspektive. 2., durchgesehene und ergänzte Auflage. 129 Seiten, 100 Abbildungen. 1962. (144)
Analytische Geometrie von *K. P. Grotemeyer.* 3. Auflage. 218 Seiten, 73 Abbildungen. 1964. (65/65a)
Nichteuklidische Geometrie. Hyperbolische Geometrie der Ebene von *R. Baldus †.* Bearbeitet und ergänzt von *F. Löbell.* 4. Auflage. 158 Seiten, 75 Figuren. 1964. (970/970a)
Differentialgeometrie von *K. Strubecker.* 3 Bände.
I: Kurventheorie der Ebene und des Raumes. 2., erweiterte Auflage. 253 Seiten, 45 Figuren. 1964. (1113/1113a)

II: Theorie der Flächenmetrik. 195 Seiten, 14 Figuren. 1958. (1179/1179a)
III: Theorie der Flächenkrümmung. 254 Seiten, 38 Figuren. 1959. (1180/1180a)

Variationsrechnung von *L. Koschmieder*. 2 Bände. 2., neubearbeitete Auflage.
I: Das freie und gebundene Extrem einfacher Grundintegrale. 128 Seiten, 23 Figuren. 1962. (1074)
II: Anwendung klassischer Verfahren auf allgemeine Fragen des Extrems. — Neuere unmittelbare Verfahren. In Vorbereitung. (1075)

Einführung in die konforme Abbildung von *L. Bieberbach*. 5., erweiterte Auflage. 180 Seiten, 42 Figuren. 1956. (768/768a)

Vektoren und Matrizen von *S. Valentiner*. 3. Auflage. (10., erweiterte Auflage der „Vektoranalysis"). Mit Anhang: Aufgaben zur Vektorrechnung von *H. König*. 206 Seiten, 35 Figuren. 1963. (354/354a)

Wahrscheinlichkeitstheorie und Grundzüge der Maßtheorie von *H. Bauer*. 2 Bände.
I: 151 Seiten. 1964. (1216/1216a)
II: In Vorbereitung. (1217)

Versicherungsmathematik von *F. Böhm*. 2 Bände.
I: Elemente der Versicherungsrechnung. 3., vermehrt und verbesserte Auflage. Durchgesehener Neudruck. 151 Seiten 1953. (180)
II: Lebensversicherungsmathematik. Einführung in die technischen Grundlagen der Sozialversicherung. 2., verbesserte und vermehrte Auflage. 205 Seiten. 1953. (917/917a)

Finanzmathematik von *M. Nicolas*. 192 Seiten, 11 Tafeln, 8 Tabellen und 72 Beispiele. 1959. (1183/1183a)

Kinematik von *H. R. Müller*. 171 Seiten, 75 Figuren. 1963. (584/584a)

Physik

Einführung in die theoretische Physik von *W. Döring*. 5 Bände.
I: Mechanik. 3., verbesserte Auflage. 123 Seiten, 25 Abbildungen. 1964. Im Druck. (76)
II: Das elektromagnetische Feld. 2., verbesserte Auflage. 132 Seiten, 15 Abbildungen. 1962. (77)
III: Optik. 2., verbesserte Auflage. 117 Seiten, 32 Abbildungen. 1963. (78)
IV: Thermodynamik. 2., verbesserte Auflage. 107 Seiten, 9 Abbildungen. 1964. (374)
V: Statistische Mechanik. 114 Seiten, 12 Abbildungen. 1957. (1017)

Mechanik deformierbarer Körper von *M. Päsler*. 199 Seiten, 48 Abbildungen. 1960. (1189/1189a)

Atomphysik von *K. Bechert, Ch. Gerthsen †* und *A. Flammersfeld*. 7 Bände. 4., durchgesehene Auflage.
I: Allgemeine Grundlagen. 1. Teil von *A. Flammersfeld*. 124 Seiten, 35 Abbildungen. 1959. (1009)
II: Allgemeine Grundlagen. 2. Teil von *A. Flammersfeld*. 112 Seiten, 47 Abbildungen. 1963. (1033)

III: Theorie des Atombaus. 1. Teil von *K. Bechert.* 148 Seiten, 16 Abbildungen. 1963. (1123/1123a)
IV: Theorie des Atombaus. 2. Teil von *K. Bechert.* 170 Seiten, 14 Abbildungen. 1963. (1165/1165a)

Differentialgleichungen der Physik von *F. Sauter.* 3., durchgesehene und ergänzte Auflage. 148 Seiten, 16 Figuren. 1958. (1070)

Physikalische Formelsammlung von *G. Mahler†.* Fortgeführt von *K. Mahler.* Neubearbeitet von *H. Graewe.* 11. Auflage. 167 Seiten, 69 Figuren. 1963. (136)

Physikalische Aufgabensammlung mit Ergebnissen von *G. Mahler †.* Fortgeführt von *K. Mahler.* Neubearbeitet von *H. Graewe.* 12. Auflage. 141 Seiten. 1964. (243)

Chemie

Geschichte der Chemie in kurzgefaßter Darstellung von *G. Lockemann.* 2 Bände.
I: Vom Altertum bis zur Entdeckung des Sauerstoffs. 2. Auflage. 142 Seiten, 8 Bildnisse. In Vorbereitung. (264)
II: Von der Entdeckung des Sauerstoffs bis zur Gegenwart. 151 Seiten, 16 Bildnisse. 1955. (265/265a)

Anorganische Chemie von *W. Klemm.* 13. Auflage. 255 Seiten, 34 Abbildungen. 1964. (37/37a)

Organische Chemie von *W. Schlenk.* 9., erweiterte Auflage. 273 Seiten, 16 Abbildungen. 1963. (38/38a)

Physikalische Methoden in der Organischen Chemie von *G. Kresze.* 2 Bände.
I: 119 Seiten, 65 Abbildungen. 1962. (44)
II: 164 Seiten. 1962. (45/45a)

Allgemeine und physikalische Chemie von *W. Schulze.* 2 Bände.
I: 5., durchgesehene Auflage. 139 Seiten, 10 Figuren. 1960. (71)
II: 5., verbesserte Auflage. 178 Seiten, 37 Figuren. 1961. (698/698a)

Einfache Versuche zur allgemeinen und physikalischen Chemie von *E. Dehn.* 371 Versuche mit 40 Abbildungen. 272 Seiten. 1962. (1201/1201a)

Molekülbau. Theoretische Grundlagen und Methoden der Strukturermittlung von *W. Schulze.* 123 Seiten, 43 Figuren. 1958. (786)

Physikalisch-chemische Rechenaufgaben von *E. Asmus.* 3., verbesserte Auflage. 96 Seiten. 1958. (445)

Maßanalyse. Theorie und Praxis der klassischen und der elektrochemischen Titrierverfahren von *G. Jander* und *K. F. Jahr.* 10., erweiterte Auflage, mitbearbeitet von *H. Knoll.* 358 Seiten, 56 Figuren. 1963. (221/221a)

Qualitative Analyse von *H. Hofmann* u. *G. Jander.* 2., durchgesehene und verbesserte Auflage. 308 Seiten, 5 Abbildungen. 1963. (247/247a)

Thermochemie von *W. A. Roth †.* 2., verbesserte Auflage. 109 Seiten, 16 Figuren. 1952. (1057)

Stöchiometrische Aufgabensammlung von *W. Bahrdt* † und *R. Scheer.* Mit den Ergebnissen. 8., durchgesehene Auflage. 119 Seiten. 1964. (452)
Elektrochemie von *K. Vetter.* 2 Bände.
I: In Vorbereitung. (252)
II: In Vorbereitung. (253)

Technologie

Die Chemie der Kunststoffe von *K. Hamann*, unter Mitarbeit von *W. Funke* und *H. D. Hermann.* 143 Seiten. 1960. (1173)
Warenkunde von *K. Hassak* und *E. Beutel* †. 2 Bände.
I: Anorganische Waren sowie Kohle und Erdöl. 8. Auflage. Neubearbeitet von *A. Kutzelnigg.* 119 Seiten, 18 Figuren. 1958. (222)
II: Organische Waren. 8. Auflage. Vollständig neubearbeitet von *A. Kutzelnigg.* 157 Seiten, 32 Figuren. 1959. (223)
Die Fette und Öle von *Th. Klug.* 6., verbesserte Auflage. 143 Seiten. 1961. (335)
Die Seifenfabrikation von *K. Braun* †. 3., neubearbeitete und verbesserte Auflage von *Th. Klug.* 116 Seiten, 18 Abbildungen. 1953. (336)
Thermische Verfahrenstechnik von *H. Bock.* 3 Bände.
I: Eigenschaften und Verhalten der realen Stoffe. 164 Seiten, 28 Abbildungen. 1963. (1209/1209a)
II: Funktion und Berechnung der elementaren Geräte. 195 Seiten, 54 Abbildungen. 1964. (1210/1210a)
III: Fließbilder, ihre Funktion und ihr Zusammenbau aus Geräten. Im Druck. (1211/1211a)
Textilindustrie von *A. Blümcke.*
I: Spinnerei und Zwirnerei. 111 Seiten, 43 Abbildungen. 1954. (184)

Biologie

Einführung in die allgemeine Biologie und ihre philosophischen Grund- und Grenzfragen von *M. Hartmann.* 132 Seiten, 2 Abbildungen. 1956. (96)
Hormone von *G. Koller.* 2., neubearbeitete und erweiterte Auflage. 187 Seiten, 60 Abbildungen, 19 Tabellen. 1949. (1141)
Fortpflanzung im Tier- und Pflanzenreich von *J. Hämmerling.* 2., ergänzte Auflage. 135 Seiten, 101 Abbildungen. 1951. (1138)
Geschlecht und Geschlechtsbestimmung im Tier- und Pflanzenreich von *M. Hartmann.* 2., verbesserte Auflage. 116 Seiten, 61 Abbildungen, 7 Tabellen. 1951. (1127)
Symbiose der Tiere mit pflanzlichen Mikroorganismen von *P. Buchner.* 2., verbesserte und vermehrte Auflage. 130 Seiten, 121 Abbildungen. 1949. (1128)
Grundriß der Allgemeinen Mikrobiologie von *W. u. A. Schwartz.* 2 Bände. 2., verbesserte und ergänzte Auflage.
I: 147 Seiten, 25 Abbildungen. 1960. (1155)
II: 142 Seiten, 29 Abbildungen. 1961. (1157)

Botanik

Entwicklungsgeschichte des Pflanzenreiches von *H. Heil.* 2. Auflage. 138 Seiten, 94 Abbildungen, 1 Tabelle. 1950. (1137)
Morphologie der Pflanzen von *L. Geitler.*, 3., umgearbeitete Auflage. 126 Seiten, 114 Abbildungen. 1953. (141)
Pflanzengeographie von *L. Diels †.* 5., völlig neubearbeitete Auflage von *F. Mattick.* 195 Seiten, 2 Karten. 1958. (389/389a)
Die Laubhölzer. Kurzgefaßte Beschreibung der in Mitteleuropa gedeihenden Laubbäume und Sträucher von *F. W. Neger †* und *E. Münch †.* 3., durchgesehene Auflage, herausgegeben von *B. Huber.* 143 Seiten, 63 Figuren, 7 Tabellen. 1950. (718)
Die Nadelhölzer (Koniferen) und übrigen Gymnospermen von *F. W. Neger †* und *E. Münch †.* 4. Auflage, durchgesehen und ergänzt von *B. Huber.* 140 Seiten, 75 Figuren, 4 Tabellen, 3 Karten. 1952. (355)
Pflanzenzüchtung von *H. Kuckuck.* 2 Bände.
I: Grundzüge der Pflanzenzüchtung. 3., völlig umgearbeitete und erweiterte Auflage. 132 Seiten, 22 Abbildungen. 1952. (1134)
II: Spezielle gartenbauliche Pflanzenzüchtung (Züchtung von Gemüse, Obst und Blumen). 178 Seiten, 27 Abbildungen. 1957. (1178/1178a)

Zoologie

Entwicklungsphysiologie der Tiere von *F. Seidel.* 2 Bände.
I: Ei und Furchung. 126 Seiten, 29 Abbildungen. 1953. (1162)
II: Körpergrundgestalt und Organbildung. 159 Seiten, 42 Abbildungen. 1953. (1163)
Das Tierreich
I: Einzeller, Protozoen von *E. Reichenow.* 115 Seiten. 59 Abbildungen. 1956. (444)
II: Schwämme und Hohltiere von *H. J. Hannemann.* 95 Seiten, 80 Abbildungen. 1956. (442)
III: Würmer. Platt-, Hohl-, Schnurwürmer, Kamptozoen, Ringelwürmer, Protracheaten, Bärtierchen, Zungenwürmer von *S. Jaeckel.* 114 Seiten, 36 Abbildungen. 1955. (439)
IV, 1: Krebse von *H. E. Gruner* und *K. Deckert.* 114 Seiten, 43 Abbildungen. 1956. (443)
IV, 2: Spinnentiere (Trilobitomorphen, Fühlerlose) und Tausendfüßler von *A. Kaestner.* 96 Seiten, 55 Abbildungen. 1955. (1161)
IV, 3: Insekten von *H. von Lengerken.* 128 Seiten, 58 Abbildungen. 1953. (594)
V: Weichtiere. Urmollusken, Schnecken, Muscheln und Kopffüßer von *S. Jaeckel.* 92 Seiten. 34 Figuren. 1954. (440)
VI: Stachelhäuter. Tentakulaten, Binnenatmer und Pfeilwürmer von *S. Jaeckel.* 100 Seiten, 46 Abbildungen. 1955. (441)
VII, 1: Manteltiere, Schädellose, Rundmäuler von *Th. Haltenorth.* In Vorbereitung. (448)

VII, 2: Fische von *D. Lüdemann.* 130 Seiten, 65 Abbildungen. 1955. (356)
VII, 3: Lurche (Chordatiere) von *K. Herter.* 143 Seiten, 129 Abbildungen. 1955. (847)
VII, 4: Kriechtiere (Chordatiere) von *K. Herter.* 200 Seiten, 42 Abbildungen. 1960. (447/447a)
VII, 5: Vögel (Chordatiere) von *H.-A. Freye.* 156 Seiten, 69 Figuren. 1960. (869)
VII, 6: Säugetiere (Chordatiere) von *Th. Haltenorth.* In Vorbereitung. (282)

Land- und Forstwirtschaft

Landwirtschaftliche Tierzucht. Die Züchtung und Haltung der landwirtschaftlichen Nutztiere von *H. Vogel.* 139 Seiten, 11 Abbildungen. 1952. (228)
Kulturtechnische Bodenverbesserungen von *O. Fauser.* 2 Bände. 5., verbesserte und vermehrte Auflage.
I: Allgemeines, Entwässerung. 127 Seiten, 49 Abbildungen. 1959. (691)
II: Bewässerung, Ödlandkultur, Flurbereinigung. 159 Seiten, 71 Abbildungen. 1961. (692)
Agrikulturchemie von *K. Scharrer.* 2 Bände.
I: Pflanzenernährung. 143 Seiten. 1953. (329)
II: Futtermittelkunde. 192 Seiten. 1956. (330/330a)

Geologie, Mineralogie, Kristallographie

Geologie von *F. Lotze.* 3., verbesserte Auflage. 178 Seiten, 80 Abbildungen. 1964. Im Druck. (13/13a)
Mineral- und Erzlagerstättenkunde von *H. Huttenlocher †.* 2 Bände. 2. Auflage. Neubearbeitet von *P. Ramdohr.*
I: 128 Seiten, 34 Abbildungen. In Vorbereitung. (1014)
II: 156 Seiten, 48 Abbildungen. In Vorbereitung. (1015/1015a)
Allgemeine Mineralogie. 11., erweiterte Auflage der „Mineralogie" von *R. Brauns†*, neubearbeitet von *K. F. Chudoba.* 152 Seiten, 143 Textfiguren, 1 Tafel, 3 Tabellen. 1963. (29/29a)
Spezielle Mineralogie. 11., erweiterte Auflage der „Mineralogie" von *R. Brauns †*, bearbeitet von *K. F. Chudoba.* 193 Seiten, 127 Textfiguren, 6 Tabellen. 1964. (31/31a)
Petrographie (Gesteinskunde) von *W. Bruhns †.* Neubearbeitet von *P. Ramdohr.* 5., erweiterte Auflage. 141 Seiten, 10 Figuren. 1960. (173)
Kristallographie von *W. Bruhns †.* 6. Auflage, neubearbeitet von *P. Ramdohr.* 109 Seiten, 164 Abbildungen. 1965. In Vorbereitung. (210)
Einführung in die Kristalloptik von *E. Buchwald.* 5., verbesserte Auflage. 128 Seiten, 117 Figuren. 1963. (619/619a)
Lötrohrprobierkunde. Mineraldiagnose mit Lötrohr und Tüpfelreaktion von *M. Henglein.* 4., durchgesehene und erweiterte Auflage. 108 Seiten, 12 Figuren. 1962. (483)

Technik

Graphische Darstellung in Wissenschaft und Technik von *M. Pirani.* 3., erweiterte Auflage bearbeitet von *J. Fischer* unter Benutzung der von *I. Runge* besorgten 2. Auflage. 216 Seiten, 104 Abbildungen. 1957. (728/728a)

Technische Tabellen und Formeln von *W. Müller.* 5., verbesserte und erweiterte Auflage von *E. Schulze.* 165 Seiten, 114 Abbildungen, 99 Tafeln. 1962. (579)

Einführung in die Arbeitswissenschaft von *H. H. Hilf.* 164 Seiten, 57 Abbildungen. 1964. (1212/1212a)

Grundlagen der Straßenverkehrstechnik. Theorie der Leistungsfähigkeit von *E. Engel.* 101 Seiten, 55 Abbildungen. 1962. (1198)

Elektrotechnik

Grundlagen der allgemeinen Elektrotechnik von *O. Mohr.* 2., durchgesehene Auflage. 260 Seiten, 136 Bilder, 14 Tafeln. 1961. (196/196a)

Die Gleichstrommaschine von *K. Humburg.* 2 Bände. 2., durchgesehene Auflage.
I: 102 Seiten, 59 Abbildungen. 1956. (257)
II: 101 Seiten, 38 Abbildungen. 1956. (881)

Die Synchronmaschine von *W. Putz.* 92 Seiten, 64 Bilder. 1962. (1146)

Induktionsmaschinen von *F. Unger.* 2., erweiterte Auflage. 142 Seiten, 49 Abbildungen. 1954. (1140)

Die komplexe Berechnung von Wechselstromschaltungen von *H. H. Meinke.* 3. Auflage. 180 Seiten, 120 Abbildungen. 1964. (1156/1156a)

Theoretische Grundlagen zur Berechnung der Schaltgeräte von *F. Kesselring.* 3. Auflage. 144 Seiten, 92 Abbildungen. 1950. (711)

Einführung in die Technik selbsttätiger Regelungen von *W. zur Megede.* 2., durchgesehene Auflage. 180 Seiten, 86 Abbildungen. 1961. (714/714a)

Elektromotorische Antriebe (Grundlagen für die Berechnung) von *A. Schwaiger.* 3., neubearbeitete Auflage. 96 Seiten, 34 Abbildungen. 1952. (827)

Überspannungen und Überspannungsschutz von *G. Frühauf.* Durchgesehener Neudruck. 122 Seiten, 98 Abbildungen. 1950. (1132)

Elektrische Höchstspannungs-Schaltanlagen. Für Freiluft und Innenanordnung von *G. Meiners* und *K.-H. Wiesenewsky.* 138 Seiten, 58 Abbildungen. 1964. (796/796a)

Transformatoren von *W. Schäfer.* 4., überarbeitete und ergänzte Auflage. 130 Seiten, 73 Abbildungen. 1962. (952)

Maschinenbau

Metallkunde von *H. Borchers.* 3 Bände.
I: Aufbau der Metalle und Legierungen. 6. Auflage. 120 Seiten, 90 Abbildungen, 2 Tabellen. 1964. (432)
II: Eigenschaften, Grundzüge der Form- und Zustandsgebung. 5., ergänzte und durchgesehene Auflage. 182 Seiten, 107 Abbildungen, 10 Tabellen. 1963. (433/433a)
III: Die metallkundlichen Untersuchungsmethoden von *E. Hanke.* In Vorbereitung. (434)

Die Werkstoffe des Maschinenbaues von *A. Thum †* und *C. M. v. Meysenbug.* 2 Bände.
I: Einführung in die Werkstoffprüfung. 2., neubearbeitete Auflage. 100 Seiten, 7 Tabellen, 56 Abbildungen. 1956. (476)
II: Die Konstruktionswerkstoffe. 132 Seiten, 40 Abbildungen. 1959. (936)

Dynamik von *W. Müller.* 2 Bände. 2., verbesserte Auflage.
I: Dynamik des Einzelkörpers. 128 Seiten, 48 Figuren. 1952. (902)
II: Systeme von starren Körpern. 102 Seiten, 41 Figuren. 1952. (903)

Technische Schwingungslehre von *L. Zipperer.* 2 Bände. 2., neubearbeitete Auflage.
I: Allgemeine Schwingungsgleichungen, einfache Schwinger. 120 Seiten, 101 Abbildungen. 1953. (953)
II: Torsionsschwingungen in Maschinenanlagen. 102 Seiten, 59 Abbildungen. 1955. (961/961a)

Werkzeugmaschinen für Metallbearbeitung von *K. P. Matthes.* 2 Bände.
I: 100 Seiten, 27 Abbildungen, 11 Zahlentafeln, 1 Tafelanhang. 1954. (561)
II: Fertigungstechnische Grundlagen der neuzeitlichen Metallbearbeitung. 101 Seiten, 30 Abbildungen, 5 Tafeln. 1955. (562)

Das Maschinenzeichnen mit Einführung in das Konstruieren von *W. Tochtermann.* 2 Bände. 4. Auflage.
I: Das Maschinenzeichnen. 156 Seiten, 75 Tafeln. 1950. (589)
II: Ausgeführte Konstruktionsbeispiele. 130 Seiten, 58 Tafeln. 1950. (590)

Die Maschinenelemente von *E. A. vom Ende †.* 4., überarbeitete Auflage. 184 Seiten, 179 Figuren, 11 Tafeln. 1963. (3/3a)

Die Maschinen der Eisenhüttenwerke von *L. Engel.* 156 Seiten, 95 Abbildungen. 1957. (583/583a)

Walzwerke von *H. Sedlaczek †* unter Mitarbeit von *F. Fischer* und *M. Buch.* 232 Seiten, 157 Abbildungen. 1958. (580/580a)

Getriebelehre von *P. Grodzinski †.* 2 Bände. 3., neubearbeitete Auflage von *G. Lechner.*
I: Geometrische Grundlagen. 164 Seiten, 131 Figuren. 1960. (1061)
II: Angewandte Getriebelehre. In Vorbereitung. (1062)

Kinematik von *H. R. Müller.* 171 Seiten, 75 Figuren. 1963. (584/584a)

Gießereitechnik von *H. Jungbluth*. 2 Bände.
I: Eisengießerei. 126 Seiten, 44 Abbildungen. 1951. (1159)

Die Dampfkessel einschließlich Feuerungen und Hilfseinrichtungen. Physikalische und chemische Grundlagen, Berechnung und Konstruktion, Vorschriften und Beispiele von *W. Marcard*. 3., neubearbeitete Auflage von *G. Beyer*. 2 Bände.
I: Physikalische und chemische Grundlagen, Wärmelehre, Wärmeübertragung, Verbrennung. 133 Seiten, 35 Bilder, 26 Tabellen. 1964. (9/9a)

Die Dampfturbinen. Ihre Wirkungsweise, Berechnung und Konstruktion von *C. Zietemann*. 3 Bände.
I: Theorie der Dampfturbinen. 4. Auflage. 139 Seiten, 48 Abbildungen. 1964. In Vorbereitung. (274)
II: Die Berechnung der Dampfturbinen und die Konstruktion der Einzelteile. 4., verbesserte Auflage. 132 Seiten, 111 Abbildungen. 1964. In Vorbereitung. (715)
III: Die Regelung der Dampfturbinen, die Bauarten, Turbinen für Sonderzwecke, Kondensationsanlagen. 3., verbesserte Auflage. 126 Seiten, 90 Abbildungen. 1956. (716)

Verbrennungsmotoren von *W. Endres*. 3 Bände.
I: Überblick. Motor-Brennstoffe. Verbrennung im Motor allgemein, im Otto- und Diesel-Motor. 153 Seiten, 57 Abbildungen. 1958. (1076/1076a)
II: Die heutigen Typen der Verbrennungskraftmaschine. In Vorbereitung. (1184)
III: Die Einzelteile des Verbrennungsmotors. In Vorbereitung. (1185)

Autogenes Schweißen und Schneiden von *H. Niese*. 5. Auflage, neubearbeitet von *A. Küchler*. 136 Seiten, 71 Figuren. 1953. (499)

Die elektrischen Schweißverfahren von *H. Niese*. 2. Auflage, neubearbeitet von *H. Dienst*. 136 Seiten, 58 Abbildungen. 1955. (1020)

Die Hebezeuge. Entwurf von Winden und Kranen von *G. Tafel*. 2., verbesserte Auflage. 176 Seiten, 230 Figuren. 1954. (414/414a)

Vermessungswesen

Vermessungskunde von *W. Großmann*. 3 Bände.
I: Stückvermessung und Nivellieren. 12., verbesserte Auflage. 144 Seiten, 117 Figuren. 1964. (468)
II: Horizontalaufnahmen und ebene Rechnungen. 9., verbesserte Auflage. 136 Seiten, 101 Figuren. 1963. (469)
III: Trigonometrische und barometrische Höhenmessung. Tachymetrie und Absteckungen. 8. Auflage. 136 Seiten, 97 Figuren. 1964. (862)

Kartographie von *V. Heissler*. 213 Seiten, 125 Abbildungen, 8 Anlagen. 1962. (30/30a)

Photogrammetrie von *G. Lehmann*. 189 Seiten, 132 Abbildungen. 1959. (1188/1188a)

Wasserbau

Wasserkraftanlagen von *A. Ludin* unter Mitarbeit von *W. Borkenstein*. 2 Bände.
I: Planung, Grundlagen und Grundzüge. 124 Seiten, 60 Abbildungen. 1955. (665)
II: Anordnung und Ausbildung der Hauptbauwerke. 184 Seiten, 91 Abbildungen. 1958. (666/666a)

Verkehrswasserbau von *H. Dehnert*. 3 Bände.
I: Entwurfsgrundlagen, Flußregelungen. 103 Seiten, 53 Abbildungen. 1950. (585)
II: Flußkanalisierung und Schiffahrtskanäle. 94 Seiten, 60 Abbildungen. 1950. (597)
III: Schleusen und Hebewerke. 98 Seiten, 70 Abbildungen. 1950. (1152)

Wehr- und Stauanlagen von *H. Dehnert*. 134 Seiten, 90 Abbildungen. 1952. (965)

Talsperren von *F. Tölke*. 122 Seiten, 70 Abbildungen. 1953. (1044)

Hoch- und Tiefbau

Die wichtigsten Baustoffe des Hoch- und Tiefbaus von *O. Graf †*. 4., verbesserte Auflage. 131 Seiten, 63 Abbildungen. 1953. (984)

Baustoffverarbeitung und Baustellenprüfung des Betons von *A. Kleinlogel*. 2., neubearbeitete und erweiterte Auflage. 126 Seiten, 35 Abbildungen. 1951. (978)

Festigkeitslehre. 2 Bände.
I: Elastizität, Plastizität und Festigkeit der Baustoffe und Bauteile von *W. Gehler †* und *W. Herberg*. Durchgesehener und erweiterter Neudruck. 159 Seiten, 118 Abbildungen. 1952. (1144)
II: Formänderung, Platten, Stabilität und Bruchhypothesen von *W. Herberg* und *N. Dimitrov*. 187 Seiten, 94 Abbildungen. 1955. (1145/1145a)

Grundlagen des Stahlbetonbaus von *A. Troche*. 2., neubearbeitete und erweiterte Auflage. 208 Seiten, 75 Abbildungen, 17 Bemessungstafeln, 20 Rechenbeispiele. 1953. (1078)

Statik der Baukonstruktionen von *A. Teichmann*. 3 Bände.
I: Grundlagen. 101 Seiten, 51 Abbildungen, 8 Formeltafeln. 1956. (119)
II: Statisch bestimmte Stabwerke. 107 Seiten, 52 Abbildungen, 7 Tafeln. 1957. (120)
III: Statisch unbestimmte Systeme. 112 Seiten, 34 Abbildungen, 7 Formeltafeln. 1958. (122)

Fenster, Türen, Tore aus Holz und Metall. Eine Anleitung zu ihrer guten Gestaltung, wirtschaftlichen Bemessung und handwerksgerechten Konstruktion von *W. Wickop †*. 4., überarbeitete und ergänzte Auflage. 155 Seiten, 95 Abbildungen. 1955. (1092)

Heizung und Lüftung von *W. Körting*. 2 Bände. 9., neubearbeitete Auflage.
I: Das Wesen und die Berechnung der Heizungs- und Lüftungsanlagen. 171 Seiten, 29 Abbildungen, 36 Zahlentafeln. 1962. (342/342a)
II: Die Ausführung der Heizungs- und Lüftungsanlagen. 1964. In Vorbereitung. (343)

Industrielle Kraft- und Wärmewirtschaft von *F. A. F. Schmidt* und *A. Beckers*. 167 Seiten, 73 Abbildungen. 1957. (318/318a)

Sammlung Göschen / Bandnummernfolge

1 Langosch, Der Nibelunge Nôt
3/3a v. Ende, Maschinenelemente
9/9a Marcard-Beyer, Dampfkessel I
10 Jiriczek-Wisniewski, Kudrun und Dietrich-Epen
13/13a Lotze, Geologie
18 Maurer, Hartmann von Aue. Der arme Heinrich
19 Altheim, Römische Geschichte I
20 Hofstaetter, Dt. Sprachlehre
22 Maurer, Gottfried von Strassburg
29/29a Brauns-Chudoba, Allgemeine Mineralogie
30/30a Heissler, Kartographie
31/31a Brauns-Chudoba, Spezielle Mineralogie
32 Schneider-Wisniewski, Deutsche Heldensage
35 Treue, Dt. Geschichte von 1648—1740
37/37a Klemm, Anorganische Chemie
38/38a Schlenk, Organische Chemie
39 Treue, Dt. Geschichte von 1713—1806
42 Behn-Hoernes, Vorgeschichte Europas
44 Kresze, Physikalische Methoden in der Organischen Chemie I
45/45a Kresze, Physikalische Methoden in der Organischen Chemie II
47 Fischer-Rohrbach, Arithmetik
51/51a Ringleb, Mathem. Formelsammlung
52 Bieler, Röm. Literaturgesch. I
59 Krahe, Indog. Sprachwiss. I
60 Biehle, Stimmkunde
61 Biele, Redetechnik
64 Krahe, Indog. Sprachwiss. II
65/65a Grotemeyer, Analyt. Geometrie
66 Berneker-Vasmer, Russische Grammatik
70 Nestle-Liebich, Gesch. d. griechischen Literatur I
71 Schulze, Allgemeine und physikalische Chemie I
76 Döring, Einf. i. d. th. Physik I
77 Döring, Einf. i. d. th. Physik II
78 Döring, Einf. i. d. th. Physik III
79/79a Hempel, Got. Elementarbuch
80 Weigert, Stilkunde I
81 Schubert-Haussner-Erlebach, Vierstell. Logarithmentafeln
86 Barner, Differential- u. Integralrechnung I
96 Hartmann, Einf. in die allgem. Biologie
99 Hessenberg-Kneser, Ebene und sphär. Trigonometrie
101 v. Wiese, Soziologie
103 Dahrendorf, Industrie- und Betriebssoziologie
104/104a Hofstätter, Sozialpsychologie
111 Hoffmann-Debrunner, Gesch. der griechischen Sprache I
114 Debrunner, Gesch. der griechischen Sprache II
117 Brandenstein, Griechische Sprachwissenschaft I
118/118a Brandenstein, Griechische Sprachwissenschaft II
119 Teichmann, Statik der Baukonstruktionen I
120 Teichmann, Statik der Baukonstruktionen II
122 Teichmann, Statik der Baukonstruktionen III

128/128a Lausberg, Romanische Sprachwissenschaft I
136 Mahler-Graewe, Physikal. Formelsammlung
141 Geitler, Morphologie der Pflanzen
142 Haack, Darst. Geometrie I
143 Haack, Darst. Geometrie II
144 Haack, Darst. Geometrie III
145 Weimer, Gesch. der Pädagogik
148 Kolms, Finanzwissenschaft I
156/156a Landmann, Philosophische Anthropologie
170 Oehlmann, Musik des 19. Jhs.
171/171a Oehlmann, Musik des 20. Jhs.
173 Bruhns-Ramdohr, Petrographie
174 Schlingloff, Religion des Buddhismus I
180 Böhm, Versicherungsmathematik I
184 Blümcke, Textilindustrie I
196/196a Mohr, Grundlagen der allgem. Elektrotechnik
200/200a Gottschald, Dt. Rechtschreibungswörterbuch
210 Bruhns-I amdohr, Kristallographie
220/220a Mo er, Allg. Musiklehre
221/221a Jar der-Jahr-Knoll, Maßanal se
222 Hassak-I eutel-Kutzelnigg, Warenkı ıde I
223 Hassak-I eutel-Kutzelnigg, Warenkı ıde II
226/226a Ho mann, Gesch. der Mathema ik I
228 Vogel, L ndw. Tierzucht
231/231a Eh lich, Gesch. Israels
238 Krahe, (erm. Sprachwiss. I
243 Mahler-C aewe, Physikal. Aufgabe sammlung
247/247a Hc mann-Jander, Qualitative Analyse
250 Lausberg, Romanische Sprachwissenschaft II
252 Vetter, Elektrochemie I
253 Vetter, Elektrochemie II
257 Humburg, Gleichstrommaschine I
264 Lockemann, Gesch. der Chemie I
265/265a Lockemann, Geschichte der Chemie II
270 Kirn, Einführung in die Geschichtswissenschaft
274 Zietemann, Dampfturbinen I
279 Jacob-Hohenleutner, Quellenkunde der deutschen Geschichte I
280 Jacob-Hohenleutner, Quellenkunde der deutschen Geschichte II
281 Leisegang, Einführung in die Philosophie
282 Haltenorth, Säugetiere
284 Jacob-Weden, Quellenkunde der deutschen Geschichte III
318/318a Schmidt-Beckers, Industrielle Kraft- u. Wärmewirtschaft
319 Krug, Australien und Ozeanien
329 Scharrer, Agrikulturchemie I
330/330a Scharrer, Agrikulturchemie II
335 Klug, Fette und Öle
336 Braun-Klug, Seifenfabrikation
342/342a Körting, Heizung und Lüftung I
343 Körting, Heizung und Lüftung II
344 Moser, Musikästhetik
354/354a Valentiner-König, Vektoren und Matrizen
355 Neger-Münch-Huber, Nadelhölzer
356 Lüdemann, Fische
374 Döring, Einführung in die theoret. Physik IV
375 Preller, Geschichte Englands I
389/389a Diels-Mattick, Pflanzengeographie
391 Kolms, Finanzwissenschaft II
394/394a Schilling, Von der Renaissance bis Kant
414/414a Tafel, Hebezeuge
422 Gottschald, Dt. Personennamen
423 Adler-Erlebach, Fünfstellige Logarithmen
432 Borchers, Metallkunde I
433/433a Borchers, Metallkunde II

434 Borchers-Hanke, Metallkunde III
435 Burau, Algebr. Kurven u. Flächen I
436/436a Burau, Algebr. Kurven und Flächen II
439 Jaeckel, Würmer
440 Jaeckel, Weichtiere
441 Jaeckel, Stachelhäuter
442 Hannemann, Schwämme und Hohltiere
443 Gruner-Deckert, Krebse
444 Reichenow, Einzeller
445 Asmus, Physikal.-chem. Rechenaufgaben
447/447a Herter, Kriechtiere
448 Haltenorth, Manteltiere
452 Bahrdt-Scheer, Stöchiometrische Aufgabensammlung
468 Großmann, Vermessungskunde I
469 Großmann, Vermessungskunde II
476 Thum-Meysenbug, Die Werkstoffe des Maschinenbaues I
483 Henglein, Lötrohrprobierkunde
492 Stolz-Debrunner, Geschichte der lateinischen Sprache
499 Niese-Küchler, Autogenes Schweißen
500 Simmel, Hauptprobleme der Philosophie
536 Lehmann, Kant
538 Rumpf, Archäologie I
539 Rumpf, Archäologie II
540 Rumpf, Archäologie III
557 Nestle-Liebich, Gesch. der griech. Literatur II
561 Matthes, Werkzeugmaschinen I
562 Matthes, Werkzeugmaschinen II
564 Behn-Hoernes, Kultur der Urzeit I
565 Behn-Hoernes, Kultur der Urzeit II
566 Behn-Hoernes, Kultur der Urzeit III
571 Lehmann, Philosophie des 19. Jahrhunderts I
576/576a Moser, Gesangskunst
579 Müller-Schulze, Techn. Tabellen
580/580a Sedlaczek-Fischer-Buch, Walzwerke
583/583a Engel, Maschinen der Eisenhüttenwerke
584/584a Müller, Kinematik
585 Dehnert, Verkehrswasserbau I
587 Kalitsunakis-Steinmetz, Neugriech.-dt. Gesprächsbuch
589 Tochtermann, Maschinenzeichnen I
590 Tochtermann, Maschinenzeichnen II
594 v. Lengerken, Insekten
597 Dehnert, Verkehrswasserbau II
601 Mutschmann-Scherer, Engl. Phonetik
619/619a Buchwald, Kristalloptik
665 Ludin-Borkenstein, Wasserkraftanlagen I
666/666a Ludin-Borkenstein, Wasserkraftanlagen II
668 Knopp, Funktionentheorie I
677 Altheim, Röm. Geschichte II
679 Altheim, Röm. Geschichte III
684 Altheim, Röm. Geschichte IV
691 Fauser, Kulturtechn. Bodenverbesserungen I
692 Fauser, Kulturtechn. Bodenverbesserungen II
698/698a Schulze, Allgemeine u. physikalische Chemie II
703 Knopp, Funktionentheorie II
709 Lehmann, Philosophie des 19. Jahrhunderts II
711 Kesselring, Berechnung der Schaltgeräte
714/714a zur Megede, Technik selbsttätiger Regelungen
715 Zietemann, Dampfturbinen II
716 Zietemann, Dampfturbinen III
718 Neger-Münch-Huber, Laubhölzer
728/728a Pirani-Fischer-Runge, Graph. Darstellung in Wissenschaft u. Technik
735 Ekwall, Historische neuengl. Laut- und Formenlehre

970/970a Baldus-Löbell, Nichteuklidische Geometrie
978 Kleinlogel, Baustoffverarbeitung und Baustellenprüfung d. Betons
984 Graf, Baustoffe des Hoch- und Tiefbaues
999/999a Kamke, Mengenlehre
1000 Jaspers, Geistige Situat. der Zeit
1003 Hoheisel, Partielle Differentialgleichung
1008/1008a Mellerowicz, Allgem. Betriebswirtschaftslehre I
1009 Bechert-Gerthsen-Flammersfeld, Atomphysik I
1014 Huttenlocher, Mineral- und Erzlagerstättenkunde I
1015/1015a Huttenlocher, Mineral- u. Erzlagerstättenkunde II
1017 Döring, Einführung in die theoret. Physik V
1020 Niese-Dienst, Elektrische Schweißverfahren
1031/1031a Apel-Ludz, Philosophisches Wörterbuch
1033 Bechert-Gerthsen-Flammersfeld, Atomphysik II
1034 Kranefeldt-Jung, Therapeutische Psychologie
1035 Altheim, Röm. Religionsgeschichte I
1039 Dovifat, Zeitungslehre I
1040 Dovifat, Zeitungslehre II
1044 Tölke, Talsperren
1045 Schubert, Technik des Klavierspiels
1051/1051a Stolberg-Wernigerode, Gesch. d. Vereinigten Staaten
1052 Altheim, Röm. Religionsgeschichte II
1057 Roth, Thermochemie
1059/1059a Hoheisel, Aufgabenslg. z. d. gew. u. part. Differentialgleichungen
1061 Grodzinski-Lechner, Getriebelehre I
1062 Grodzinski-Lechner, Getriebelehre II
1065 Haller-Dannenbauer, Von d. Karolingern zu den Staufern
1070 Sauter, Differentialgleichungen der Physik
1074 Koschmieder, Variationsrechnung I
1075 Koschmieder, Variationsrechnung II
1076/1076a Endres, Verbrennungsmotoren I
1077 Haller-Dannenbauer, Von den Staufern zu den Habsburgern
1078 Troche, Stahlbetonbau
1082 Hasse-Klobe, Aufgabensammlung zur höheren Algebra
1085 Lietzmann-Aland, Zeitrechnung
1086 Müller, Dt. Dichten und Denken
1088 Preller, Gesch. Englands II
1092 Wickop, Fenster, Türen, Tore
1094 Hernried, System. Modulation
1096 Viëtor, Dt. Dichten und Denken
1099 Hoheisel, Integralgleichungen
1105 Hartung, Dt. Geschichte im Zeitalter der Reformation
1108 de Boor-Wisniewski, Mittelhochdeutsche Grammatik
1109 Knopp, Elemente der Funktionentheorie
1111/1111a Naumann-Betz, Althochdt. Elementarbuch
1113/1113a Strubecker, Differentialgeometrie I
1114 Schubel, Engl. Literaturgeschichte I
1115 Ranke, Altnord. Elementarbuch
1116 Schubel, Engl. Literaturgeschichte II
1117 Haller-Dannenbauer, Eintritt der Germanen in die Geschichte
1121 Naumann, Dt. Dichten u. Denken
1122 Feist, Sprechen und Sprachpflege

1123/1123a Bechert-Gerthsen-Flammersfeld, Atomphysik III
1124 Schubel, Engl. Literaturgeschichte III
1125 Lehnert, Altengl. Elementarbuch
1127 Hartmann, Geschlecht u. Geschlechtsbestimmung im Tier- und Pflanzenreich
1128 Buchner, Symbiose der Tiere
1130 Dibelius-Kümmel, Jesus
1131 Scholz-Schoeneberg, Einführung in die Zahlentheorie
1132 Frühauf, Überspannungen
1134 Kuckuck, Pflanzenzüchtung I
1135 Lehnert, Beowulf
1137 Heil, Entwicklungsgesch. d. Pflanzenreiches
1138 Hämmerling, Fortpflanzung im Tier- und Pflanzenreich
1140 Unger, Induktionsmaschine
1141 Koller, Hormone
1142 Meissner-Lehnert, Shakespeare
1144 Gehler-Herberg, Festigkeitslehre I
1145/1145a Herberg-Dimitrov, Festigkeitslehre II
1146 Putz, Synchronmaschine
1147 v. Waltershausen, Kunst d. Dirigierens
1148 Pepping, Der polyphone Satz I
1152 Dehnert, Verkehrswasserbau III
1153/1153a Mellerowicz, Allgem. Betriebswirtschaftslehre II
1154/1154a Mellerowicz, Allgem. Betriebswirtschaftslehre III
1155 Schwartz, Mikrobiologie I
1156/1156a Meinke, Komplexe Berechnungen v. Wechselstromschaltungen
1157 Schwartz, Mikrobiologie II
1158 Mayrhofer, Sanskrit-Grammatik
1159 Jungbluth, Gießereitechnik I
1160 Dibelius-Kümmel, Paulus
1161 Kaestner, Spinnentiere
1162 Seidel, Entwicklungsphysiologie der Tiere I
1163 Seidel, Entwicklungsphysiologie der Tiere II
1164/1164a Pepping, Der polyphone Satz II
1165/1165a Bechert-Gerthsen-Flammersfeld, Atomphysik IV
1169 Paulsen, Allgemeine Volkswirtschaftslehre I
1170 Paulsen, Allgemeine Volkswirtschaftslehre II
1171 Paulsen, Allgemeine Volkswirtschaftslehre III
1172 Paulsen, Allgemeine Volkswirtschaftslehre IV
1173 Hamann-Funke-Hermann, Chemie der Kunststoffe
1176/1176a Lorenzen, Form. Logik
1178/1178a Kuckuck, Pflanzenzüchtung II
1179/1179a Strubecker, Differentialgeometrie II
1180/1180a Strubecker, Differentialgeometrie III
1181 Franz, Topologie I
1182/1182a Franz, Topologie II
1183/1183a Nicolas, Finanzmathematik
1184 Endres, Verbrennungsmotoren II
1185 Endres, Verbrennungsmotoren III
1186/1186a Mellerowicz, Allgem. Betriebswirtschaftslehre IV
1187 Lau, Luther
1188/1188a Lehmann, Photogrammetrie
1189/1189a Päsler, Mechanik
1190 Stupperich, Melanchthon
1191/1191a Bräuer, Slav. Sprachwissenschaft I
1193 Fürstenberg, Wirtschaftssoziologie
1194 Wendt, Gesch. d. Volkswirtschaftslehre
1195 Ohm, Allgem. Volkswirtschaftspolitik I
1196 Ohm, Allgem. Volkswirtschaftspolitik
1197/1197a Onasch, Einf. in die Konfessionskunde der orthodoxen Kirchen

1198 Engel, Straßenverkehrstechnik
1199 Lausberg, Romanische Sprachwissenschaft III, 1. Teil
1200/1200a Lausberg, Romanische Sprachwissenschaft III, 2. Teil
1201/1201a Dehn, Versuche zur allgem. u. phys. Chemie
1202/1202a Nagel, Gesch. des christl. Gottesdienstes
1203 Wendland, Sozialethik
1204 Scheurig, Zeitgeschichte
1205/1205a Hofmann, Ideengeschichte d. soz. Bewegung
1206/1206a Langen, Lineare Programmierung
1208 Lausberg, Romanische Sprachwissenschaft IV
1209/1209a Bock, Therm. Verfahrenstechnik I
1210/1210a Bock Therm. Verfahrenstechnik II
1211/1211a Bock, Therm. Verfahrenstechnik III
1212/1212a Hilf, Arbeitswissenschaft
1213/1213a Kosiol, Buchhaltung und Bilanz
1216/1216a Bauer, Wahrscheinlichkeitstheorie I
1217 Bauer, Wahrscheinlichkeitstheorie II
1219 Schmidt-Clausing, Zwingli

Autorenregister

Printed in Germany 150 / VIII / 64

FSC
www.fsc.org
MIX
Papier | Fördert
gute Waldnutzung
FSC® C083411

Kolibri 360 GmbH
Ferdinand-Jühlke-Straße 7
99095 Erfurt, Deutschland
produktsicherheit@kolibri360.de